高等学校计算机类专业应用型本科“十四五”规划教材

单片机原理及应用

主　编　单超颖
副主编　刘　伟　赵光平　胡高山

武汉理工大学出版社
·武　汉·

内容简介

本书以ATMEL(爱特梅尔)公司的AT89C51单片机为例,结合单片机的硬件结构介绍了单片机的工作原理,重点介绍了单片机的输入/输出功能、中断系统、定时/计数器、串行口、模/数(A/D)与数/模(D/A)转换接口设计、串行扩展技术以及应用系统综合设计等。本书以单片机系统的虚拟仿真平台Proteus作为设计与开发工具,结合C51编译软件Keil μVision,采用C51语言编程。本书结合各种应用,给出了较多典型案例设计,让读者通过学习案例逐步掌握单片机电路设计和程序编写方法,为读者的软硬件设计提供参考与借鉴。本书属于立体化新形态教材,配有PPT课件,部分仿真实例配有源码。

本书可作为各类院校机械类、电气与电子信息类、计算机类等专业的单片机技术课程的教材,也可作为从事单片机应用设计的工程技术人员的培训教材和自学参考书。

图书在版编目(CIP)数据

单片机原理及应用 / 单超颖主编. -- 武汉 :武汉理工大学出版社,2024. 6.

ISBN 978-7-5629-7065-1

Ⅰ. TP368.1

中国国家版本馆CIP数据核字第2024GP0228号

项目负责人:王利永(027-87290908)
责 任 编 辑:黄玲玲
责 任 校 对:夏冬琴
版 式 设 计:正风图文
出 版 发 行:武汉理工大学出版社
地　　　址:武汉市洪山区珞狮路122号
邮　　　编:430070
网　　　址:http://www.wutp.com.cn
经　　　销:各地新华书店
印　　　刷:湖北金港彩印有限公司
开　　　本:787 mm×1092 mm　1/16
印　　　张:18
字　　　数:427千字
版　　　次:2024年6月第1版
印　　　次:2024年6月第1次印刷
定　　　价:43.00元

前　言

国内高等学校电子信息类专业都会开设单片机系列课程，本书以工程教育为基础，培养学生独立进行单片机设计的能力。本书提供了在Keil μVision集成开发环境和Proteus平台上的仿真方法，同时还配备了与科睿电子产品有限公司联合编写的具有实际意义的单片机实验项目，从而使学生能够直观地了解单片机的设计开发过程。本书在内容的设计上采用项目式设计，不仅能够使学生掌握单片机的设计开发方法，还可以通过具体案例来学习单片机的内部资源和扩展接口。

本书在编写过程中关注当前单片机前沿技术，设有完整的基础知识章节，以C51作为主要编程语言贯穿全书，全书讲解的项目实例主要涵盖电子胸牌、交通灯、秒表、数字电压表、汽车灯光控制及数字温度计、多机通信等内容，项目选择具有实用性、应用性强的特点，注重培养读者的创新意识，为学生日后从事单片机系统开发工作打好基础。

本书由沈阳城市建设学院单超颖担任主编，刘伟、赵光平、胡高山担任副主编，朱景林、富佳佳参编。具体编写分工如下：第1、5章由单超颖编写，第2、3章由胡高山编写，第4、6章由赵光平编写，第8、9章由刘伟编写，第7章由朱景林编写，第10章由富佳佳编写。全书由单超颖负责最终的统稿工作。

本书在编写过程中得到了沈阳城市建设学院领导的大力支持，同时还要感谢信息与控制工程学院实验中心的帮助。其次，本书的编写过程中还参考和吸取了许多专家和同仁们的宝贵经验，在此一并表示感谢。

感谢武汉理工大学出版社的编辑为本书的编写提供了许多宝贵建议和大力支持。

由于编者知识水平和经验的局限性，书中难免存在不足之处，敬请广大读者批评指正。联系邮箱：scy860717@163.com。

编　者

2024年2月

目　录

1 概　　述

1.1　单片机的基本概念

1.1.1　什么是单片机

计算机俗称电脑，是现代一种用于高速计算的电子计算机器，可以进行数值计算，又可以进行逻辑计算，还具有存储记忆功能，是能够按照程序运行，自动、高速处理海量数据的现代化智能电子设备。计算机由硬件系统和软件系统所组成，可分为超级计算机、工业控制计算机、网络计算机、个人计算机、嵌入式计算机五类。较先进的计算机有生物计算机、光子计算机、量子计算机等。

计算机与单片机如图 1.1 所示。

(a)

(b)

图 1.1　计算机与单片机

(a) 计算机；(b) 单片机

单片机又称单片微型计算机、微控制单元（Microcontroller Unit，MCU），将计算机的中央处理器 CPU、存储器（数据存储器 RAM 和程序存储器 ROM）、定时计数器、数据总线、AD/DA 模块和多种 I/O 端口（输入输出接口，I：Input，即输入；O：Output，即输出）等集成到一块硅片上构成的一个小而完善的微型计算机系统。

（1）CPU：运算器和控制器集成在一个芯片上。

（2）运算器：实现算术运算或逻辑运算。包括：算术逻辑单元 ALU、累加器 A、暂存寄存器 TR、标志寄存器 F 或 PSW、通用寄存器 GR。

(3) 控制器:中枢部件,控制计算机中的各个部件工作。包括:指令寄存器 IR、指令译码器 ID、程序计数器 PC、定时与控制电路。

(4) 存储器:实现记忆、存储功能,由存储单元组成。包括:程序存储器 ROM、数据存储器 RAM。

(5) 总线 BUS:在微型计算机各个芯片之间或芯片内部之间传输信息的一组公共通信线。包括:地址总线、数据总线、控制总线。

地址总线是用于传递地址信息的总线。它决定了 CPU 能够寻址的内存或外设的数量。例如,一个 8 位的地址总线能够寻址 $2^8=256$ 个不同的地址,即 256 个内存位置或外设。

数据总线是用于传递数据信息的总线。它决定了 CPU 和其他设备之间能够传输的数据位数。例如,一个 8 位的数据总线一次可以传输 8 位的数据。

控制总线是用于传递控制信号的总线。它传递有关读、写、中断、时钟等控制信息。控制总线通常包括一系列的控制信号,如读写控制、时钟信号、复位信号等。

总线在单片机中起到了连接各个组件的桥梁作用,它负责数据和控制信号的传递,使得 CPU、内存、外设等能够协同工作。具体的总线结构和特性可能因单片机型号和制造商而有所不同,因此在进行单片机开发时,请查阅相关的芯片手册和技术文档以了解具体的总线实现。

(6) I/O 接口:数据输入输出。包括:输入接口、输出接口。

1.1.2 单片机的分类

常见的单片机一般为以下四种系列:89C51、MSP430、STM32、GD32。

1.1.2.1 89C51 单片机

51 单片机是对所有兼容 Intel 8031 指令系统的单片机的统称。该系列单片机的始祖是 Intel 的 8004 单片机,后来随着 Flash ROM 技术的发展,8004 单片机取得了长足的进步,成为应用最广泛的 8 位单片机之一,其代表型号是 ATMEL 公司的 AT89 系列,它广泛应用于工业测控系统之中。常见的有 STC(国产宏晶)单片机:89C51、89C52;Intel(英特尔)的 80C51 等。8051 单片机内部结构如图 1.2 所示。

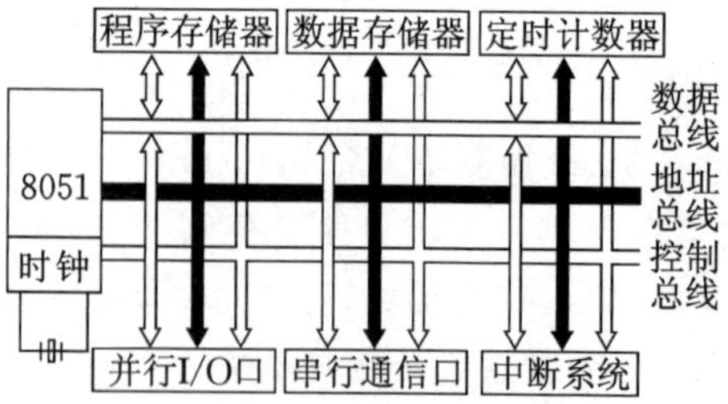

图 1.2 8051 单片机内部结构

89C51/S51 单片机芯片内包括:

(1) 一个 8 位的 89C51 微处理器(CPU)；

(2) 片内 256 字节数据存储器 RAM/SFR,用以存放可以读/写的数据,如运算的中间结果、最终结果及欲显示的数据等；

(3) 片内 4 KB 程序存储器 Flash ROM,用以存放程序、一些原始数据和表格；

(4) 4 个 8 位并行 I/O 端口 P0～P3,每个端口既可以用作输入,也可以用作输出；

(5) 两个 16 位的定时/计数器,既可以作为定时器使用,也可以作为计数器使用,并可以根据计数或定时的结果实现对计算机的控制；

(6) 具有 5 个中断源、2 个中断优先级的中断控制系统；

(7) 一个全双工 UART(通用异步接收发送器)的串行 I/O 口,用于实现单片机之间或单片机与 PC 之间的串行通信；

(8) 片内震荡电路和时钟产生电路,但石英晶体和微调电容需要外接,最高允许振荡频率为 24 MHz。

以上各部分通过片内 8 位数据总线(DBUS)相连接。

随着生产力发展的需要,控制要求也越来越高,8 位的 51 单片机已经远远不能满足需求,急需运算能力更大的单片机。

1.1.2.2 MSP430 单片机

MSP430 是德州仪器(TI)公司推向市场的一种 16 位的、具有精简指令集的、超低功耗的混合型单片机。由于其针对实际应用需求,将多个不同功能的模拟电路、数字电路模块和微处理器集成在一个芯片上,以提供“单片机”解决方案,故也称为混合信号处理器(Mixed Signal Processor)。该系列单片机多应用于需要电池供电的便携式仪器仪表中。MSP430 系列单片机具有丰富的寻址方式(7 种源操作数寻址、4 种目的操作数寻址)、简洁的 27 条内核指令以及大量的模拟指令;大量的寄存器以及片内数据存储器都可参加多种运算;还有高效的查表处理指令;有较高的处理速度,在 8 MHz 晶体驱动下指令周期为 125 ns。这些特点保证了可编制出高效率的源程序。

MSP430 系列单片机都集成了较多的片上外围资源,包含:12 位 A/D,精密模拟比较器,硬件乘法器,2 组频率可达 8 MHz 的时钟模块,2 个带有大量捕获/比较寄存器的 16 位定时器,看门狗,2 个可实现异步、同步及多址访问的串行通信接口,数十个可实现方向设置及中断功能的并行输入、输出端口等。

1.1.2.3 STM32 单片机

STM32 是意法半导体集团(ST)开发的基于 ARM 内核的 32 位 MCU 系列单片机,标准的 ARM 架构,专为要求高性能、低成本、低功耗的嵌入式应用而设计的。按内核架构分为不同产品:主流产品(STM32F0、STM32F1、STM32F3)、超低功耗产品(STM32L0、STM32L1、STM32L4、STM32L4 +)、高性能产品(STM32F2、STM32F4、STM32F7、STM32H7)。目前常见的为 F1、F4、H7 系列。

以 STM32F103C8T6 为例来说明。STM32F103C8T6 是一款由意法半导体公司推出的基于 Cortex-M3 内核的 32 位微控制器,硬件采用 LQFP48 封装,属于 ST 公司微控制器中的 STM32 系列。STM32F103C8T6 具体参数见表 1.1。

表 1.1 STM32F103C8T6 具体参数

内核	Cortex-M3
Flash	64 K×8 bit
SRAM	20 K×8 bit
GPIO	37 个 GPIO，分别为 PA0～PA15、PB0～PB15、PC13～PC15、PD0～PD1
ADC	2 个 12 bit ADC 合计 12 路通道，外部通道：PA0～PA7、PB0～PB1；内部通道：温度传感器通道 ADC_Channel_16 和内部参考电压通道 ADC_Channel_17
Timers	4 个 16 bit 定时/计数器，分别为 TIM1、TIM2、TIM3、TIM4；TM1 带死区插入，常用于产生 PWM 控制电机
	2 个看门狗定时器(独立看门狗 IWDG、窗口看门狗 WWDG)
	1 个 24 bit 向下计数的滴答定时器 systick
工作电压、温度	2～3.6 V、−40～85 ℃
通信串口	2 * IIC，2 * SPI，3 * USART，1 * CAN
系统时钟	内部 8 MHz 时钟 HSI 最高可倍频到 64 MHz，外部 8 MHz 时钟 HSE 最高可倍频到 72 MHz

STM32 应用前景广泛，控制运算能力强大，32 位的 MCU 已经成为当今微控制器的主流。

ARMv7 架构定义了三大分工明确的系列："A"系列，面向尖端的基于虚拟内存的操作系统和用户应用；"R"系列，针对实时系统；"M"系列，针对微控制器。

Cortex-A 系列：应用处理器，主要用于移动计算、智能手机、车载娱乐、自动驾驶、服务器、高端处理器等领域。时钟频率超过 1 GHz，支持 Linux、Android、Windows 等完整操作系统需要的内存管理单元 MMU。

Cortex-R 系列：实时处理器，可用于无线通信的基带控制、汽车传动系统、硬盘控制器等。时钟频率 200 Hz 到大于 1 GHz，多数不支持 MMU，具有 MPU、Cache 和其他针对工业设计的存储器功能。响应延迟非常低，不支持完整版本的 Linux 和 Windows，支持 RTOS。

Cortex-M 系列：微控制器处理器，时钟频率较低，容易使用，应用于单片机和深度嵌入式市场。

随着物联网行业兴起，MCU 发展迎来了一轮热潮。比如医疗电子用品、个人健康监测产品等都需要低功耗、长时间使用、无线通信的产品，然而这些都必须倚赖 MCU 来实现。MCU 作为物联网的核心组件，无论在市场规模，还是技术要求上都得到了进一步的发展。早期 MCU 架构多是 8 位为主(例如 Intel 8051 系列、ATMEL AT8/TS8 系列、Labs EFM8 系列等)，且整合开发环境(IDE)也是以 8 位为主。物联网时代任务的复杂化，对计算能力要求越来越高，促使 MCU 发展至 16 位或 32 位，与此同时，相关的软件开发环境也提升到 32 位，甚至做到可以向下兼容，让开发环境不受限于硬件，以提供更具弹性的开发空间。

1.1.2.4 GD32 单片机

GD32 单片机是指由国内芯片公司兆易创新 GigaDevice 研发设计的一系列单片机。兆易创新 GD32 MCU 是中国最大的 Arm MCU 产品家族，GD32 MCU 产品家族目前拥有 28 个系列，370 余个型号，全方位覆盖高、中、低端市场，涵盖入门级、主流型和高性能开发应用需求。MCU 内核从 M3/M4 到最新的 M23/M33 以及 RISC-V，一应俱全，为细分垂直市场提供专用 MCU 产品，包含指纹识别、打印机、光模块等专用系列。GD32 的设计工艺也在不断进化并持续在行业内保持领先，2013 年推出的 GD32F103 系列采用 110 nm 工艺；2016 年推出的 GD32F450 系列采用 55 nm 工艺；2020 年推出 GD32E503 系列采用 40 nm 工艺；超高性能 MCU 研发已经采用 22 nm 工艺。

1.1.3 单片机的应用

目前单片机渗透到我们生活的各个领域，几乎很难找到哪个领域没有单片机的踪迹。导弹的导航装置，飞机上各种仪表的控制，计算机的网络通信与数据传输，工业自动化过程的实时控制和数据处理，广泛使用的各种智能 IC 卡，民用豪华轿车的安全保障系统，录像机、摄像机、全自动洗衣机的控制，以及程控玩具、电子宠物等，这些都离不开单片机。更不用说自动控制领域的机器人、智能仪表、医疗器械以及各种智能机械。因此，单片机的学习、开发与应用将造就一批计算机应用与智能化控制的科学家、工程师。

单片机具有体积小、功耗低、控制功能强、扩展灵活、微型化和使用方便等优点，主要应用于以下七个方面：

(1) 在智能仪表上的应用

单片机结合不同类型的传感器，可实现电压、电流、功率、频率、湿度、温度、流量、速度、厚度、角度、长度、硬度、压力等物理量的测量。单片机的控制使得仪器仪表数字化、智能化、微型化，功能更强大，例如各种精密的测量设备(电压表、功率计、示波器、分析仪等)。

(2) 在工业控制中的应用

用单片机可以构成形式多样的控制系统、数据采集系统，例如工程流水线的智能化管理、电梯智能化控制、与计算机构成二级控制系统等。

(3) 在家用电器中的应用

单片机应用于电饭煲、洗衣机、电冰箱、空调、彩电，以及音频设备等。

(4) 在计算机网络和通信领域中的应用

现代的单片机普遍具备通信接口，可以方便地与计算机进行数据通信，为在计算机网络和通信设备间的应用提供了极好的物质条件，现在的通信设备基本上实现了单片机智能控制，从手机、电话机、小型程控交换机、楼宇自动通信呼叫系统、列车无线通信，再到日常工作中随处可见的移动电话、集群移动通信、无线对讲机等。

(5) 在医用设备领域中的应用

单片机在医用设备中的应用相当广泛，例如各种分析仪、监护仪、超声波诊断设备、医用呼吸机以及病床呼叫系统等。

(6) 在各种大型电器中的模块化应用

某些专用单片机用于实现特定功能，从而在各种电路中进行模块化应用，不要求使用人员了解其内部结构，如音乐集成单片机。

(7) 在汽车设备领域中的应用

单片机在汽车电子中的应用非常广泛，例如汽车中的发动机控制器、GPS 导航系统、ABS 防抱死系统、制动系统等。

此外，单片机在工商、金融、科研、教育、国防等领域都有广泛用途。

1.2 单片机的开发步骤

单片机的开发步骤如图 1.3 所示。

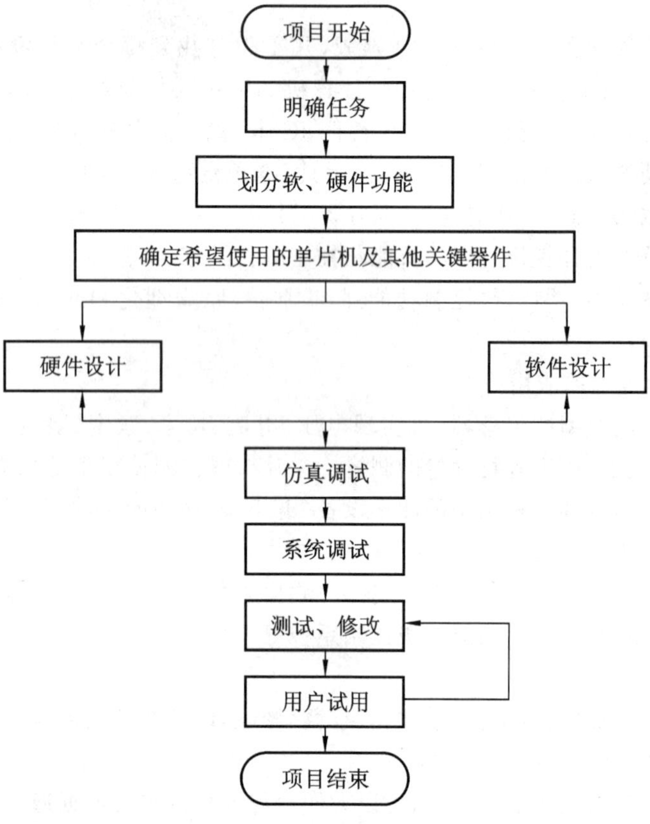

图 1.3 单片机的开发步骤

(1) 明确任务

分析和了解项目的总体要求，并综合考虑系统使用环境、可靠性要求、可维护性及产品的成本等因素，确定可行的性能指标。

(2) 划分软、硬件功能

单片机系统由软件和硬件两部分组成。在应用系统中，有些功能既可由硬件来实现，也可以用软件来完成。硬件的使用可以提高系统的实时性和可靠性；使用软件实现，可以降低系统成本，简化硬件结构。因此在总体考虑时，必须综合分析以上因素，合理地制定硬件和软件任务的比例。

(3) 确定希望使用的单片机及其他关键器件

根据硬件设计任务，选择能够满足系统需求并且性价比高的单片机及其他关键器件，如A/D转换器、D/A转换器、传感器、放大器等，这些器件需要满足系统精度、速度以及可靠性等方面的要求。

(4) 硬件设计

根据总体设计要求，以及选定的单片机及关键器件，利用Protel等软件设计出应用系统的电路原理图。

(5) 软件设计

在系统整体设计和硬件设计的基础上，确定软件系统的程序结构并划分功能模块，然后进行各模块程序设计。单片机程序设计语言可分为三类：

① 机器语言：又称为二进制目标代码，是CPU硬件唯一能够直接识别的语言(在设计CPU时就已经确定其代码的含义)。人们要计算机所执行的所有操作，最终都必须转换成为相应的机器语言由CPU识别、控制执行。CPU系列不同，其机器语言代码的含义也不尽相同。

② 汇编语言：由于机器语言必须转换为二进制代码描述，不便于记忆、使用和直接编写程序，为此产生了与机器语言相对应的汇编语言。用汇编语言编写的程序执行速度快，占用存储单元少，效率高。

③ 高级语言：高级语言具有很好的可读性，使程序的编写和操作都十分方便，目前广泛使用的高级语言是C51。

这里，汇编语言和高级语言都必须被翻译成机器语言之后才能被CPU识别。

(6) 仿真调试

软件和硬件设计结束后，需要进入两者的整合调试阶段。为避免浪费资源，在生成实际电路板之前，可以利用Keil C51和Proteus软件进行系统仿真，出现问题可以及时修改。

(7) 系统调试

完成系统仿真后，利用Protel等绘图软件，根据电路原理图绘制PCB(Printed Circuit Board)，即印刷电路板图，然后将PCB图交给相关厂商生产电路板。拿到电路板后，为便于更换器件和修改电路，可首先在电路板上焊接所需芯片插座，并利用编程器将程序写入单片机。然后将单片机及其他芯片插到相应的芯片插座中，接通电源及其他输入、输出设备，进行系统联调，直至调试成功。

(8) 测试修改、用户试用

经测试检验符合要求后，将系统交给用户试用，对于出现的实际问题进行修改完善，系统开发完成。

1.3 单片机仿真开发环境搭建

1.3.1 Keil C51 的使用

(1) 点击桌面上的Keil μVision 5图标，出现启动画面，如图1.4所示。

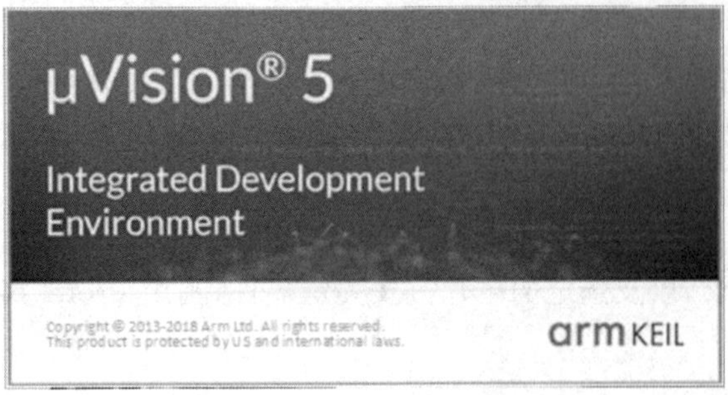

图 1.4　Keil μVision 5 启动画面

（2）点击“Project”→“New μVision Project”，新建一个工程，如图 1.5 所示。

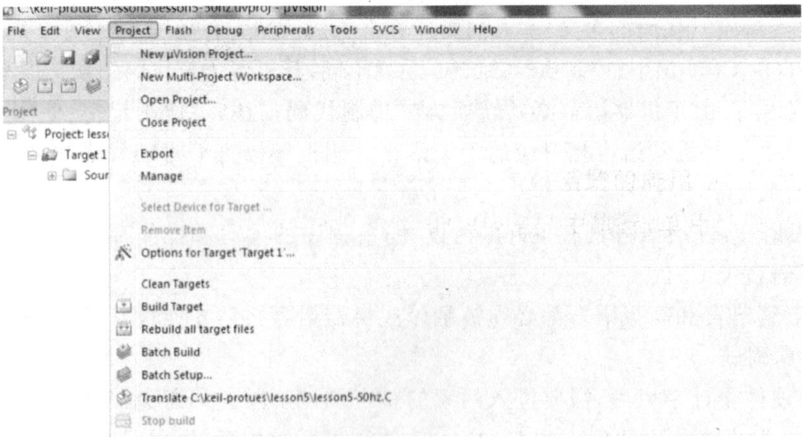

图 1.5　新建工程

（3）在弹出的对话框中，选择文件保存路径，并在此输入项目名称，如：“lesson-led1”。输入新建项目名后，单击“保存”按钮。工程的后缀为“uvproj”。工程命名如图 1.6 所示。

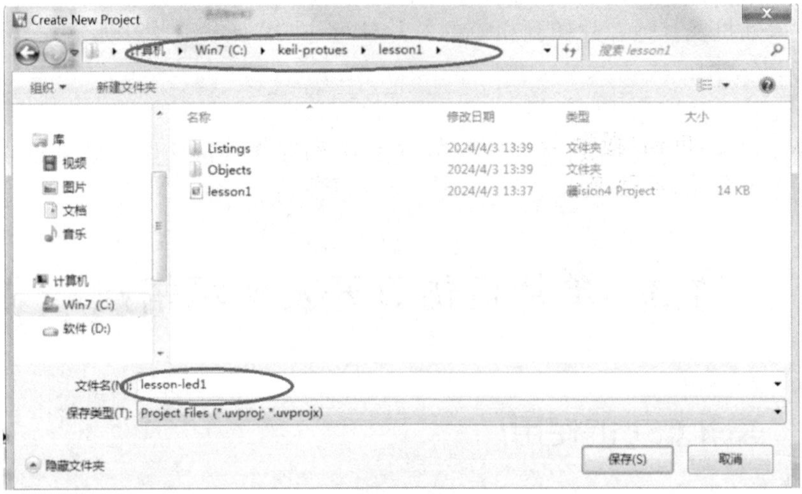

图 1.6　工程命名

（4）选择单片机型号。这时会弹出一个对话框，要求选择单片机的型号。可以根据所使用的单片机来选择，Keil 几乎支持所有 51 核的单片机，这里以 ATMEL 的 89C51 来说明。可以在搜索栏输入 AT89C51，也可以选择 ATMEL 公司，然后单击左边的"＋"号之后选择 AT89C51，右边栏是对这个单片机的基本说明，然后单击"OK"。匹配芯片型号如图 1.7 所示。

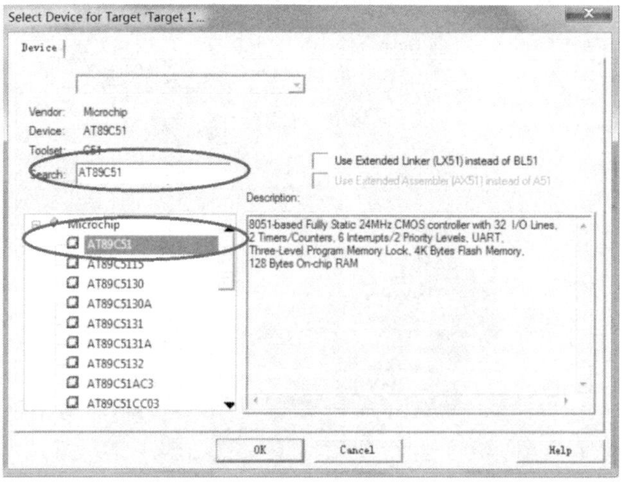

图 1.7　匹配芯片型号

（5）弹出如图 1.8 所示对话框，单击"否"，完成以上步骤后，屏幕如图 1.9 所示。

图 1.8　弹出对话框

图 1.9　完成创建

(6) 创建新的源程序文件，并把这个源程序文件添加到项目中。

单击图标或执行菜单命令“File”→“New”，如图 1.10 所示，就可以创建一个源程序文件。该命令会打开一个空的编辑器窗口，在编辑窗口中可输入源代码。

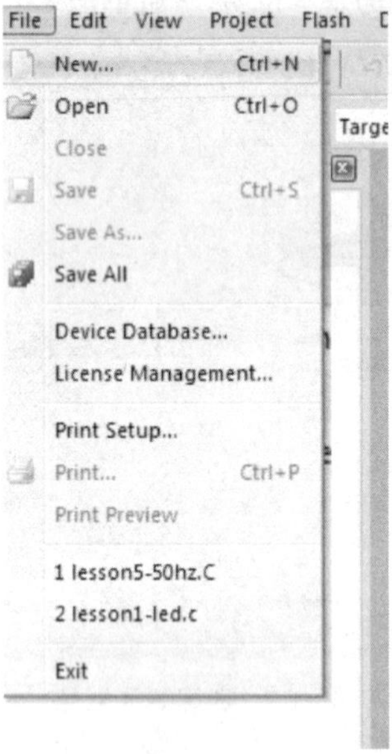

图 1.10　创建新的源文件程序

源代码可以用汇编语言书写，也可以用 C 语言书写。点亮一盏灯的 C 语言程序如下：

```
# include <reg51.h>
sbit LED=P1^0;          //直接定义 P1 口 0 号位
void main()
{
    LED=0;
    while(1);
}
```

程序 1

源代码输入完成后，执行菜单命令“File”→“Save as…”或“Save”，即可对源程序进行保存。在保存时，文件名只能由字符、字母或数字组成，并且一定要带扩展名(使用汇编语言编写的源程序的扩展名为 A51 或 ASM，使用 C 语言编写的源程序的扩展名为 C)。

源程序文件保存在项目文件夹下所建立的 Keil 文件夹中，方便调试修改时查找。本程序文件名为“lesson-led1.c”。保存文件如图 1.11 所示。源程序保存好后，源程序窗口中的关键字呈彩色高亮度显示。

(7) 把刚创建的源程序文件加入工程项目文件中。源程序文件创建好后，可以把这个文件添加到项目中。在“μVision4”中，添加的方法有很多种。如图 1.12 所示，在“Source Group 1”上单击鼠标右键，在弹出的菜单中选择“Add Existing Files to Group ‘Source Group 1’”。在弹出的“Add Files to Group ‘Source Group 1’”对话框中选择刚才创建的源程序文件，即可将其添加到项目中，如图 1.13 所示。

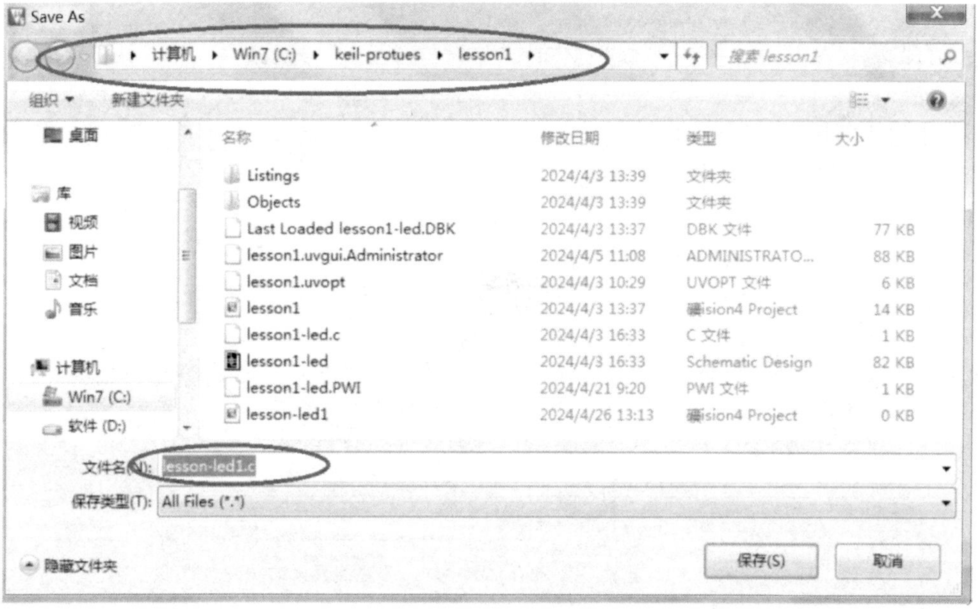

图 1.11　保存文件

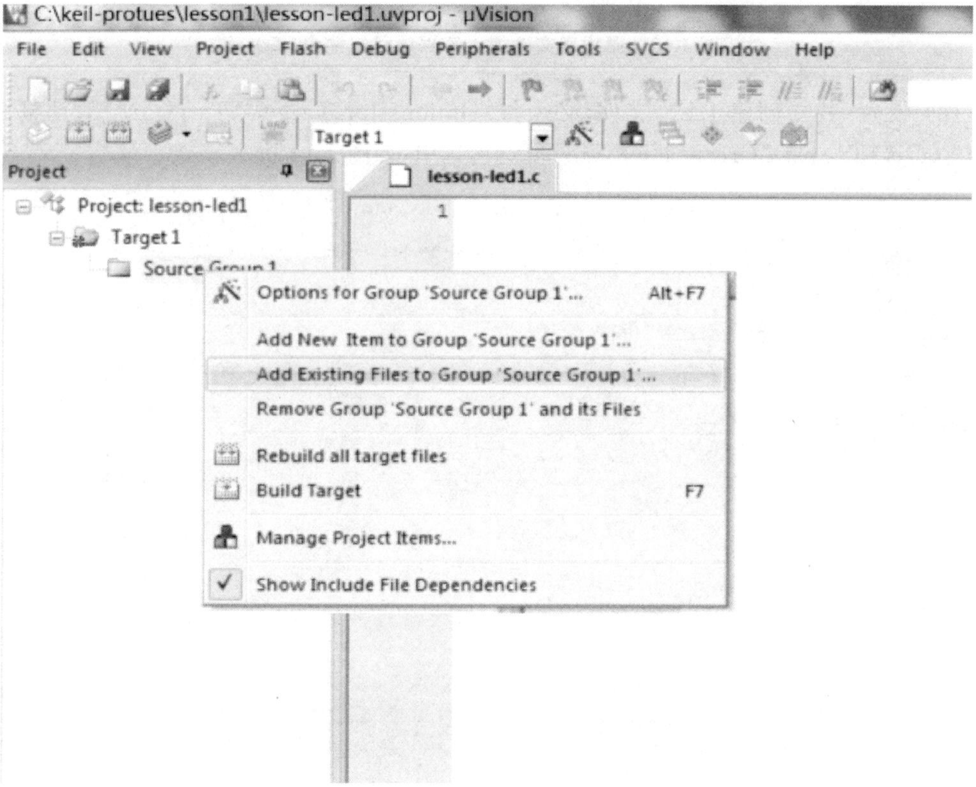

图 1.12　源程序文件加入工程项目文件中(一)

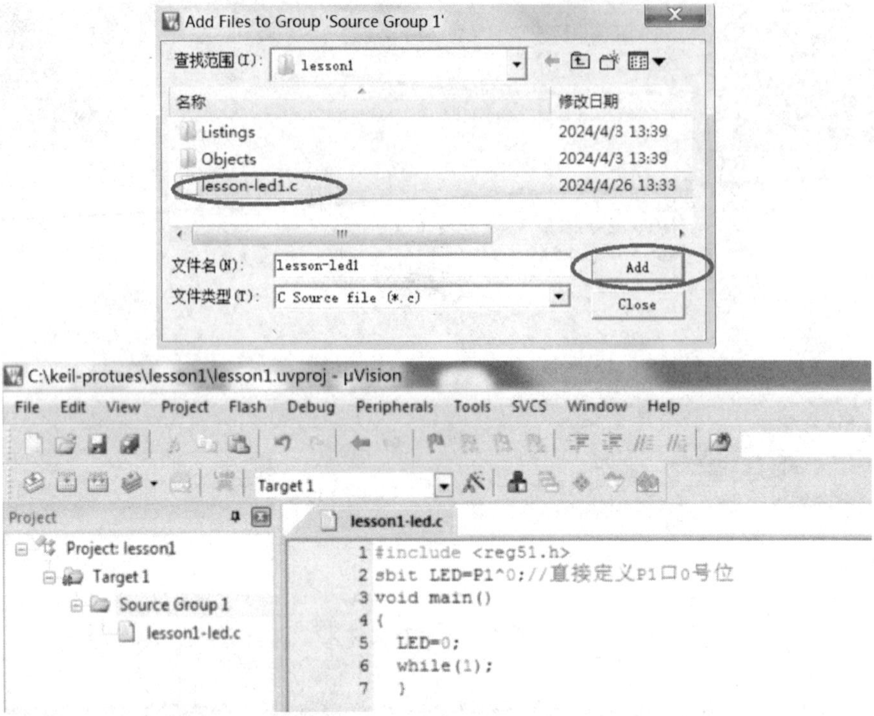

图 1.13　源程序文件加入工程项目文件中(二)

(8) 设置,若要创建 HEX 文件,必须将“Options for Target ‘Target 1’”对话框中的“Output”选项卡下的“Create HEX File”复选框选中,如图 1.14 所示。

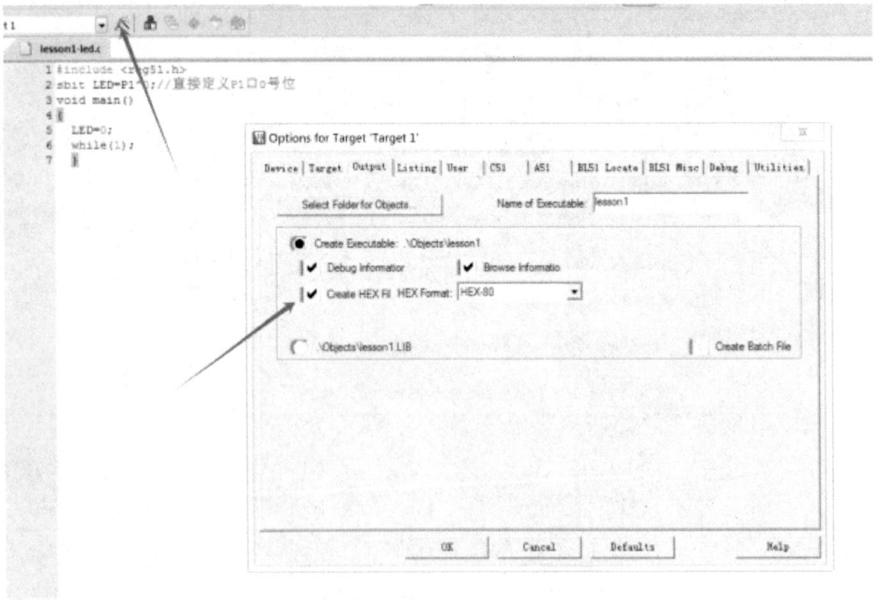

图 1.14　创建 HEX 文件

(9) 编译,在"Target"选项卡中设置好参数后,就可对源程序进行编译。单击图标或执行菜单命令"Project" → "Build Target",可以编译源程序并生成应用程序。当所编译的程序有语法错误时,μVision 5 将会在"Build Output"窗口中显示错误和警告信息。双击某一条信息,光标将会停留在 μVision 5 文本编辑窗口中出现该错误或警告的源程序位置上。将所有提示过的错误进行修改,然后再次重复上述操作进行编译,直至出现"lesson1"—0 Error(s),0 Warning(s),说明编译完全通过。编译完成如图 1.15 所示。若成功创建并编译了应用程序,生成的 HEX 文件可以下载到 EPROM 编程器或模拟器中,就可以开始仿真调试。

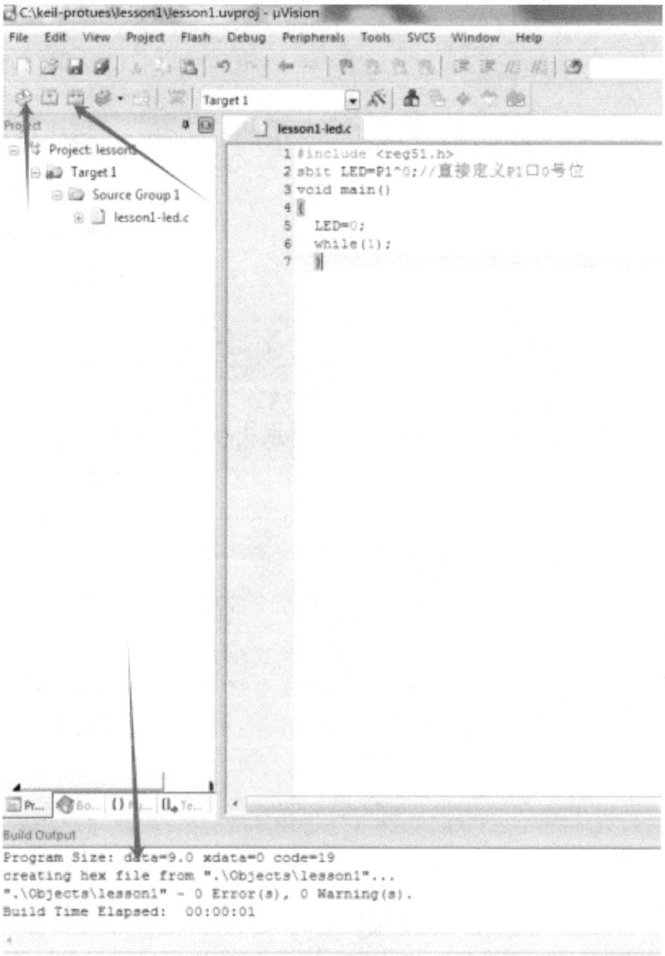

图 1.15　编译完成

1.3.2　Proteus 仿真软件的使用

(1) Proteus 新建工程

① 安装完成后,打开 Proteus 软件 ISIS 7 Professional,点击"新建设计",如图 1.16 所示。

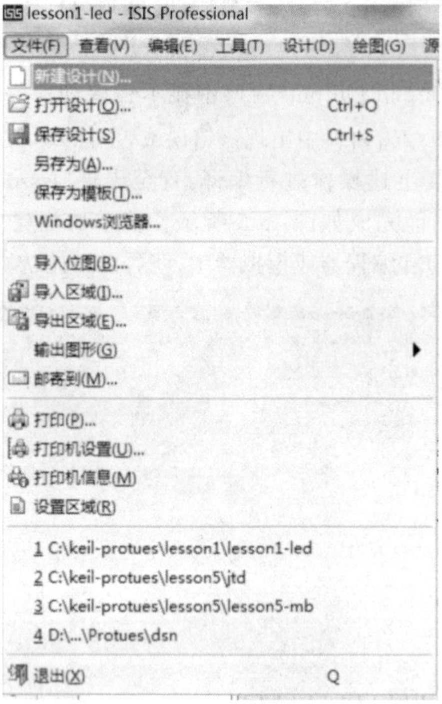

图 1.16　新建设计

② 修改文件名和保存，如图 1.17 所示。

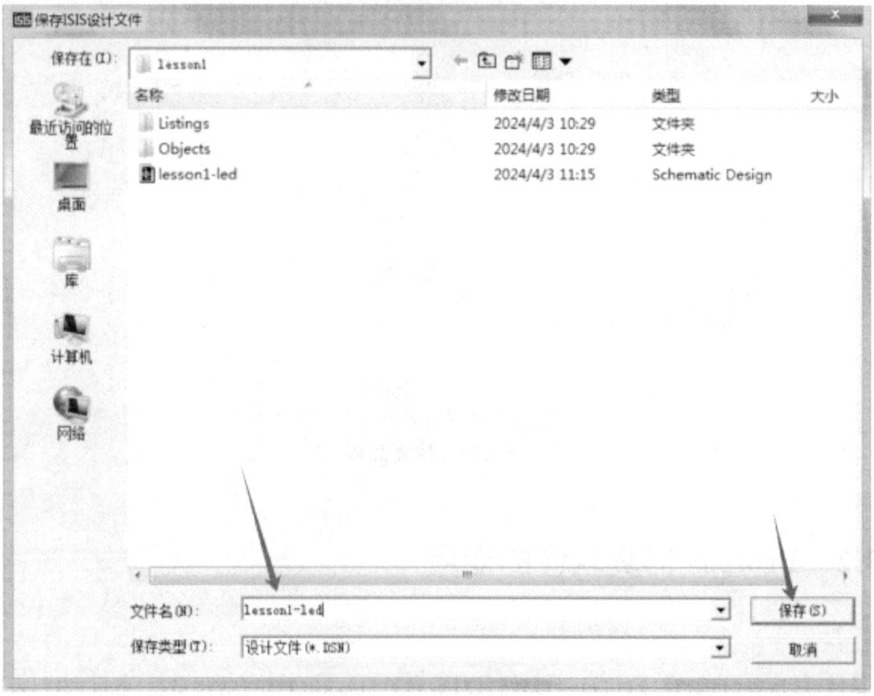

图 1.17　修改文件名和保存

（2）添加工程元器件

① 点击左上角 P 按键；在关键字搜索框输入对应的元器件缩写或者芯片型号，如图 1.18所示。

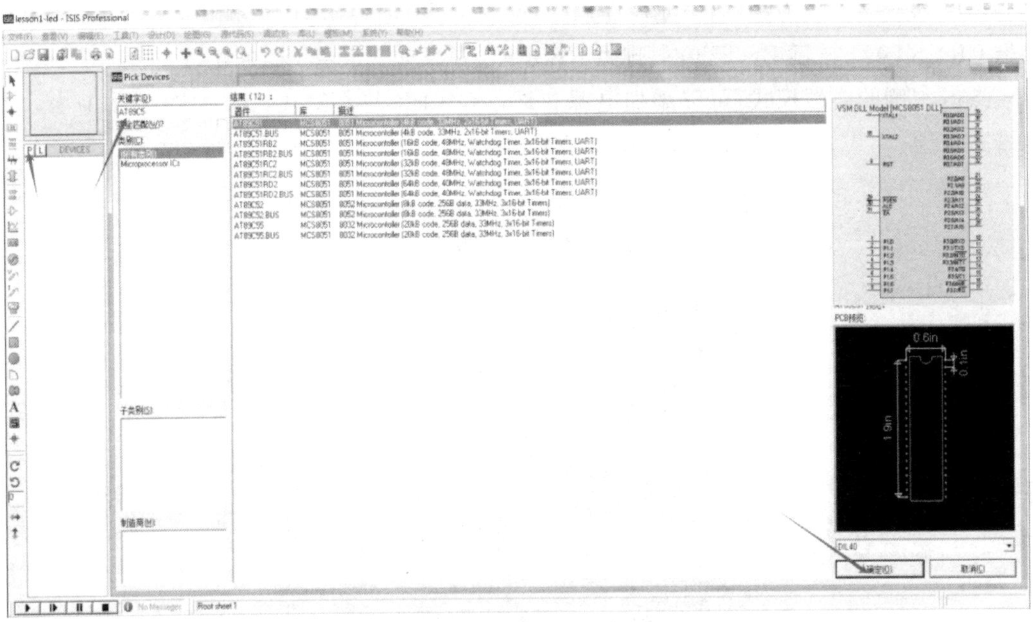

图 1.18　关键字搜索

② 添加元器件后，点击元件模式，会显示已经添加的元器件；点击对应元器件，将鼠标移到原理图位置，会出现紫色的元器件，选择合适的位置后单击鼠标即可成功在原理图中添加元器件，如图 1.19 所示；双击元器件即可改变元器件的属性。

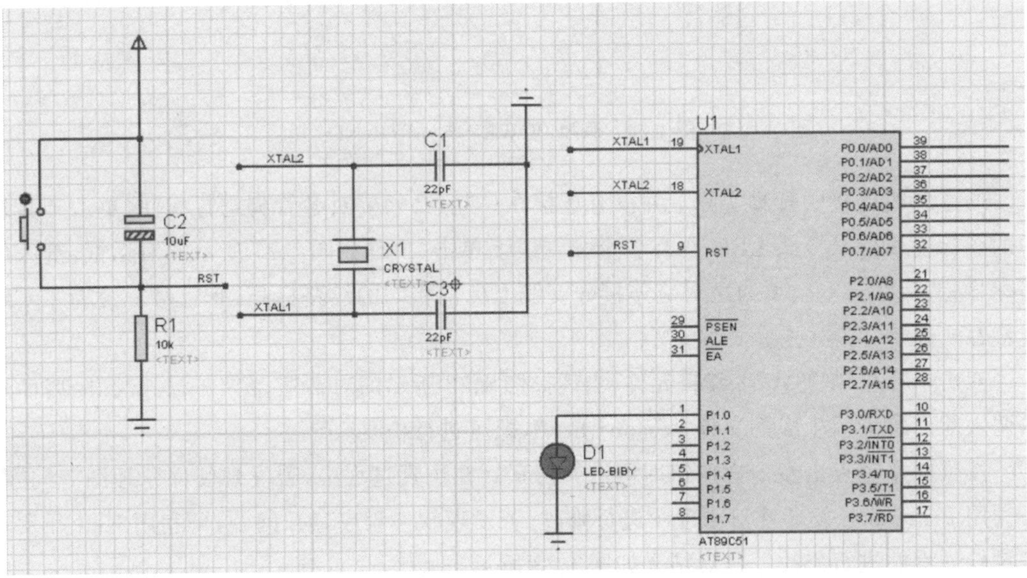

图 1.19　添加元器件

1.3.3 项目一:点亮一盏小灯实例

以点亮一盏小灯为例,图中元器件包括:电阻 RES;电容 CAP(极性电容:CAP-ELEC);晶振 CRYSTAL;按键 BUTTON;排阻 RESPACK;发光二极管 LED-BIBY。

点击左侧的终端模式,可以添加电源和地,POWER 与 GROUND,如图 1.20 所示。电源端默认为+5 V,系统中还涉及其他电源如 7.4 V、3.3 V 和 12 V 等。

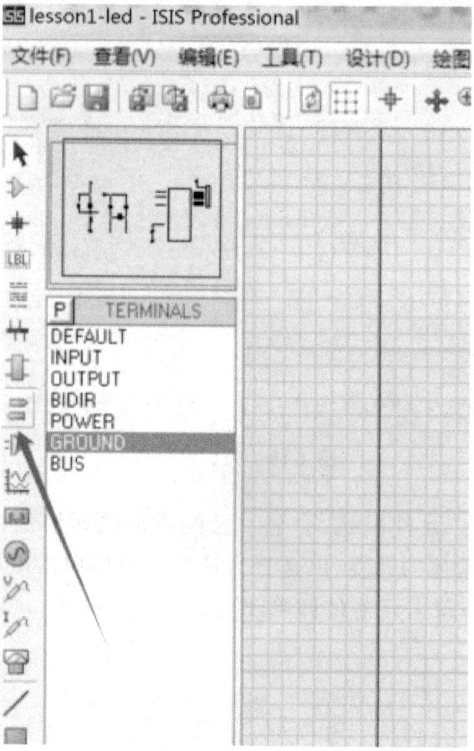

图 1.20 添加 POWER **与** GROUND

通过总线连接的管脚实际上并没有连接在一起,必须要对各管脚进行标注,单击工具箱中的图标连线标号模式 LBL,再在各个分支线上单击,出现如图 1.21 所示的对话框,键入线路标号,然后在另一个要与之对应连接分支线上标记相同的线路标号,此时两个管脚才实际连接在一起。

双击单片机 AT89C51 编辑元件,出现如图 1.22 所示的对话框,在 Program File 后面点击调入前面编译后生成的文件"lesson1.hex",即可进行仿真。

按鼠标左键点击左下方按钮即可进行仿真。在仿真过程中,若发现硬件原理图有问题,可利用 Proteus 开发环境对原理图进行修改;若发现软件程序存在问题,可利用 Keil 开发环境对软件程序进行修改。仿真结果如图 1.23 所示。

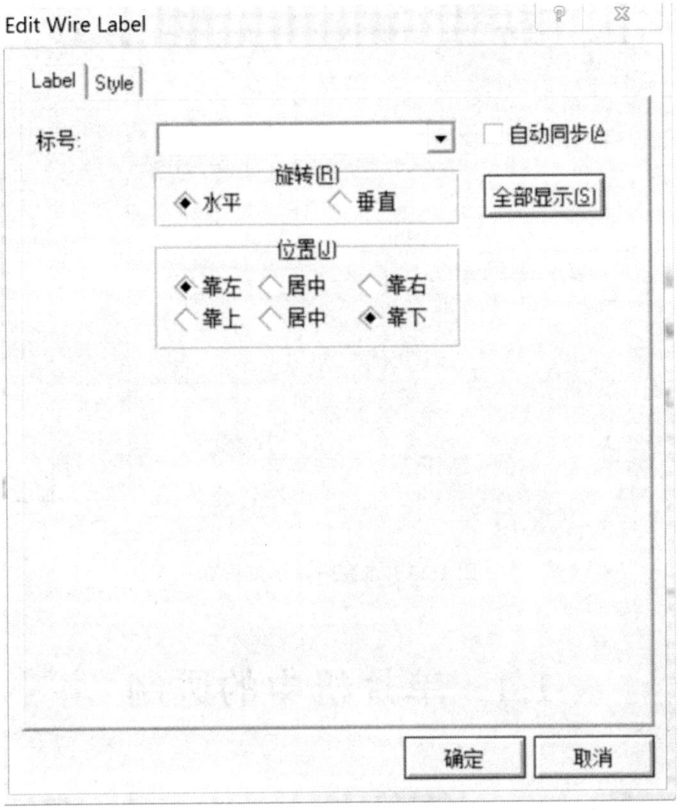

图 1.21 连接线路标号

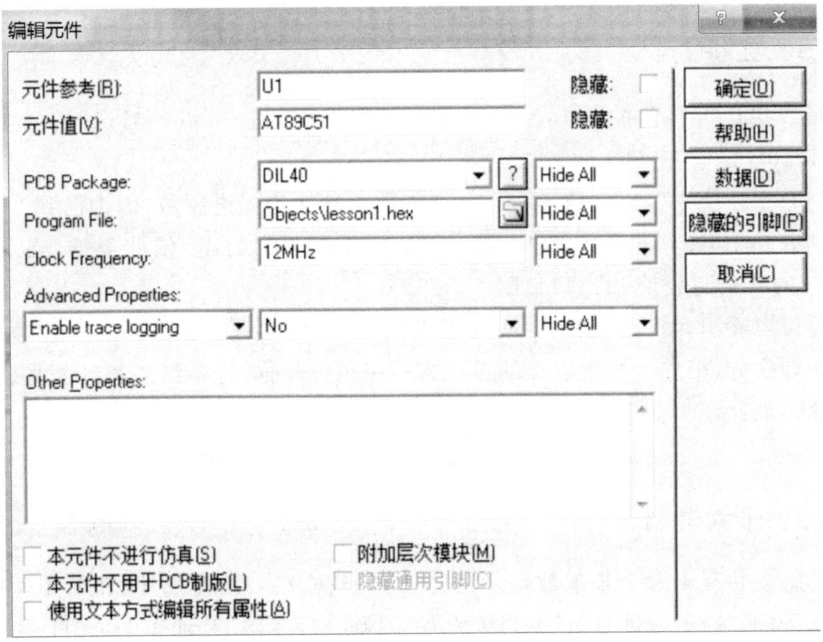

图 1.22 编辑元件

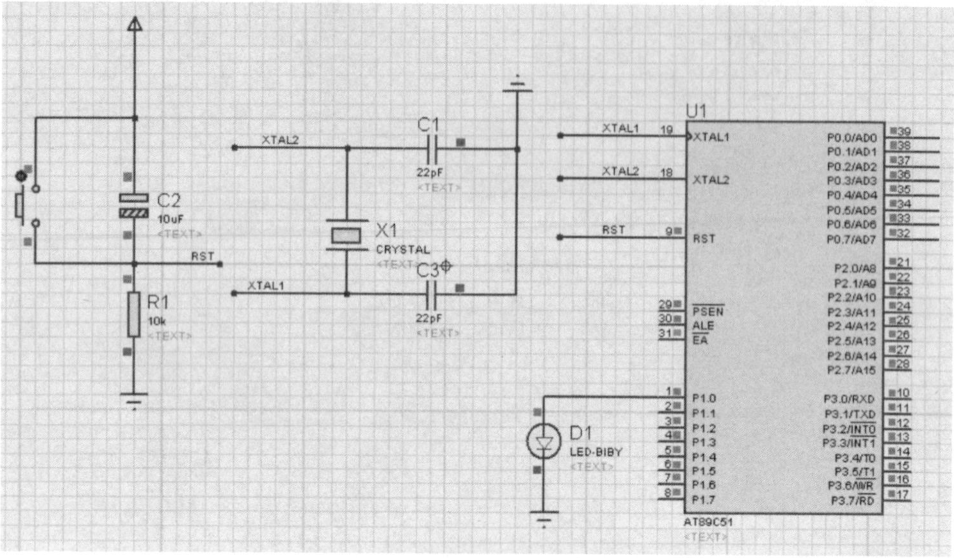

图 1.23　点亮一盏小灯仿真

1.4　单片机中的进制

1.4.1　进制的特点

1.4.1.1　二进制

二进制数共有两个基本数码：0、1；运算时遵循“逢二进一，借一当二”的原则。后缀是B，如 10101010B。

十进制数 1 转换为二进制数是 1B；十进制数 2 转换为二进制数，因为已到 2，则进 1，对应的二进制数是 10B；十进制数 3 为 11B，4 为 100B，5 为 101B。依此类推，当十进制数为 255 时，对应的二进制数是 11111111B。

从上面可以看出，当二进制数转换为十进制数时，从二进制数的最右一位数起，第一个数乘以 2 的 0 次方，第二个数乘以 2 的 1 次方……依此类推，把各结果累计相加就是转换后的十进制数。如：

$$1010B=1\times2^3+0\times2^2+1\times2^1+0\times2^0=10$$

1.4.1.2　十六进制

十六进制数共有十六个基本数码：0、1、2、3、4、5、6、7、8、9、A、B、C、D、E、F（不区分大小写）。运算时遵循“逢十六进一，借一当十六”的原则。后缀是 H，如 12H、46H。

十进制数的 0～15 表示成十六进制数分别为 0～9，A，B，C，D，E，F，其中 A 对应十进制数 10,B 对应 11,C 对应 12,D 对应 13,E 对应 14,F 对应 15。但在 C 语言编程时是在十六进制数的最前面加上前缀 0x,表示该数为十六进制数,如 0xb,0x46 等。这里的字母不区分大小写。

1.4.1.3　各进制数之间的相互转换

一个 1 位十六进制数与 1 个 4 位二进制数形成一一对应的关系。而在单片机编程中使用最多的是 8 位二进制数,如果使用 2 位十六进制数来表示将变得极为方便。十进制、二进制、十六进制数转换对应表见表 1.2。

表 1.2　十进制、二进制、十六进制数转换对应表

十进制	二进制	十六进制	十进制	二进制	十六进制
0	0000	0	8	1000	8
1	0001	1	9	1001	9
2	0010	2	10	1010	A
3	0011	3	11	1011	B
4	0100	4	12	1100	C
5	0101	5	13	1101	D
6	0110	6	14	1110	E
7	0111	7	15	1111	F

(1) 二进制转十六进制

十六进制有 16 个数,十六进制用二进制可以表示为 0000～1111,也就是每四个为一位。

举例:00111101 可以分为 0011 1101(最高位不够可用零代替),对照着二进制的表格,可以写为

8 4 2 1　　8 4 2 1

0 0 1 1　　1 1 0 1

左半边=2+1=3,右半边=8+4+1=13=D。结果,00111101 就可以换算成十六进制的 3D。

(2) 十六进制转二进制

由于在二进制的表示方法中,每四位所表示的数的最大值对应十六进制的 F,即十六进制每一位上最大值,所以,我们可以得出简便的转换方法,将十六进制上每一位分别对应二进制上四位进行转换,即得所求。

例:2AF5 十六进制换算成二进制。

第 0 位:$(5)_{16}=(0101)_2$

第 1 位:$(F)_{16}=(1111)_2$

第 2 位:$(A)_{16}=(1010)_2$

第 3 位:$(2)_{16}=(0010)_2$

得：$(2AF5)_{16}=(\underline{0010}\ \underline{1010}\ \underline{1111}\ \underline{0101})_2$

在进行单片机编程时常常会碰到其他较大的数，这时可用 Windows 系统自带的计算器，非常方便地进行二进制、八进制、十进制、十六进制数之间的任意转换。首先打开附件中的计算器，选择“查看”→“科学型”，然后选择一种进制，输入数值，再单击需要转换的进制，即可得到相应进制的数。

1.4.2 进制与单片机引脚的关系

比如想要 51 单片机的 P0.7～P0.0 输出电平为 1000 1100，此二进制数最高位是最左边的 1，最低位是最右边的 0，在 C 语言中二进制的最低位到最高位也是从右到左，八位的二进制数就对应单片机八位 IO 口，如 P0 口、P1 口、P2 口、P3 中的其中之一，从最低位（最右）开始，表示最低有效位（LSB），也就是最先被操作或者显示的位。十六进制时按照二进制分段的位置来分开。例如 51 单片机利用 P0 口的高低电平状态控制小灯点亮，P0.7～P0.0 输出高低电平为 1000 1100（即 1000 1100B），在 C 语言编程时可以用十六进制表示为 0x8C，即 P0 口为 0x8C。

1.5 C 语言概述

C51 语言是为 51 单片机设计的一种高级编程语言，属于标准 C 语言的一个子集。优点是具有可读性强，易于调试维护，编程工作量小的特点。由于允许直接访问物理地址，能直接对硬件进行操作，可实现汇编语言的部分功能，因而兼有高级和低级语言的特点，适用范围广。目前 C51 语言已成为 51 单片机程序开发的主流编程方法。其特点如下：

结构化语言，代码紧凑——效率可与汇编语言媲美；

接近真实语言，程序可读性强——易于调试、维护；

库函数丰富，编程工作量小——产品开发周期短；

机器级控制能力，功能很强——适合于嵌入式系统开发；

与汇编指令无关，易于掌握——在单片机基础上上手快。

1.5.1 C51 的程序结构

C51 程序的基本单位是函数，一个 C51 源程序至少包含一个主函数，也可以是一个主函数和若干个其他函数。主函数是程序的入口；主函数中的所有语句执行完毕，则程序结束。C51 程序的基本结构应包括头文件、函数类型声明、全局变量定义、主函数、函数体等。例如：

```
预处理命令------#include <reg51.h>                    //51单片机头文件
函数说明-----------void delay();                       //延时函数声明
全局变量定义------sbit p1_0= P1^0;                     //定义端口
主函数---------------main()                            //主函数
函数体:              {
                     while(1)                          //无限循环体
                     { p1_0=0;
                     delay();
                     p1_0=1;
                     delay();
                     }
                     }
自定义函数---------void delay(void)
局部变量定义-------{unsigned char i;                   //定义字符型变量
函数体:               for(i=200;i>0;i--);              //循环
                      }
```

1.5.2 C 语言变量类型和范围

C 语言的数据基本类型分为字符型、整型、长整型以及浮点型。字符的位数代表的是可以用几个二进制的数字表示。字符型、整型和长整型只能表示整数，unsigned 型只能表达非负整数，signed 型可以表达负整数，浮点型表达小数。C 语言变量类型和范围见表 1.3。

表 1.3 C 语言变量类型和范围

C 语言变量类型		范围
字符型	unsigned char	0～255
	signed char	－128～127
整型	unsigned int	0～65535
	signed int	－32768～32767
长整型	unsigned long	0～4294967295
	signed long	－2147483648～2147483647
浮点型	float	$-3.4\times e^{38}\sim3.4\times e^{38}$
	double	C51 中等于 float

(1) char 字符类型

char 类型的长度是一个字节，通常用于定义处理字符数据的变量或常量，分无符号字符类型 unsigned char 和有符号字符类型 signed char，默认值为 signed char 类型。unsigned char 类型用字节中所有的位来表示数值，可以表达的数值范围是 0～255。signed char 类型用字节中最高位字节表示数据的符号，“0”表示正数，“1”表示负数，负数用补码表示。所能表示的数值范围是－128～＋127。unsigned char 常用于处理 ASCII 字符或用于处理小于或等于 255 的整型数。正数的补码与原码相同，负二进制数的补码等于它的绝对值按位取反后加 1。

（2）int 整型

int 整型长度为两个字节，用于存放一个双字节数据。分有符号 int 整型数 signed int 和无符号整型数 unsigned int，默认值为 signed int 类型。signed int 表示的数值范围是 －32768～＋32767，字节中最高位表示数据的符号，“0”表示正数，“1”表示负数。unsigned int 表示的数值范围是 0～65535。

（3）long 长整型

long 长整型长度为四个字节，用于存放一个四字节数据。分有符号 long 长整型 signed long 和无符号长整型 unsigned long，默认值为 signed long 类型。signed long 表示的数值范围是－2147483648～＋2147483647，字节中最高位表示数据的符号，“0”表示正数，“1”表示负数。unsigned long 表示的数值范围是 0～4294967295。

（4）float 浮点型

float 浮点型在十进制中具有 7 位有效数字，是符合 IEEE－754 标准的单精度浮点型数据，占用四个字节。因浮点数的结构较复杂，以后再作详细的讨论。

（5）* 指针型

指针型本身就是一个变量，在这个变量中存放的是指向另一个数据的地址。这个指针变量要占据一定的内存单元，对不同的处理器长度也不尽相同，在 C51 中它的长度一般为 1～3个字节。指针变量也具有类型，在以后专门探讨。

（6）bit 位标量

bit 位标量是 C51 编译器的一种扩充数据类型，利用它可定义一个位标量，但不能定义位指针，也不能定义位数组。它的值是一个二进制位，不是 0 就是 1，类似一些高级语言中的 Boolean 类型中的 True 和 False。

（7）sfr 特殊功能寄存器

sfr 也是一种扩充数据类型，占用一个内存单元，值域为 0～255。利用它可以访问 51 单片机内部的所有特殊功能寄存器。如用 sfr P1＝0x90 这一句定义 P1 为 P1 端口在片内的寄存器，在后面的语句中我们可以用 P1＝255（对 P1 端口的所有引脚置高电平）之类的语句来操作特殊功能寄存器。

（8）sfr16 16 位特殊功能寄存器

sfr16 占用两个内存单元，值域为 0～65535。sfr16 和 sfr 一样用于操作特殊功能寄存器，所不同的是它用于操作占两个字节的寄存器，如定时器 T0 和 T1。

（9）sbit 可寻址位

sbit 是 C51 中的一种扩充数据类型，利用它可以访问芯片内部的 RAM 中的可寻址位或特殊功能寄存器中的可寻址位。如先前我们定义了 sfr P1＝0x90，因 P1 端口的寄存器是可位寻址的，所以我们可以定义 sbit P1_1＝P1^1；，意思是定义 P1_1 为 P1 中的 P1.1 引脚。同样我们可以用 P1.1 的地址去写，如 sbit P1_1＝0x91，这样我们在以后的程序语句中就可以用 P1_1 来对 P1.1 引脚进行读写操作了。通常这些可以直接使用系统提供的预处理文件（如 reg51.h，AT89X51.h），里面已定义好各特殊功能寄存器的简单名字，直接引用可以省去一点时间。

1.5.3　C 语言程序控制结构概述

1.5.3.1　单片机 C 语言的条件语句

条件语句主要包括 if 语句和 switch 语句。if 语句在单片机 C 语言中是极为常用的语句，用来判断某些变量(信号)达到预期的值后，再执行满足条件的指令，或者执行不满足条件的指令。

(1) 直接 if 语句，其表达式为：

if(表达式)语句

当表达式为真的时候才执行 if 的语句，否则直接跳过，执行 if 以外的语句。

(2) if……else……语句，一般表示为：

if(表达式)语句 1

else 语句 2

if……else……语句是当表达式为真或者假的时候，都会执行相应的程序语句，这样的好处是不论表达式(或者信号)为真或假都有相应的动作与之对应。

(3) if……else if ……语句，这样的判断语句的基本格式为：

if(表达式 1)语句 1

else if(表达式 2) 语句 2

else if(表达式 3) 语句 3

……

(4) switch 语句实现多分支的选择语句，其原理和 if……else if……相似，利用多个条件实现多个分支语句的控制，其实也可以从名字看出来 switch 就是多路开关的意思，即根据变量的取值然后选择相对应的语句来执行。其表达式如下：

switch(表达式)

{

case 常量表达式 1:语句 1

case 常量表达式 2:语句 2

case 常量表达式 3:语句 3

……

case 常量表达式 n:语句 n

default:语句 $n+1$

}

这样会根据表达式的不同常量结果来选择相对应的语句来执行，注意：在这里没有 break 的时候，执行的顺序会从上往下一直进行，会得到我们并不希望得到的结果。因此在 switch 语句的 case 分支语句中增加 break 来实现真正的分支选择形式，如下：

switch(表达式)

{
case 常量表达式 1:{语句 1;break;}
case 常量表达式 2:{语句 2;break;}
case 常量表达式 3:{语句 3;break;}
……
case 常量表达式 *n*:{语句 *n*;break;}
default:语句 *n*+1;break;
}

这样增加 break 以后会得到相应的分支语句,执行完后就会跳出 switch 语句,其 break 的用法将在后面介绍。

1.5.3.2 单片机 C 语言的循环语句

(1) while 语句,其表达式为:

while(表达式) 语句

在单片机中不管是在带系统的小的任务中还是在不带系统的应用中,单片机的每个小程序都是在一个死循环中进行的,也就是在固定的程序空间中执行,单片机的程序一般常用的是 while(1)。

初始化程序:

```
while(1)//死循环
{
用户程序;
}
程序 1:while(1)
    {TI=0;      } //死循环,一直执行 TI=0
程序 2:while(TI==0); //TI=0 时等待,并不往下执行
       TI=0;   //TI=1 时退出 while,执行 TI=0
```

(2) for 循环语句,其表达式为:

for(表达式 1;表达式 2;表达式 3)语句

一般常用的是 for(循环变量赋初值;循环条件;循环变量增值)语句,在单片机的死循环中有的时候 while(1)会用 for(;;)循环来代替,这样也是一个死循环,主要在语句中填写用户的程序即可。

程序:

```
for(x=0;x<23;x++)  //循环 23 次
    {
        P0=~P0;
    }
```

(3) break、continue 和 return 语句

break、continue 和 return 都可以使得程序跳出当前的流程。其中 break 已经在 switch

语句中涉及，它可以跳出 switch 语句，进入并执行 switch 后面的语句。值得注意的是 break 语句不能用于循环语句和 switch 之外的其他任何语句，也就是 break 跳出程序是限制在循环语句和 switch 语句之中的。

程序：

```
switch(key)
{     case 0xfe:P2=tab[1];break;
      case 0xfd:P2=tab[2];break;
      case 0xfb:P2=tab[3];break;
      case 0xf7:P2=tab[4];break;
      case 0xef:P2=tab[5];break;
      case 0xdf:P2=tab[6];break;
      case 0xbf:P2=tab[7];break;
      case 0x7f:P2=tab[8];break;
}
```

continue 语句的作用是结束本次循环，也就是跳出循环体下面尚未执行的语句，然后接着进行下一次是否执行循环的判定，不跳出循环体。而 return 是表示从被调函数返回到主调函数继续执行，返回时可附带一个返回值，由 return 后面的参数指定。return 语句执行后函数就结束了，后面的语句不再执行。

两个 while 循环中的执行流程如下：

```
while(表达式 1) while(表达式 1)
{ {
…… ……
if(表达式 2)break; if(表达式 2)continue;
…… ……
} }
```

习　题

计算机有哪几部分组成？何谓微处理器、单片机？

2　单片机的硬件结构

51 单片机，也被称为 MCS-51 系列单片机，是由 Intel 公司在 1980 年推出的一款 8 位微控制器。由于其简单的硬件结构和灵活的编程能力，51 单片机迅速成为最流行的单片机之一，并且在随后的几十年中被广泛应用于各种嵌入式系统和控制应用中。

51 单片机的硬件结构主要由以下几个核心部分组成：

(1) 中央处理单元(Central Processing Unit，CPU)

CPU 是单片机的核心，负责执行指令、处理数据和控制整个系统。51 单片机的 CPU 采用 CISC(Complex Instruction Set Computer)架构，拥有较复杂的指令集和较强的数据处理能力。CPU 内包含算术逻辑单元(ALU)、寄存器组和程序计数器等部件。

(2) 内部存储器

51 单片机内部包含两种类型的存储器：程序存储器和数据存储器。

程序存储器(Program Memory)：通常为 FLASH 或 ROM 类型，用于存储用户编写的程序代码。

数据存储器分为随机存储器 RAM(Random Access Memory)和特殊功能寄存器 SFR(Special Function Register)。RAM 用于临时存储数据，而 SFR 则用于控制单片机内部的各种功能。

(3) 输入/输出端口(I/O Ports)

51 单片机提供了四个 8 位的双向 I/O 端口，即 P0、P1、P2 和 P3。这些端口可以被配置为输入或输出模式，用于与外部设备进行数据交换。

(4) 定时/计数器(Timer/Counter)

51 单片机内置有两个定时/计数器，可以用于时间控制、事件计数等任务。每个定时/计数器都可以独立运行，并且具有可编程的控制和中断功能。

(5) 中断系统

51 单片机支持外部和内部中断。外部中断通过两个中断请求引脚(INT0 和 INT1)进入单片机，而内部中断则由特定事件(如定时器溢出)触发。中断系统允许单片机响应外部事件，提高系统的实时性和效率。

(6) 串行通信接口(Serial Communication Interface)

51 单片机提供了一个全双工的串行通信接口，通常称为 UART(Universal Asynchronous Receiver/Transmitter)。该接口支持异步串行通信，可以用于与其他单片机、计算机或外设进行数据交换。

(7) 电源管理

51 单片机通常工作在 5 V 电压下。为了节省功耗和延长电池寿命，单片机提供了多种电源管理模式，如空闲模式、掉电模式等。在这些模式下，CPU 会停止执行程序，但外围设备仍然可以继续工作。

(8) 时钟电路

51 单片机内部含有一个时钟电路，用于生成系统时钟信号。该时钟信号驱动 CPU 和其他部件的工作。时钟电路通常由一个晶体振荡器和两个电容组成，以提供稳定的时钟源。

(9) 特殊功能寄存器(SFR)

51 单片机提供了一系列特殊功能寄存器，用于控制和配置单片机的各种功能。这些寄存器包括 I/O 端口方向寄存器、定时器控制寄存器、中断使能寄存器等。通过编程这些寄存器，可以实现对单片机硬件的精细控制。

(10) 外部扩展接口

51 单片机还提供了外部扩展接口，允许将额外的存储器或外设连接到单片机上。这些接口通常包括地址总线、数据总线和控制线等。通过外部扩展，可以扩展单片机的存储容量、增加外设功能或提高系统性能。

总的来说，51 单片机的硬件结构相对简单且灵活，使得它在嵌入式系统和控制应用领域得到了广泛的应用。其强大的功能和易于编程的特点，使得它成为初学者和工程师们的首选单片机之一。

2.1　单片机的引脚

51 单片机的引脚布局因型号而异，但大多数 51 系列单片机都遵循类似的设计。

2.1.1　单片机的外形及引脚分布

51 单片机的外形通常是长方形的集成电路(IC)封装，根据不同的封装类型，引脚数量和布局可能会有所不同。最常见的封装类型是 40 引脚的双列直插式封装(DIP)，这种封装的外形尺寸为长条形，便于插入面板或印刷电路板(PCB)。STC89C51 单片机实物图如图 2.1所示。

图 2.1　STC89C51 **单片机实物图**

对于 40 引脚的 51 单片机，引脚按照一定的顺序排列。引脚的编号通常从芯片的一端开始，沿着一边向下编号，然后绕过芯片的角落到达另一边继续编号。

2.1.2 引脚功能

以下是 AT89C51 单片机的引脚概述，它是 51 系列中较为常见的一个型号。

(1) 电源引脚

VCC(Pin40)：用于连接+5 V 电源。

GND(Pin20)：用于连接地线。

(2) 晶振引脚

XTAL1(Pin19)：用于连接晶振的输入端。

XTAL2(Pin18)：用于连接晶振的输出端。

(3) 控制引脚

RST(Pin9)：复位引脚，用于启动单片机；在编程时，也可以作为编程电压输入。

ALE/PROG(Pin30)：地址锁存允许信号，用于锁存地址信息；在编程时，也可以作为编程脉冲输入。

PSEN(Pin29)：外部存储器读选通信号，用于读取外部数据存储器。

EA/VPP(Pin31)：程序存储器的内外部选通，接低电平时从外部程序存储器读指令，接高电平时从内部程序存储器读指令。

(4) I/O 引脚

P0 口(Pin39～Pin32)：8 位双向 I/O 口线，名称为 P0.0～P0.7。

P1 口(Pin1～Pin8)：8 位准双向 I/O 口线，名称为 P1.0～P1.7。

P2 口(Pin21～Pin28)：8 位准双向 I/O 口线，名称为 P2.0～P2.7。

P3 口(Pin10～Pin17)：8 位准双向 I/O 口线，名称为 P3.0～P3.7。

以上是 51 单片机的一些关键引脚及其功能。在实际应用中，还可能有其他引脚用于特殊功能，例如串行通信接口、中断请求等。在设计电路时，必须仔细阅读单片机的数据手册，以确保正确理解每个引脚的作用并正确连接。

2.1.3 单片机的最小系统

51 单片机最小系统是指用最少的元件组成的单片机可以工作的系统。对于 51 系列单片机而言，最小系统通常包括以下几个关键组成部分：

单片机芯片：这是整个系统的核心，负责执行存储在内部或外部存储器中的程序指令。

电源电路：提供稳定的电源供给，通常需要+5 V 的直流电源。

时钟电路：为单片机提供时钟信号，确保其能够按照预定的节拍执行操作。

复位电路：确保单片机在上电或受到外部干扰时能够正确启动，恢复到已知的初始状态。

在 51 单片机最小系统中，以下几个引脚是至关重要的：

VCC(引脚 40)：连接到+5 V 电源，为单片机提供工作电压。

GND(引脚 20):连接到地线,形成电源电路的回路。

XTAL1(引脚 19)和 XTAL2(引脚 18):用于连接外部晶振,提供时钟信号。

RST/VPP(引脚 9):复位引脚,用于启动单片机或在编程时作为复位信号输入。

2.1.3.1 最小系统工作原理

最小系统的工作原理基于以下几点:

电源电路:为单片机提供必要的电源电压,确保其正常工作。

时钟电路:通过外部晶振产生时钟信号,控制单片机的操作节奏。

复位电路:在上电或复位时,通过 RST 引脚向单片机发送复位信号,使其重新加载程序并开始执行。

2.1.3.2 电源电路

51 单片机的电源电路设计是确保单片机能够稳定工作的关键部分。以下是一些设计电源电路时需要考虑的要点:

(1) 电源电压选择:51 单片机通常工作在+5 V 的电压下,因此电源电路需要提供稳定的+5 V 输出。

(2) 电源滤波:为了减少电源噪声,通常需要在电源线上加入滤波电容。这些电容可以是旁路电容,用于去除高频噪声,或者是去耦电容,用于去除电源线上的瞬态噪声。

(3) 电源稳压:虽然 51 单片机可以容忍一定范围的电源电压波动,但是为了保证系统的稳定性和可靠性,最好使用稳压器来提供稳定的电源电压。

(4) 电源指示:为了便于监控电源状态,可以在电源电路中加入 LED 指示灯,当电源开启时 LED 亮。

(5) 电源保护:为了防止因过载或短路造成的电源损坏,可以在电源电路中加入保险丝或过流保护器件。

在设计电源电路时,还需要考虑到电路板的空间布局和电磁兼容性(EMC)要求,以确保电路的稳定性和抗干扰能力。此外,电源电路的设计还应该简洁易行,以便于维护和故障排查。

2.1.3.3 时钟电路

51 单片机的时钟电路是令其正常工作的关键部分,它为单片机提供了执行指令的基本节拍。

(1) 振荡器:振荡器是时钟电路的核心,它可以是内部的 RC 振荡器或者外部的石英晶体振荡器。内部振荡器通常由单片机内部的 RC 网络组成,而外部振荡器则需要连接一个石英晶体和两个微调电容。石英晶体的频率决定了时钟信号的精度和稳定性,通常频率范围在 1.2 MHz 到 12 MHz 之间。

(2) 时钟电路的连接方式:51 单片机支持内部和外部两种时钟连接方式。内部时钟方式需要在 XTAL1 和 XTAL2 引脚两端跨接石英晶体振荡器和两个微调电容。外部时钟方式则要求 XTAL1 接地,XTAL2 接外部时钟信号。外部时钟信号的频率应低于 12 MHz,并且保证一定的脉冲宽度。

(3) 时钟信号的处理：内部时钟电路会将振荡器产生的振荡信号二分频，生成两个相位相反的时钟信号 P1 和 P2。这两个信号分别在每个时钟周期的前半周期和后半周期有效，CPU 以此为基准协调各个部件的工作。

(4) 时钟电路的设计要点：在设计时钟电路时，需要注意振荡器的选择、时钟信号的稳定性和精确度，以及电路的功耗。此外，还需要考虑到电路板的空间布局和电磁兼容性(EMC)要求，以确保电路的稳定性和抗干扰能力。

在实际应用中，时钟电路的设计不仅要满足单片机的基本工作需求，还要根据具体的应用场景来优化设计，以达到最佳的性能和效率。

2.1.3.4 复位电路

51 单片机的复位电路是确保单片机能够正确启动和恢复正常工作状态的关键部分。复位电路的设计需要考虑以下几个关键点：

(1) 复位信号的产生：复位电路的核心是产生一个短暂的高电平信号，该信号需要持续至少 2 微秒(μs)，以触发单片机的复位操作。

(2) 电路元件选择：复位电路通常由一个电阻和一个电容组成，它们共同决定了复位信号的时长。例如，一个 10 kΩ 的电阻和一个 10 μF 的电容可以产生大约 0.1 s 的充电时间，这足以满足复位信号的要求。

(3) 复位电路的连接：复位电路的输出通常连接到单片机的 RST 引脚。在某些设计中，复位电路还可能包括一个按键，以便用户可以手动触发复位操作。

(4) 复位电路的工作原理：当单片机上电时，电容开始充电，通过电阻限制电流，从而在 RST 引脚产生一个上升沿的高电平信号。这个信号触发单片机进入复位状态，并在复位信号结束后继续执行程序。如果在单片机运行过程中遇到错误，按键可以被按下，重置电路再次产生高电平信号，使单片机重启。

(5) 电路的优化：在设计复位电路时，还需要考虑电路的响应速度和功耗。例如，可以通过调整电阻和电容的值来优化复位信号的产生时间，同时确保电路不会消耗过多的功率。

复位电路通常包含一个电容和一个电阻，用以控制复位信号的宽度和稳定性，确保单片机能够可靠地复位。

在实际应用中，复位电路的设计可能会有所不同，取决于单片机的具体型号和应用场景的要求。设计者需要根据这些要求来选择合适的电路元件和设计方案。

尽管最小系统非常简单，但它是学习和开发 51 单片机应用的基础。通过最小系统，可以对单片机进行基本的编程和测试，验证其功能是否正常。一旦最小系统构建完成并能稳定工作，就可以在此基础上添加更多的外围电路和功能，开发出完整的应用产品。

2.2 单片机的 CPU

51 单片机的 CPU 是其核心部件，负责解释和执行存储在内存中的指令。CPU 的内部结构包括以下几个关键部分：

(1) 算术逻辑单元(ALU)：ALU 负责执行所有的算术和逻辑运算，包括加法、减法、乘法、除法、位操作等。ALU 没有内部寄存器,参与运算的操作数必须放在累加器 A 中,运算结果也存放在累加器 A 中。

(2) 累加器 A(Accumulator A):累加器 A 是 ALU 的主要工作寄存器,用于暂存指令、数据和中间结果。

(3) 寄存器 B:寄存器 B 是一个 8 位的通用寄存器,可以作为 ALU 运算的辅助寄存器,或者存储临时数据。

(4) 程序状态字(PSW):PSW 是一个 8 位的寄存器,用于存储指示当前 CPU 状态的各种标志位,如进位标志、辅助进位标志、符号标志等。

(5) 程序计数器(PC):PC 是一个 16 位的寄存器,用于存储下一条要执行的指令的地址。PC 的低 8 位通过 P0 口输出,高 8 位通过 P2 口输出,允许 CPU 访问 64 KB 的地址空间。

(6) 地址寄存器(AR):AR 是一个 16 位的寄存器,用于存储内存访问的地址。

(7) 数据寄存器(DR):DR 是一个 8 位的寄存器,用于暂存从内存读取的数据或者将要写入内存的数据。

(8) 指令寄存器(IR):IR 用于存储当前正在执行的指令的字节代码。

(9) 指令译码器(ID):ID 负责解析 IR 中的指令,确定需要执行的操作和操作数。

(10) 控制器:控制器是 CPU 的指挥中心,它根据 ID 的译码结果来控制 ALU、寄存器组和其他部件按照预定的顺序执行指令。

2.2.1 运算器

51 单片机的 CPU 内部运算器(ALU)是其核心部件之一,负责执行所有的算术和逻辑运算。ALU 的主要功能包括:

算术运算:ALU 能够执行加、减、乘、除等基本算术运算。

逻辑运算:ALU 支持与、或、异或、求补、循环等逻辑运算。

位操作:ALU 还具备位处理功能,可以执行位清零、位测试、位设置等操作。

ALU 的工作原理基于以下几点:

(1) 无内部寄存器:ALU 本身没有内部寄存器,参与运算的操作数必须放在累加器 A 中。累加器 A 不仅用于存放参与运算的操作数,还用于存放运算结果。

(2) 数据输入:在执行算术或逻辑运算时,累加器 A 中的内容通过输入口输入 ALU,而另一个操作数可以来自寄存器 B 或其他源。

(3) 数据输出:运算结果通过 ALU 的输出端口返回,通常送回到累加器 A 中。

例如,如果执行指令"ADD A,B",累加器 A 中的内容和寄存器 B 的内容都会送入 ALU 进行相加,然后将结果送回累加器 A。这样,累加器 A 中就存储了两个数的和。

ALU 的设计使得 51 单片机能够高效地处理 8 位的数据,这对于大多数简单的嵌入式系统来说已经足够。尽管 ALU 的功能相对简单,但它的效率和可靠性是 51 单片机广泛应用于工业控制、家电控制等领域的重要原因之一。

2.2.2 控制器

51 单片机 CPU 内部控制器是整个 CPU 的指挥中心，它负责解释和执行指令，协调各个部件的工作，确保指令能够按照正确的顺序执行。控制器的主要组成部分包括：

(1) 指令译码器(Instruction Decoder)：它负责解析指令寄存器(IR)中的指令，确定需要执行的操作和操作数。

(2) 控制单元(Control Unit)：控制单元根据指令译码器的结果来控制 ALU、寄存器组和其他部件按照预定的顺序执行指令。

(3) 程序计数器(Program Counter，PC)：PC 用于存储下一条要执行的指令的地址。在执行过程中，PC 会自动增加数值以指向下一条指令，除非发生跳转指令改变了 PC 的值。

(4) 状态寄存器(Status Register)：也称为程序状态字(PSW)，它保存了指示 CPU 状态的各种标志位，这些标志位会影响后续指令的执行。

(5) 时钟信号：虽然不是控制器的一部分，但时钟信号对于控制器的工作至关重要，因为它决定了指令的执行速度和同步。

控制器的工作流程通常包括取指令、解码、执行、访存和写回五个阶段。在取指令阶段，PC 指向下一条要执行的指令，并将其加载到 IR 中。解码阶段解析 IR 中的指令，确定需要执行的操作。执行阶段根据解码结果调用 ALU 进行计算或逻辑操作。访存阶段根据需要从内存中读取数据或向内存写入数据。最后，写回阶段将 ALU 的结果写回到指定的寄存器或内存位置。

2.3 单片机的存储结构

51 单片机的存储结构包括两大部分：程序存储器和数据存储器。程序存储器用于存放程序代码，而数据存储器则用于存放数据和中间结果。

在逻辑上，51 单片机的存储器被统一编址为 64 KB 的空间，包括片内数据存储器的 256 B 地址空间和片外数据存储器的 64 KB 地址空间。这种统一编址简化了编程模型，但在实际访问时，需要根据指令的不同来选择适当的存储器空间。存储器映射如图 2.2 所示。

2.3.1 程序存储器

51 单片机的程序存储器是用来存放用户程序、数据和表格等信息的存储空间。它通常分为两个部分：

(1) 片内程序存储器：这部分存储器是集成在单片机芯片内部的，通常有 4 KB 的存储空间，地址范围从 0000H 到 0FFFH。当单片机复位后，程序计数器(PC)的内容为 0000H，因此系统将从这个地址开始执行程序。

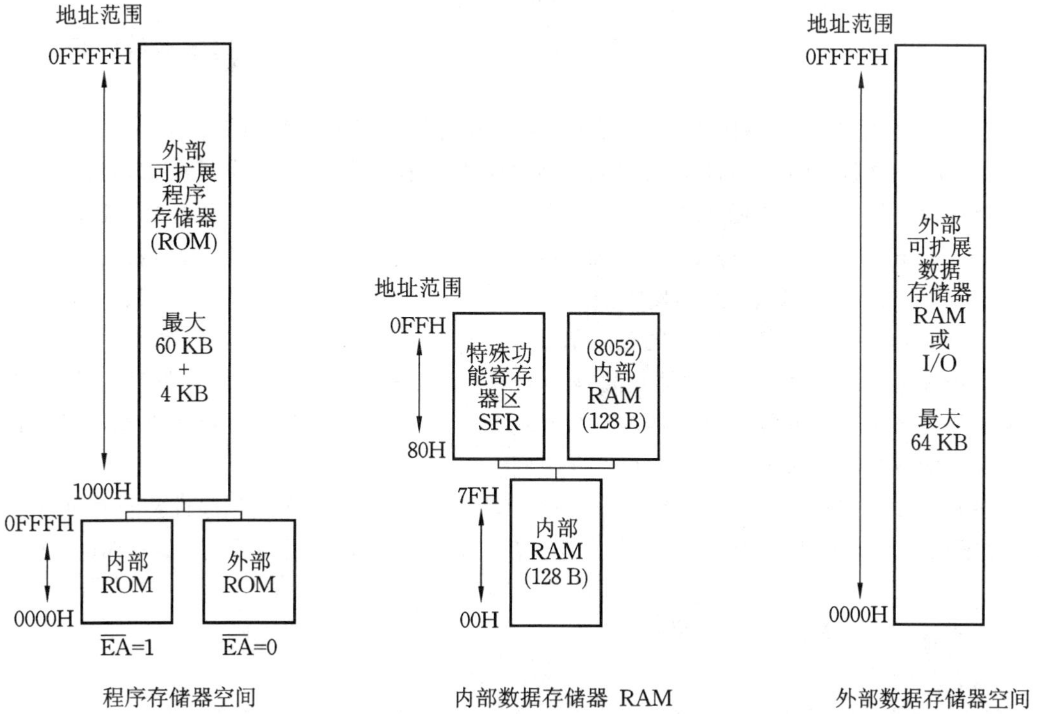

图 2.2 存储器映射

(2) 片外程序存储器：如果单片机没有内置 ROM，或者需要更多的存储空间，可以外接额外的程序存储器。片外程序存储器的地址空间为 64 KB，当 EA(External Access)引脚接地(EA＝0)时，CPU 只访问片外存储(0000H～FFFFH)。当 EA 引脚接到高电平(EA＝1)时，CPU 首先从片内 ROM 开始执行程序，当 PC 值超过片内 ROM 的容量时，会自动转向外部 ROM 空间继续执行程序。

在逻辑上，51 单片机的存储器空间是统一编址的，包括 64 KB 的程序存储器地址空间。这意味着无论是片内还是片外的程序存储器，都可以通过统一的地址来访问。然而，在物理上，片内和片外的存储器是分开的，需要通过不同的指令来访问它们。

在实际应用中，了解程序存储器的这些细节对于编写有效的程序和优化性能至关重要。特别是在设计大型系统时，合理地管理和利用程序存储器资源，可以显著提高系统的效率和可靠性。

2.3.2 数据存储器

51 单片机的数据存储器主要包括以下几个部分：

(1) 片内数据存储器(IDATA 区)：这部分存储器是集成在单片机芯片内部的，通常有 256 字节的存储空间。它被进一步划分为几个区域，具体如下：

① 工作寄存器区：包含 32 个通用寄存器，用于存放操作数和中间结果。这些寄存器通

常被标记为 R0 到 R7,并可以通过特定的指令来访问。

② 位寻址区:允许对每个字节中的位进行单独操作,这对于需要位级别操作的应用非常有用。

③ 用户数据缓冲区:剩余的字节用于用户程序存储数据和中间结果。

(2) 片外数据存储器(XDATA 区):如果片内数据存储器不足以满足需求,可以外接额外的数据存储器。片外数据存储器的地址空间为 64 KB,可以通过特定的指令来访问。

(3) 特殊功能寄存器(SFR 区):虽然不属于传统意义上的数据存储器,但特殊功能寄存器在 51 单片机中非常重要,它们用于控制和监视单片机的各种功能,如定时器、串行通信接口等。SFR 区通常位于地址空间的较高部分,并且具有特定的功能和位定义。

在物理上,51 单片机的存储器空间是分开的,但在逻辑上,它们被统一编址。这意味着无论是片内还是片外的数据存储器,都可以通过统一的地址来访问。然而,在实际访问时,需要根据指令的不同来选择适当的存储器空间。

在编程时,了解这些数据存储器的结构对于有效地管理内存和优化程序性能至关重要。特别是在设计大型系统时,合理地分配和使用这些存储资源,可以显著提高系统的效率和可靠性。

2.3.3 特殊功能寄存器

51 单片机的特殊功能寄存器(SFR)是一系列专门用于控制和监视单片机内部功能模块的寄存器。这些寄存器通常位于地址空间的较高部分,并且具有特定的功能和位定义。以下是一些常见的 SFR 及其功能:

ACC(A):累加器,用于暂存算术运算的结果和参与算术运算。

B:辅助寄存器,主要用于乘法和除法运算。

PSW:程序状态字寄存器,用于保存指令执行结果的状态,如进位标志、辅助进位标志、符号标志等。

PC:程序计数器,存储下一条要执行的指令的地址。

SP:堆栈指针,指向程序堆栈的顶部。

DPTR:数据指针,由 DPH 和 DPL 组成,用于访问数据存储器。

TMOD:定时/计数器模式寄存器,用于设置定时/计数器的工作模式。

TCON:定时/计数器控制寄存器,用于控制定时/计数器的启动、停止和溢出中断。

SCON:串行口控制寄存器,用于控制串行通信的操作。

PCON:电源控制寄存器,用于控制电源管理和振荡器频率。

IE:中断允许寄存器,用于启用或禁用全局中断。

IP:中断优先级寄存器,用于设置不同中断源的优先级。

这些 SFR 不仅用于控制单片机的内部功能,还反映了单片机的工作状态。例如,PSW 寄存器中的某些位可以指示上一次算术运算产生的结果是否为负数(符号位),或者是否发生了溢出(溢出位)。

在编程时,正确地操作这些 SFR 对于确保单片机能够正确执行预定的任务至关重要。例如,通过设置 TMOD 寄存器,可以配置定时/计数器以产生精确的时间延迟或计数事件。

通过操作 SCON 寄存器,可以实现串行数据的发送和接收。

由于 51 单片机的 SFR 数量有限,它们通常被精心设计以支持最常用的功能。在某些情况下,制造商可能会为特定的应用添加额外的 SFR。这些额外的 SFR 可能不会在所有 51 单片机型号中都存在,因此在设计基于 51 单片机的系统时,需要仔细考虑所选单片机型号的具体 SFR 集。

2.4 单片机时钟电路与时序

51 单片机的时钟电路是其正常工作的核心组成部分,它负责产生控制单片机操作的时钟信号。时钟电路的设计直接影响单片机的速度和系统的稳定性。

2.4.1 时钟电路设计

51 单片机的时钟电路通常有两种设计方式:内部时钟方式和外部时钟方式。

2.4.1.1 内部时钟方式

51 系列单片机内部时钟系统是该微控制器的核心组成部分,它构建了单片机工作的基础节奏,确保指令周期有序地进行,进而控制着单片机整体的运行速度和操作稳定性。在深入剖析 51 单片机内部时钟电路之前,首先需要理解的是,时钟信号是所有数字逻辑电路正常运作的"脉搏",它定义了数据处理的最小时间单位,也是单片机执行每条指令的时间基准。

MCS-51 单片机的内部时钟电路主要包括两大部分:内部振荡器模块及时钟信号分频器。

内部振荡器模块:该模块的核心是集成在芯片内部的一个反相放大器,它有两个专门用于连接外部时钟源的引脚——XTAL1 和 XTAL2。通常情况下,这两个引脚会外接一个晶体振荡器(Crystal Oscillator)或陶瓷谐振器,并配合相应的负载电容,构成一个闭环振荡电路。一旦供电启动,此电路便会依据晶体或谐振器本身的固有频率产生连续、稳定的交流电信号,这是单片机内部所有计时和同步活动的基础时钟信号。

振荡频率选择与连接:选用不同频率的晶体或谐振器将直接影响单片机的工作频率。例如,若选用 12 MHz 的晶体振荡器,结合恰当的负载电容,即可获得对应频率的振荡信号。这种信号具有高精度和稳定性,适合需要精确时间基准的应用场合。

内部时钟信号分频处理:获取到的原始振荡信号并不会直接用作单片机的操作时钟。在 MCS-51 单片机内部,振荡信号还要经历进一步的分频处理。对于传统的 8051 单片机,在内部时钟工作模式下,原始振荡频率会被默认分成 12 份,也就是说,每个机器周期(Machine Cycle)由 12 个时钟周期(Clock Cycle)组成。而针对某些增强型 51 单片机产品,例如 AT89S51,可能会提供更多的时钟分频选项以及更高的工作频率支持。

在内部时钟方式中,单片机内部集成了用于构成振荡器的高增益反相放大器。这两个放大器的输入端和输出端分别连接到石英晶体振荡器和微调电容,形成一个稳定的自激振荡器。这种方式简单且成本较低,适合于大多数不需要高速运算的应用场景。内部时钟电路如图 2.3 所示。

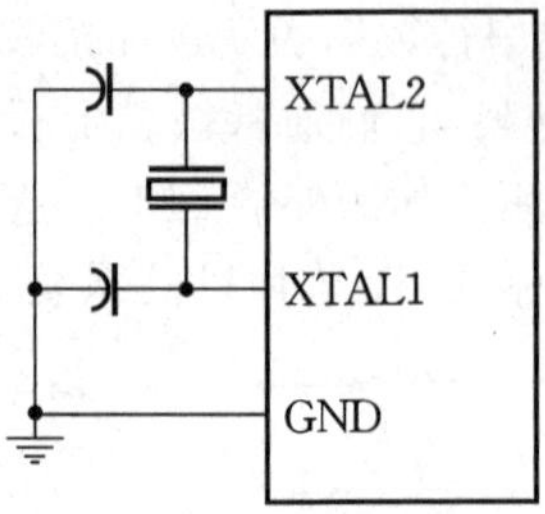

图 2.3　内部时钟电路

2.4.1.2　外部时钟方式

外部时钟方式则使用外部的振荡器产生脉冲信号，这种方式适用于需要多片 51 单片机同步工作的场合。外部时钟信号可以来自于一个独立的振荡器，也可以是其他设备提供的时钟信号。外部时钟电路如图 2.4 所示。

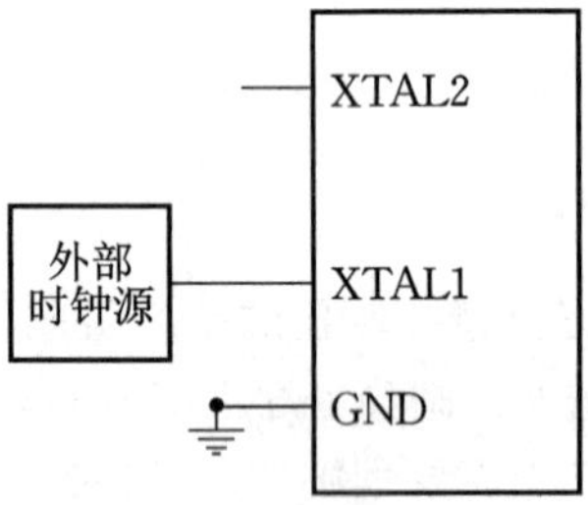

图 2.4　外部时钟电路

2.4.1.3　时钟信号的输出

时钟信号不仅用于控制单片机内部的操作，还用于控制片外存储器或 I/O 端口的操作。时钟信号的输出通常通过特定的时钟输出引脚实现，这些引脚可以直接连接到外部设备，以确保数据的同步传输。

2.4.1.4　时序的重要性

时序是指在执行指令过程中，各个操作按照一定的时间顺序进行的规则。时钟电路产生的时钟信号是时序控制的基础，它决定了指令的执行速度和效率。正确理解和应用时序对于设计高效的 51 单片机系统至关重要。

总的来说，51 单片机的时钟电路和时序是其高效工作的关键因素。设计者需要根据应用的具体要求选择合适的时钟电路设计，并确保时序的准确性，以便单片机能够稳定、快速地执行指令。

2.4.2　时序

51 单片机的时序是指在执行指令过程中，各个操作按照一定的时间顺序进行的规则。

时序对于保证单片机能够稳定、准确地执行指令至关重要。计算机在执行指令时，是将一条指令分解为若干个基本的微操作，这些微操作所对应的脉冲信号在时间上的先后次序称为计算机时序。51 系列单片机的时序由四种周期构成，即振荡周期、状态周期、机器周期和指令周期，如图 2.5 所示。

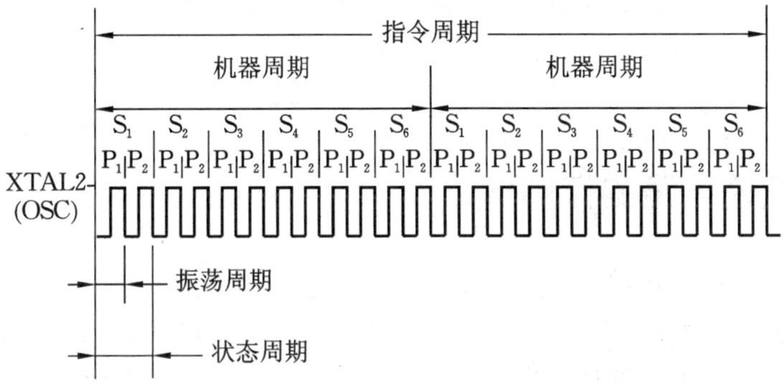

图 2.5　51 **单片机** CPU **时序**

（1）时钟周期（P）

时钟周期（即振荡周期）是振荡脉冲的周期，也被称为节拍或拍。它是时序中的最小时间单位。例如，如果使用 12 MHz 的时钟频率，一个时钟周期就是 1/12 μs。

（2）状态周期（S）

状态周期由两个时钟周期组成，即一个状态周期包含两个节拍。例如，一个状态周期包含 P1 和 P2 两个节拍。

一个机器周期由 6 个状态周期组成，每个状态周期包含 2 个时钟周期，因此一个机器周期包含 12 个时钟周期。例如，如果使用 12 MHz 的时钟频率，一个机器周期就是 1 μs。

（3）指令周期

指令周期是执行一条指令所需的时间，它以机器周期为单位。不同的指令可能包含不同数量的机器周期，例如单周期指令、双周期指令和四周期指令。例如，如果使用 12 MHz 的时钟频率，一个单周期指令的执行时间就是 1 μs。

（4）时序单位的转换

在 51 单片机中，时钟周期、状态周期、机器周期和指令周期之间存在固定的关系。一个机器周期由 12 个时钟周期组成，而一个状态周期由 2 个时钟周期组成。这些关系使得开发者可以根据时钟频率计算出机器周期和指令周期的实际时间长度。

（5）时序的重要性

正确理解和应用时序对于设计高效的 51 单片机系统至关重要。时序不仅影响单片机的运行速度，还影响系统的稳定性和响应时间。在设计时序敏感的应用时，开发者需要特别注意确保所有操作都符合时序要求，以避免潜在的错误和性能问题。

综上所述，51 单片机的时序是其正常工作的基础，理解时序的概念和单位转换对于设计和开发基于 51 单片机的系统至关重要。

2.5 单片机复位电路

复位电路在51单片机系统中非常重要，它负责在系统上电启动时以及在运行过程中遇到异常时将单片机的工作状态恢复到初始化状态。复位电路的设计通常涉及电容、电阻和按键等元件。

2.5.1 复位电路的作用

复位电路的主要作用是在系统上电后或者在需要时，向单片机的RST引脚提供一个高电平信号，以触发复位操作。这样可以确保单片机在上电后能够从一个已知的初始状态开始执行程序，或者在发生故障时能够重新开始执行程序，从而保持系统的稳定性和可靠性。

2.5.2 复位电路的基本组成

复位电路通常由以下几个部分组成：

① 电容：电容用于产生延时，确保复位信号的稳定性。电容的大小会影响复位电路的响应时间。

② 电阻：电阻与电容配合使用，形成RC延时电路，控制复位信号的上升时间。

③ 按键(可选)：在一些设计中，可能会加入按键，以便用户手动触发复位操作。

2.5.3 复位电路的工作原理

复位电路的工作原理基于RC延时电路。当电源接通时，电容开始通过电阻充电，随着时间的推移，电容两端的电压逐渐升高。在电容电压达到一定阈值之前，RST引脚会保持在高电平状态，触发单片机的复位。一旦电容电压超过这个阈值，RST引脚的电平会降低，单片机退出复位状态，开始正常运行。

在某些设计中，复位电路还可能包括一个按键，当按键被按下时，会短暂短路电容，导致电容电压迅速下降，RST引脚再次检测到高电平信号，从而实现复位。例如，51单片机的第9脚(RST)为复位引脚。系统上电后，时钟电路开始工作，只要RST引脚上出现大于两个机器周期时间的高电平即可引起单片机执行复位操作。单片机的外部复位电路有上电自动复位和按键手动复位两种。所谓上电自动复位，是指计算机加电瞬间，要在RST引脚产生两个机器周期(即24个时钟周期)以上的高电平，使单片机进入复位状态。按键手动复位是指用户按下“复位”按钮，使单片机进入复位状态。单片机复位电路如图2.6所示。

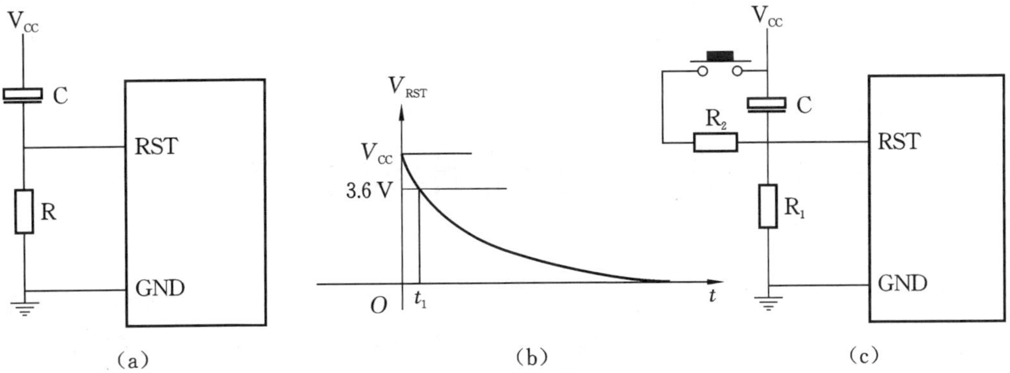

图 2.6 51 单片机复位电路

(a) RC 上电自动复位电路；(b) RST 引脚电压-时间关系；(c) 组合复位电路

2.5.4 设计要点

在设计 51 单片机复位电路时，需要注意以下几点：

(1) 电容和电阻的选择：需要选择合适的电容和电阻值，以确保复位信号的适当上升时间和稳定性。

(2) 电路的位置和布局：复位电路应该放置在靠近单片机的位置，并确保信号线路不会受到干扰。

(3) 抗干扰能力：在电路中加入滤波电容，以减少外部电磁干扰对复位信号的影响。

一个常见的复位电路设计例子是使用一个 10 μF 的电容和一个 10 kΩ 的电阻。根据 RC 延时公式 $T=RC$，电容充电到电源电压的 0.7 倍大约需要 0.1 s。这意味着在单片机上电后的 0.1 s 内，RST 引脚会检测到高电平信号，从而触发复位。

习　　题

(1) 描述 51 单片机的 CPU 结构特点，包括其运算器和控制器的主要功能。

(2) 解释 51 单片机的存储器结构，包括程序存储器(ROM)、数据存储器(RAM)和特殊功能寄存器(SFR)的具体分布和特点。

(3) 请简述 51 单片机的并行 I/O 端口结构，包括每个端口的工作模式、功能特点以及控制字节的作用。

(4) 详细说明 51 单片机内部定时/计数器的工作原理，包括定时器的工作方式、计数初值设定以及溢出中断的处理过程。

(5) 描述 51 单片机的中断系统组成，列举其中断源，并解释中断请求、中断响应和中断返回的过程。

(6) 解析 51 单片机复位电路的功能和工作原理，列举引起单片机复位的几种情况，并说明复位后的状态。

(7) 请阐述 51 单片机的时钟电路原理，包括内部时钟发生器的工作机制，以及如何通过外部晶振和内部分频器设置单片机的工作频率。同时，简述不同工作模式下的时钟信号如何影响单片机的运行速度。

3 单片机的输出显示控制

单片机在众多应用中经常需要对外部设备进行显示控制，以提供用户界面或监控系统状态。本章将详细介绍单片机如何控制不同类型的显示设备，包括 LED、LCD 和七段显示器。

(1) LED 显示控制

LED(发光二极管)是最常用的显示器件之一。单片机通过控制 LED 的亮灭来显示信息。通常使用 I/O 端口输出高低电平来直接驱动 LED。当电流通过 LED 时，LED 就会发光，从而实现显示。为了保护 LED 不被过电流损坏，通常需要在单片机和 LED 之间加入限流电阻。

(2) 七段显示器控制

七段显示器是另一种常用的显示设备，可以显示数字和部分字母。每个数字由七个 LED 段组成，通过控制每个段的亮灭来显示相应的数字。单片机可以通过并行或串行的方式来控制七段显示器。在并行控制中，单片机需要多个 I/O 端口来直接控制每个段；而在串行控制中，只需要少数几个 I/O 端口，通过编码器和译码器来控制显示。

(3) LCD 显示控制

LCD(液晶显示器)提供了更丰富的显示功能，可以显示文字、图形和图像。控制 LCD 通常需要使用专用的液晶驱动芯片，单片机通过发送控制信号和数据来驱动 LCD 显示所需的信息。LCD 显示控制可以是静态的，也可以是动态的，静态控制需要更多的 I/O 端口，而动态控制通过刷新来减少所需的 I/O 端口。

(4) 显示控制的编程

为了实现显示控制，单片机需要通过编程来设置相应的 I/O 端口状态，发送控制命令，以及处理用户输入。编程时需要考虑显示内容的更新频率、亮度控制、对比度调整等因素，以确保显示效果的清晰度和稳定性。

(5) 注意事项

① 在设计显示控制系统时，应充分考虑显示设备的电气特性和接口要求。

② 为了提高系统稳定性，应在电路中加入适当的保护措施，如限流、防反接等。

③ 在编写显示控制程序时，要注意代码的优化，以减少资源消耗和提高响应速度。

通过掌握单片机的输出显示控制技术，可以设计出功能多样、用户友好的显示系统，满足各种应用场景的需求。

3.1 单片机并行 I/O 端口的内部结构

51 单片机的并行 I/O 端口是其与外界交互的重要接口,它们允许单片机读取外部传感器的输入或者控制外部设备。51 单片机通常具有四个并行 I/O 端口,分别是 P0、P1、P2 和 P3。其中,P0 端口具有特殊的功能,它不仅可以作为普通的 I/O 端口使用,还可以在外接存储器时作为地址/数据总线的一部分。

3.1.1 P0 口结构、功能及操作

3.1.1.1 P0 口的特点

51 单片机的 P0 口是一个 8 位的双向 I/O 端口,它具有以下特点:

(1) 漏极开路输出:P0 口的每个引脚都是漏极开路输出(Open Drain,OD),这意味着每个引脚可以驱动多个低电平有效的负载,但在输出高电平时,需要外部上拉电阻来维持高电平状态。

(2) 无内部上拉电阻:P0 口内部没有上拉电阻,因此在执行输出功能时,必须外部接上拉电阻,以便在输出低电平时能够保持高电平状态。

(3) 多路开关:P0 口可以通过内部的多路开关切换成地址/数据总线模式,用于访问外部存储器。当需要访问外部存储器时,P0 口的多路开关会切换到地址/数据总线模式,此时内部会提供上拉电阻,无须外部上拉电阻。

3.1.1.2 P0 口的功能

P0 口除了作为通用的 I/O 端口外,还有以下特殊功能:

(1) 地址/数据复用:当 51 单片机需要访问外部存储器时,P0 口可以作为地址总线(A0~A7)和数据总线(D0~D7)的复用引脚。

(2) 外部中断请求:某些 51 单片机型号支持通过 P0 口的特定引脚接收外部中断请求 1。

3.1.1.3 P0 口的操作

操作 P0 口时,需要注意以下几点:

(1) 外部上拉电阻:在使用 P0 口作为 I/O 端口输出高电平时,必须外部接上拉电阻,以确保高电平的稳定输出。

(2) 读写控制:在作为 I/O 端口使用时,需要通过编程来控制 P0 口的读写状态。例如,可以通过设置相应的控制位来启用或禁用 P0 口的写入操作。

(3) 多路开关控制:在需要将 P0 口切换到地址/数据总线模式时,需要通过编程来控制内部的多路开关,以实现正确的总线复用。

3.1.2 P1 口结构、功能及操作

P1 口是 51 单片机中的一个 8 位双向 I/O 端口，它主要用于完成 8 位数据的并行输入输出。P1 口的结构相对简单，它由内部上拉电阻替代了 P0 口的场效应管，并且输出的信息仅来自内部总线。P1 端口的一位结构包括一个锁存器、一个输出驱动器和一个输入缓冲器。锁存器起到输出锁存作用，而输出驱动器则负责将数据输出到外部设备，输入缓冲器则用于读取外部设备发送到 P1 口的数据。

3.1.2.1 P1 口的功能

P1 口的基本功能是作为通用的输入输出端口，用于连接各种外部设备，如 LED 显示屏、键盘矩阵等。在某些 51 单片机型号中，P1.0 和 P1.1 还具有第二功能，分别作为定时/计数器 2 的外部输入端和外部控制输入。

3.1.2.2 P1 口的操作

在操作 P1 口时，需要注意以下几点：

(1) 内部上拉电阻：虽然 P1 口内部有上拉电阻，但其阻值较大，因此在大多数情况下，建议外部接一个约 10 kΩ 的上拉电阻，以增强上拉驱动能力。

(2) 读操作前的准备：在将数据输入 P1 端口之前，需要先通过内部总线向锁存器写入 1，这样可以关闭输出驱动器，确保外部设备不会受到干扰。然后，再给三态门的读引脚送一个读控制信号，这样输入的数据才可以通过三态缓冲器送到内部总线。

(3) 输出操作：在输出操作时，直接通过内部总线向 P1 口写入数据即可。由于 P1 口是漏极开路输出，因此在输出高电平时，外部也需要接上拉电阻以维持高电平状态。

(4) 复位操作：在单片机复位后，P1 口的所有位都会被自动写入 1，这时可以直接进行输入操作。如果在应用程序中已经向 P1 口输出过 0，那么在再次进行输入操作之前，需要先写入 1，以确保能够正确读取外部设备的状态。

3.1.3 P2 口结构、功能及操作

P2 口是 51 单片机中的一个 8 位双向 I/O 端口，它主要用于完成 8 位数据的并行输入输出。P2 口的内部结构包括一个锁存器、一个输出驱动器和一个输入缓冲器。当 P2 端口作为通用 I/O 使用时，单片机控制二选一复用器倒向 P2.x 锁存器的 Q 端，此时 P2 端口的功能和使用方法都类似于 P1 端口。系统复位时，端口锁存器自动置 1，输出的下拉驱动器截止，P2 端口可直接作为输入口使用。

3.1.3.1 P2 口的功能

P2 口的基本功能是作为通用的输入输出端口，用于连接各种外部设备，如 LED 显示屏、键盘矩阵等。在某些 51 单片机型号中，P2.0 和 P2.1 还具有第二功能，分别作为定时/计

数器 2 的外部输入端和外部控制输入。此外，P2 口在系统扩展时还可以作为高 8 位地址总线使用，这时 P2 不可作为通用 I/O 端口使用。

3.1.3.2 P2 口的操作

在操作 P2 口时，需要注意以下几点：

(1) 内部上拉电阻：虽然 P2 口内部有上拉电阻，但其阻值较大，因此在大多数情况下，建议外部接一个约 10 kΩ 的上拉电阻，以增强上拉驱动能力。

(2) 读操作前的准备：在将数据输入 P2 端口之前，需要先通过内部总线向锁存器输出 1，使输出驱动 FET 截止，保证数据读入的正确性。

(3) 输出操作：在输出操作时，直接通过内部总线向 P2 口写入数据即可。由于 P2 口是漏极开路输出，因此在输出高电平时，外部也需要接上拉电阻以维持高电平状态。

(4) 复位操作：在单片机复位后，P2 口的所有位都会被自动写入 1，这时可以直接进行输入操作。如果在应用程序中已经向 P2 口输出过 0，那么在再次进行输入操作之前，需要先写入 1，以确保能够正确读取外部设备的状态。

3.1.4 P3 口结构、功能及操作

P3 口是 51 单片机中的一个 8 位多功能双向复用 I/O 端口。它不仅可以作为普通的数据输入输出端口使用，而且还具有一些特殊功能，这些特殊功能由特殊寄存器来设置。P3 口的内部结构包括一个锁存器、一个输出驱动器和一个输入缓冲器。当 P3 端口作为通用 I/O 使用时，单片机控制二选一复用器倒向 P3.x 锁存器的 Q 端，此时 P3 端口的功能和使用方法都类似于 P1 和 P2 端口。

3.1.4.1 P3 口的功能

P3 口的基本功能是作为通用的输入输出端口，用于连接各种外部设备，如 LED 显示屏、键盘矩阵等。此外，P3 口的某些引脚还具有第二功能，这些功能通常与单片机的控制信号相关。例如，P3.2 和 P3.3 引脚可以作为外部中断 0 和外部中断 1 的输入，而 P3.4 至 P3.7 引脚则常用于串行通信接口的控制信号。

3.1.4.2 P3 口的操作

在操作 P3 口时，需要注意以下几点：

(1) 内部上拉电阻：虽然 P3 口内部有上拉电阻，但其阻值较大，因此在大多数情况下，建议外部接一个约 10 kΩ 的上拉电阻，以增强上拉驱动能力。

(2) 读操作前的准备：在将数据输入 P3 端口之前，需要先通过内部总线向锁存器输出 1，使输出驱动 FET 截止，保证数据读入的正确性。

(3) 输出操作：在输出操作时，直接通过内部总线向 P3 口写入数据即可。由于 P3 口是漏极开路输出，因此在输出高电平时，外部也需要接上拉电阻以维持高电平状态。

(4) 复位操作：在单片机复位后，P3 口的所有位都会被自动写入 1，这时可以直接进行输入操作。如果在应用程序中已经向 P3 口输出过 0，那么在再次进行输入操作之前，需要

先写入 1，以确保能够正确读取外部设备的状态。

（5）特殊功能的使用：在使用 P3 口的特殊功能时，需要通过编程设置相应的特殊功能寄存器，以激活这些功能。例如，要使用 P3.2 和 P3.3 作为外部中断输入，需要设置 IE0 和 IE1 位。

P3 口的第二功能是指在 51 单片机中，P3 口除了作为通用的输入输出端口外，还可以承担一些特定的功能。这些功能通常与单片机的某些特殊功能寄存器相关联，并且在某些情况下，这些功能可以独立于通用 I/O 功能存在。以下是 P3 口的第二功能的具体情况：

P3.0（RXD）：串行数据输入，用于接收串行通信数据。

P3.1（TXD）：串行数据输出，用于发送串行通信数据。

P3.2（INT0）：外部中断 0 输入，用于响应外部事件。

P3.3（INT1）：外部中断 1 输入，同样用于响应外部事件。

P3.4（T0）：定时/计数器 0 的外部中断输入。

P3.5（T1）：定时/计数器 1 的外部中断输入。

P3.6（WR）：外部数据存储器的写选通信号，当 WR=0 时，允许远距离传输数据。

P3.7（RD）：外部数据存储器的读选通信号，当 RD=0 时，允许从远距离读取数据。

在使用 P3 口的第二功能时，通常需要通过编程设置相应的特殊功能寄存器，以激活这些功能。例如，要使用 P3.2 和 P3.3 作为外部中断输入，需要设置 IE0 和 IE1 位。当 CPU 对 P3 口进行特殊功能寄存器寻址访问时，由内部硬件自动将第二功能输出线 W 置 1，这时 P3 口为通用 I/O 口；当 CPU 不把 P3 口作为特殊功能寄存器寻址访问时，即可用作第二功能输出/输入线时，由内部硬件使锁存器 Q=1。

3.2 单片机控制 LED

51 单片机是一种广泛使用的 8 位微控制器，它因其简单的编程模型、丰富的内置外设和较低的成本而受到许多嵌入式系统设计师的青睐。控制 LED 灯是 51 单片机最基本的应用之一，可以通过编程来实现各种闪烁、流水灯等效果。

（1）控制 LED 的基本方法

在 51 单片机中，LED 灯通常连接到 GPIO（General Purpose Input/Output，通用输入输出）端口。通过设置相应的 GPIO 端口为输出模式，并通过编程来控制这些端口的电平高低，可以实现对 LED 灯的开关控制。例如，将一个 LED 灯连接到 P1.0 引脚，通过在主循环中不断切换 P1.0 引脚的电平，可以实现 LED 灯的闪烁效果。

（2）应用场景

51 单片机控制 LED 灯的应用场景非常广泛，以下是一些典型的例子：

① 舞台表演：在舞台表演中，LED 灯可以用来创造动态的背景或跟随音乐节奏变化的灯光效果，增加表演的观赏性和互动性。

② 节日庆典：在传统节日如春节、中秋节等场合，LED 灯可以作为装饰灯使用，为节日气氛增色添彩。

③ 晚会演出：在各种晚会、派对、聚会等场合，LED 灯可以作为舞台灯光的一部分，配合

音乐和舞蹈，营造出独特的氛围。

④ 智能家居：在智能家居系统中，LED灯可以通过51单片机实现远程控制、定时开关、自动调节亮度等功能，提高居住环境的舒适度和科技感。

⑤ 安全监控：在安全监控系统中，LED灯可以作为指示灯，提示系统的工作状态或报警信息。

3.2.1　LED控制原理

3.2.1.1　单色LED控制原理

单色LED(发光二极管)是一种能够将电能转换为可见光的半导体器件，当电流通过PN结时电子与空穴复合，释放出光子，从而发光。单色LED的颜色由材料的性质决定，常见的颜色有红色、绿色、蓝色等。

在控制单色LED时，通常需要通过以下几个步骤：

(1) 电源供应：提供合适的电压和电流给LED，以确保其正常发光。不同颜色的LED有不同的正向电压要求，例如红色LED通常需要1.8～2.1 V，而蓝色LED则需要3～3.7 V。

(2) 限流电阻：为了保护LED不被过电流烧毁，通常需要在电路中串联一个限流电阻。电阻的大小根据LED的额定电流和电源电压计算得出。

(3) 开关控制：通过电路设计，可以实现对LED的开关控制。这可以通过手动开关、继电器、晶体管或专用的LED驱动芯片来实现。

(4) 脉宽调制(PWM)：为了实现对LED亮度的精确控制，可以采用脉宽调制技术。通过快速地开关LED，改变亮灭的时间比例，从而调整亮度。PWM信号通常由微控制器或专用的PWM控制器产生。

在实际应用中，单色LED可以用于各种场景，如指示灯、信号灯、装饰照明等。通过控制LED的开关和亮度，可以实现不同的视觉效果和信息传递。例如，在交通信号灯中，通过控制红灯、绿灯和黄灯的亮灭，可以指导车辆和行人的通行；在装饰照明中，通过控制LED的颜色和亮度，可以创造出丰富多彩的光影效果。

3.2.1.2　双色LED控制原理

双色LED是指可以发出两种颜色光的发光二极管，通常通过改变电流的方向来实现颜色的切换。

双色LED的结构：双色LED通常由两个不同颜色的LED芯片组成，它们共享一个公共的阳极或阴极。通过改变电流的方向，可以激活其中一个颜色的LED芯片。

控制电路：为了控制双色LED的颜色切换，需要一个适当的控制电路。这通常涉及使用开关(如晶体管或继电器)来改变流经LED的电流方向。

控制信号：控制信号通常来自于一个微控制器(MCU)或者其他类型的逻辑电路。这些控制信号负责触发开关，从而改变电流的方向。

颜色切换：当控制信号使得电流向一个方向流动时，一个颜色的LED芯片会发光；当控制信号改变电流的方向时，另一个颜色的LED芯片会发光。通过快速地切换这两个状态，可以实现颜色的平滑过渡或者闪烁效果。

在实际应用中，双色 LED 可以用于创建指示灯、信号灯、装饰照明等多种效果。例如，在交通信号灯中，可以使用双色 LED 来表示红灯和绿灯；在装饰照明中，可以通过控制双色 LED 的颜色和亮度，创造出动态的光影效果。

在某些高级应用中，可能还会使用到 PWM（脉宽调制）技术来精确控制双色 LED 的亮度和颜色过渡，以达到更加细腻和自然的效果。

3.2.1.3 RGB LED 控制原理

RGB LED 是一种可以发出红色（Red）、绿色（Green）和蓝色（Blue）三种基本颜色光的发光二极管。通过控制这三种颜色光的亮度，可以混合出几乎所有可见光谱中的颜色。RGB LED 的控制原理基于以下几个关键点：

（1）三基色原理：RGB LED 利用红、绿、蓝三种颜色的光，这三种颜色的光可以混合产生其他颜色。例如，红色和绿色光混合可以产生黄色，红色和蓝色光混合可以产生紫色，而当这三种颜色的光同时发出时，可以产生白光。

（2）颜色混合：通过调整每个颜色 LED 的亮度，可以实现颜色的渐变和混合。这通常是通过改变流经每个 LED 的电流来实现的。例如，如果想要产生橙色，可以增加红色 LED 的亮度并减少绿色 LED 的亮度。

（3）PWM 控制：为了精确控制 RGB LED 的颜色和亮度，通常会使用脉宽调制（PWM）技术。PWM 信号可以快速地开关 LED，通过改变脉冲的宽度，可以非常精细地调节 LED 的亮度。PWM 控制原理如图 3.1 所示。

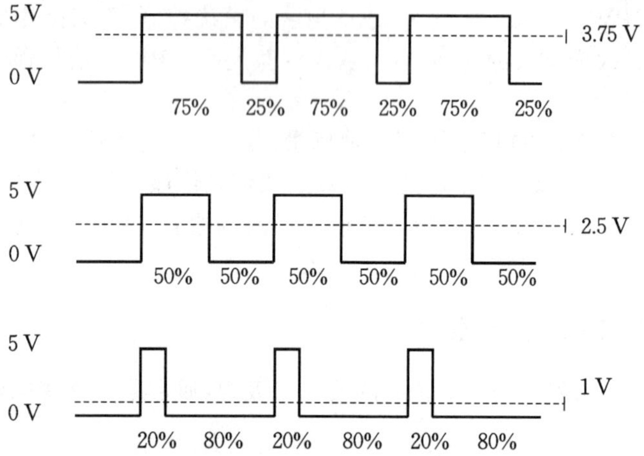

图 3.1　PWM 控制原理

（4）微控制器编程：RGB LED 的颜色变化通常由微控制器（MCU）来控制。MCU 会根据预设的程序来生成相应的 PWM 信号，从而控制每个 LED 的亮度。

（5）电路设计：RGB LED 需要适当的电路设计来支持 PWM 控制和电流调节。这包括限流电阻、驱动电路和必要的接口电路。

在实际应用中，RGB LED 广泛用于显示屏幕、舞台灯光、装饰照明等领域。通过编程，可以创造出动态的色彩效果和图案，为用户带来丰富的视觉体验。

3.2.2 PWM 调制原理

PWM(Pulse Width Modulation,脉宽调制)是一种通过改变脉冲的宽度来控制模拟电路的技术。在单片机控制 LED 的应用中,PWM 可以用来精确控制 LED 的亮度。

3.2.2.1 PWM 的基本概念

PWM 信号由一系列重复的脉冲组成,每个脉冲都有两个关键参数:脉冲宽度(Pulse Width)和脉冲频率(Pulse Frequency)。

脉冲宽度:脉冲的持续时间,即高电平保持的时间长度。

脉冲频率:脉冲重复的速度,即每秒钟脉冲的次数。

3.2.2.2 PWM 的工作原理

PWM 通过在一定时间周期内产生具有不同占空比的高电平脉冲信号来模拟模拟信号。占空比是指高电平信号占整个周期的比例,可以用来控制输出信号的强度、速度或亮度。例如,如果一个 PWM 信号的周期是 10 ms,而高电平的时间是 5 ms,那么占空比就是 50%。

在单片机中,通常使用定时/计数器模块来生成 PWM 信号。通过编程设置定时器的工作模式和计数值,可以实现 PWM 信号的生成和控制。例如,可以设置定时器在每个周期结束时输出一个高电平脉冲,然后再输出一个低电平脉冲,如此循环。通过改变高电平脉冲的宽度,就可以改变占空比,进而控制 LED 的亮度。

在 LED 控制中,PWM 可以用来平滑地调节亮度,避免 LED 在切换状态时的闪烁现象。通过逐渐改变 PWM 信号的占空比,可以实现 LED 亮度的平滑过渡,从而达到类似于调光灯的效果。

例如,如果一个 LED 的 PWM 信号占空比从 0 增加到 100%,LED 的亮度将从完全熄灭变为完全亮起。如果占空比从 100%减少到 0,LED 的亮度将从完全亮起变为完全熄灭。通过在这两个极端之间逐步改变占空比,可以实现 LED 亮度的连续调节。

在实际应用中,PWM 信号的频率也很重要,因为它决定了 LED 亮度变化的响应速度。一般来说,频率越高,LED 亮度变化的响应越快,但也会消耗更多的 CPU 资源。因此,在设计 PWM 控制系统时,需要根据具体的应用需求来选择合适的频率。

综上所述,PWM 调制是一种通过改变脉冲宽度来控制模拟电路的技术,在单片机控制 LED 的应用中非常有用。通过编程设置定时/计数器模块,可以实现 PWM 信号的生成和控制,从而精确地调节 LED 的亮度。

3.2.3 项目二:流水灯仿真实例

设计一个基于 51 单片机的控制 LED 流水灯的仿真实例。

3.2.3.1　系统设计要求

设计一个 8 个 LED 的流水灯电路，能够实现 LED 依次点亮和熄灭的效果，能够周而复始地不断运行。

3.2.3.2　系统设计分析

选择 AT89C51 作为主控单片机。

使用 P2 口作为 LED 控制端口。

利用编码数组来控制 LED 的点亮顺序。

当单片机控制引脚为高电平时，对应 LED 熄灭。

当单片机控制引脚为低电平时，对应 LED 点亮。

3.2.3.3　系统原理图设计

绘制 AT89C51 单片机的电路连线，将 P2 端口连接到 8 个 LED 上。请注意，在绘制电路连线图尽量避免连线交叉。

实际应用中，可以设计限流电阻并串联在每个 LED 上，以保护 LED 不被过电流损坏。

注意：在实际设计过程中，要树立最小系统思想，如图 3.2 所示。

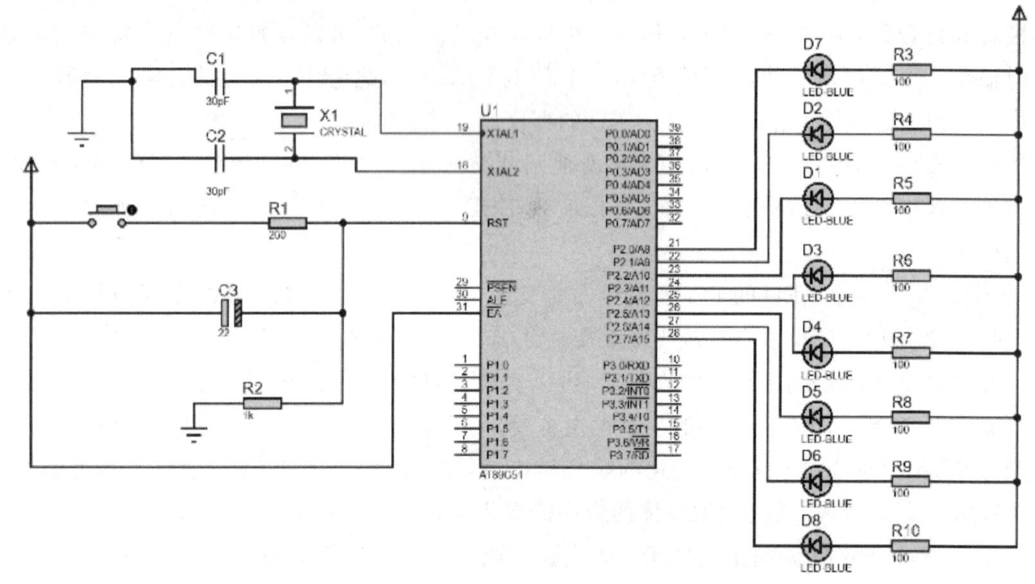

图 3.2　流水灯电路原理图

3.2.3.4　系统源程序设计

以下是使用 C 语言编写的控制程序示例：

程序 2

```
# include <reg51.h>

# define uchar unsigned char//宏定义 uchar 代替 unsigned char

# define uint unsigned int//宏定义 uint 代替 unsigned int

//流水灯 LED 编码
uchar code tab[ ]={
0xfe, //点亮第一个 LED
0xfd,
0xfb,
0xf7,
0xef,
0xdf,
0xbf,
0x7f
};


//延时函数
void  delay(uint i)
{
    uchar t;
    while(i--)
    {
        for(t=0;t<120;t++);
    }
}


//主函数
void  main()
{
    while(1)
    {
        uchar i;
        for(i=0;i<8;i++)
        {
        P2= tab[i];
            delay(500);     //延时 500ms,可根据实际在 0~65535 间调整
        }
    }
}
```

3.2.3.5　在 Keil 中仿真调试

打开 Keil 软件，创建一个新的工程。添加 AT89C51 单片机的目标文件。将上述 C 语言源代码添加到工程中。编译程序并生成十六进制文件。配置仿真器，加载十六进制文件开始仿真。

3.2.3.6　在 Keil 和 Proteus 中联合仿真调试

打开 Proteus 软件，创建一个新的电路图。将 AT89C51 单片机添加到电路图中。添加 LED 和限流电阻到 P2 端口。设计电路，将 LED 连接到单片机的适当端口。将 KEIL 编译后的十六进制文件加载到 Proteus 中。运行仿真，观察电路和程序的协同工作效果。

以上步骤为基于 51 单片机控制 LED 流水灯的仿真实例设计流程，实际应用中可能需要根据具体硬件和软件环境作适当调整。

3.2.3.7　仿真效果

仿真效果如图 3.3 所示。

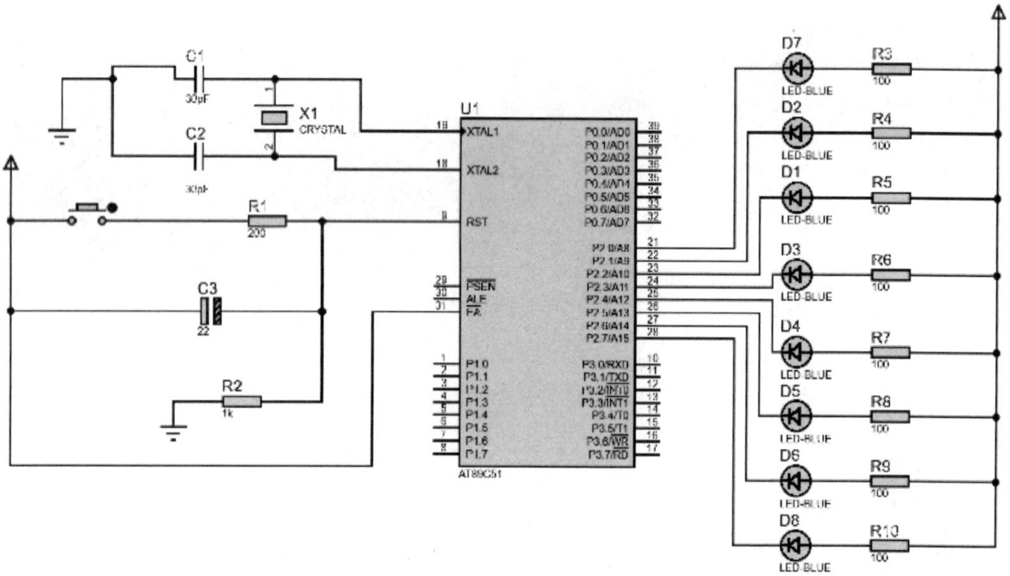

图 3.3　流水灯仿真效果图

3.3　单片机控制数码管

数码管是一种常用的显示器件，可以显示数字和部分字母。在 51 单片机的控制下，数码管可以用于各种应用场景，如时钟显示、温度测量、计数器等。

3.3.1 数码管原理

七段数码管是一种常用的电子显示设备，它由七个发光二极管（LED）组成，这些 LED 排列成特定的形状，用以显示数字 0～9 以及某些字母。每个 LED 代表数码管的一个段，分别标记为 a 到 g，还有一个额外的段 dp 用于显示小数点。如图 3.4 所示。

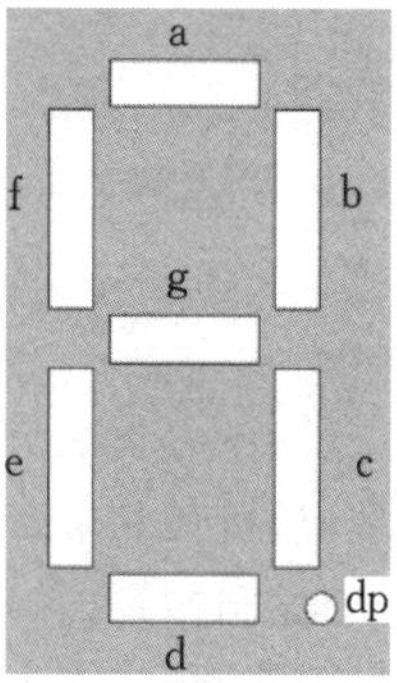

图 3.4 七段数码管示意图

为了控制多个数码管，通常采用多路复用技术。这种技术允许通过少量的控制线路来驱动多个数码管。在多路复用中，控制器会快速地轮流给每个数码管的公共极施加高电平，并在同一时间给要显示的段施加低电平，使得该段在该次扫描中点亮。由于刷新速度非常快，人眼看起来就像所有的数码管都在同时显示一样。如表 3.1 所示。

表 3.1 七段数码管数据字-LED 段对照表

数据字	D7	D6	D5	D4	D3	D2	D1	D0
LED 段	dp	g	f	e	d	c	b	a

通过这种方式，可以在单个微控制器的控制下显示复杂的数字和文字信息。在实际应用中，七段数码管可以用于显示时钟、计数器读数、温度测量值等。

单片机控制 1 位数码管的基本原理是通过控制数码管的各个段（a 到 g 以及小数点 dp）的亮灭来显示数字或字符。在共阴极数码管中，所有 LED 的阴极（负极）都连接在一起，形成公共阴极（COM），而每个 LED 的阳极（正极）则分别连接到控制电路。当控制电路对某个 LED 的阳极施加高电平时，相应的 LED 就会点亮。

在编程时，通常会先定义一个数组，其中包含了显示每个数字所需的段选信号。然后通过循环和延时函数来实现动态扫描。在每次循环中，只激活一个数码管，并显示相应的数字，然后延时一段时间后再切换到下一个数码管。通过不断重复这个过程，可以实现多个数码管的显示。

共阳极数码管的工作原理是基于发光二极管（LED）的特性，通过控制 LED 的阳极和阴极之间的电压来控制 LED 的亮灭。在共阳极数码管中，所有 LED 的阳极（正极）都连接在一起，形成公共阳极，而每个 LED 的阴极（负极）则分别连接到控制电路。当控制电路对某个 LED 的阴极施加低电平时，相应的 LED 就会点亮。如图 3.5 所示。

3.3.1.1 共阴极数码管的接线方法

① 公共阴极接线：将所有 LED 的阴极连接在一起，并连接到单片机的一个 GND（地线）引脚。

② 段极接线：将每个 LED 的阳极分别连接到单片机的 I/O 端口。例如，如果使用 8 位

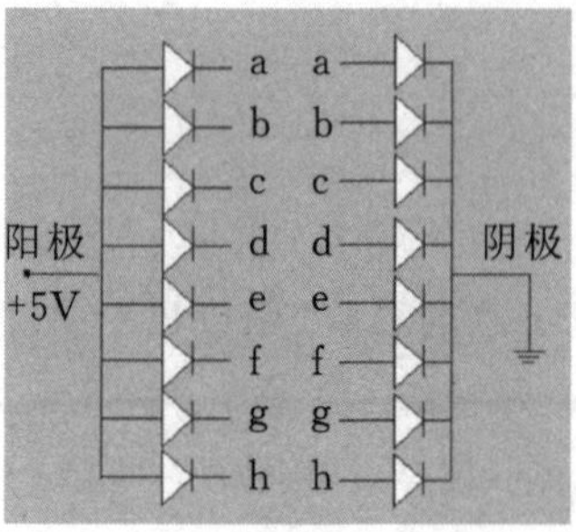

图 3.5　数码管共阳(阴)极接线示意图

I/O 端口,可以将 a 到 h 段分别连接到端口的第 0 到第 7 引脚。

③ 控制逻辑:在单片机程序中,通过设置 I/O 端口的电平来控制各个段的亮灭。当需要显示某个数字时,程序会输出相应的段编码到 I/O 端口,从而点亮对应的段。

3.3.1.2　共阳极数码管的接线方法

① 公共阳极接线:将所有 LED 的阳极连接在一起,并连接到单片机的一个 VCC(正电源)引脚。

② 段极接线:将每个 LED 的阴极分别连接到单片机的 I/O 端口。例如,如果使用 8 位 I/O 端口,可以将 a 到 h 段分别连接到端口的第 0 到第 7 引脚。

③ 控制逻辑:在单片机程序中,通过设置 I/O 端口的电平来控制各个段的亮灭。当需要显示某个数字时,程序会输出相应的段编码到 I/O 端口,从而点亮对应的段。

④ 多路复用技术:为了控制多个数码管,通常采用多路复用技术。这种技术允许通过少量的控制线路来驱动多个数码管。在多路复用中,控制器会快速地轮流给每个数码管的公共阳极施加低电平,并在同一时间给要显示的段施加高电平,使得该段在该次扫描中点亮。由于刷新速度非常快,人眼看起来就像所有的数码管都在同时显示一样。

⑤ 上拉电阻:单片机的 I/O 端口有必要接上拉电阻,以防止口线输出高电平时产生漏电流误点亮数码管。

通过上述步骤,可以实现单片机控制共阳极数码管的显示功能。在编程时,通常会先定义一个数组,其中包含了显示每个数字所需的段选信号。然后通过循环和延时函数来实现动态扫描,从而在数码管上显示所需的数字或字符。

3.3.1.3　共阴极和共阳极接法的异同

共阴极和共阳极接法是指在连接 LED 数码管时,所有 LED 的阴极或阳极是否连接在一起。这两种接法在单片机控制 1 位数码管时有着不同的特点和适用场景。

(1) 相同点

工作原理:无论是共阴极还是共阳极接法,都是通过控制 LED 的阳极和阴极之间的电压来控制 LED 的亮灭。

显示效果:两种接法都可以实现数码管的显示功能,包括数字和一些简单的字符。

(2) 不同点

接线方式:共阴极接法中,所有 LED 的阴极连接在一起,并连接到单片机的 GND 引脚;而共阳极接法中,所有 LED 的阳极连接在一起,并连接到单片机的 VCC 引脚。

控制逻辑:在共阴极接法中,当某个 LED 的阳极被拉低时,该 LED 亮起;而在共阳极接法中,当某个 LED 的阴极被拉低时,该 LED 亮起。

电流需求:共阳极接法通常不需要额外的驱动电路,因为单片机的 I/O 口可以直接提供足够的电流来驱动 LED;而共阴极接法可能需要外部电路来提供足够的电流,因为单片机的 I/O 口电流有限。

(3) 优缺点

共阴极接法的优缺点:

优点:硬件简单,适合批量生产,因为不需要额外的驱动电路,可以节省 PCB 面积和焊接工作量,降低成本。

缺点:单片机的 I/O 口电流有限,可能需要外部电路来驱动数码管。

共阳极接法的优缺点:

优点:单片机可以直接驱动显示,不需要额外的驱动电路,适合于电流需求不大的应用场景。

缺点:如果电流需求较大,单片机的 I/O 口可能无法提供足够的电流,需要外部电路支持。此外,共阳极接法可能不适合所有类型的数码管,特别是那些电压要求不一致的情况。

3.3.1.4 单片机控制 2 位数码管工作原理

单片机控制 2 位数码管的工作原理基于共阳极数码管的特性,其中每个数码管由 8 个 LED 组成,分别对应数字 0～9 的显示。在共阳极数码管中,所有 LED 的阳极连接在一起,并连接到正电源,而每个 LED 的阴极则分别连接到单片机的 I/O 端口。

(1) 控制步骤

① 接线方法:首先,将 2 位数码管的公共阳极连接在一起,并连接到单片机的一个 VCC 引脚。然后,将每个数码管的 8 个段(a 到 g 以及 dp)分别连接到单片机的 I/O 端口。通常,P0 端口会被用来连接静态数码管,其中 P0.0 对应 a,P0.1 对应 b,依此类推,直到 P0.7 对应 dp。

② 控制逻辑:在单片机程序中,通过设置 I/O 端口的电平来控制各个段的亮灭。例如,要显示数字 0,需要点亮 a、b、c、d、e、f、g 和 dp 段;要显示数字 1,则只需要点亮 b 和 c 段。

③ 动态扫描:为了减少 I/O 端口的使用,通常会采用动态扫描的方式来控制多位数码管。在动态扫描中,单片机会快速地轮流给每个数码管的公共阳极施加低电平,并在同一时间给要显示的段施加高电平,使得该段在该次扫描中点亮。由于刷新速度非常快,人眼看起来就像所有的数码管都在同时显示一样。

④ 多路复用技术:通过使用多路复用技术,可以用较少的 I/O 端口来控制多位数码管。

例如,可以使用 8 个 I/O 端口来控制 8 位数码管,每个 I/O 端口负责控制一个数码管的公共阳极,而另一个 I/O 端口则用来控制所有数码管的段选信号。

(2) 注意事项

① 上拉电阻:在共阳极数码管的接线中,通常需要在公共阳极和 VCC 之间接入一个上拉电阻,以确保当公共阳极未被选中时,所有的 LED 段都保持关闭状态。

② 电流限制:尽管单片机的 I/O 端口可以直接驱动共阳极数码管,但如果电流需求较大,可能需要外部电路来提供足够的电流。

③ 编程技巧:在编写控制程序时,需要考虑到数码管的显示延迟和刷新率,以确保显示稳定且无闪烁现象。

通过以上步骤,可以实现单片机控制 2 位共阳极数码管的显示功能。在编程时,通常会先定义一个数组,其中包含了显示每个数字所需的段选信号。然后通过循环和延时函数来实现动态扫描,从而在数码管上显示所需的数字或字符。

3.3.1.5 单片机控制多位数码管的工作原理

单片机控制多位数码管的工作原理基于动态扫描的概念。由于每个数码管都需要多个 I/O 端口来控制其各个段(a 到 g 以及 dp),如果要控制多位数码管,直接连接会导致 I/O 端口数量迅速增加,从而受限。为了解决这个问题,通常采用动态扫描的方式,即在很短的时间内依次点亮每一位数码管,并在每次点亮时改变相应的段电平,以显示所需的数字或字符。由于刷新速度非常快,人眼看起来就像所有的数码管都在同时显示一样。

(1) 控制步骤

① 硬件连接:将每个数码管的公共阳极连接在一起,并连接到单片机的一个 VCC 引脚。然后,将每个数码管的 8 个段(a 到 g 以及 dp)分别连接到单片机的 I/O 端口。通常,P0 端口会被用来连接静态数码管,其中 P0.0 对应 a,P0.1 对应 b,依此类推,直到 P0.7 对应 dp。

② 编写控制程序:在程序中,首先定义一个数组,其中包含了显示每个数字所需的段选信号。然后通过循环和延时函数来实现动态扫描,从而在数码管上显示所需的数字或字符。

③ 多路复用技术:通过使用多路复用技术,可以用较少的 I/O 端口来控制多位数码管。例如,可以使用 8 个 I/O 端口来控制 8 位数码管,每个 I/O 端口负责控制一个数码管的公共阳极,而另一个 I/O 端口则用来控制所有数码管的段选信号。

④ 优化显示效果:为了避免闪烁,需要控制刷新速度,使之高于人眼的视觉暂留阈值。此外,还可以通过调整亮度控制器或者改变电压来控制数码管的亮度。

(2) 注意事项

① 上拉电阻:在共阳极数码管的接线中,通常需要在公共阳极和 VCC 之间接入一个上拉电阻,以确保当公共阳极未被选中时,所有的 LED 段都保持关闭状态。

② 电流限制:虽然单片机的 I/O 端口可以直接驱动共阳极数码管,但如果电流需求较大,可能需要外部电路来提供足够的电流。

③ 编程技巧:在编写控制程序时,需要考虑到数码管的显示延迟和刷新率,以确保显示稳定且无闪烁现象。

通过上述步骤,可以实现单片机控制多位共阳极数码管的显示功能。在编程时,通常会先定义一个数组,其中包含了显示每个数字所需的段选信号。然后通过循环和延时函数来实现动态扫描,从而在数码管上显示所需的数字或字符。

3.3.2 项目三:一位数码管显示

3.3.2.1 系统设计要求

设计一个基于 51 单片机的控制 1 位共阳极数码管的系统。该系统应能通过单片机的 I/O 端口控制数码管显示数字 0 至 f。

3.3.2.2 系统设计分析

在共阳极数码管中,所有 LED 的阳极连接在一起,并连接到 VCC,而每个 LED 的阴极则分别连接到单片机的 I/O 端口。因此,当单片机的 I/O 端口输出低电平时,相应的 LED 会亮起。

3.3.2.3 系统原理图设计

硬件连接:将数码管的公共阳极连接到 VCC 上,然后将数码管的 8 个段(a 到 g 以及 dp)分别连接到 P2.0 到 P2.7 引脚。注意:在实际设计过程中,要树立最小系统思想。

电路图:在纸上画出电路图,包括 51 单片机和数码管。如图 3.6 所示。

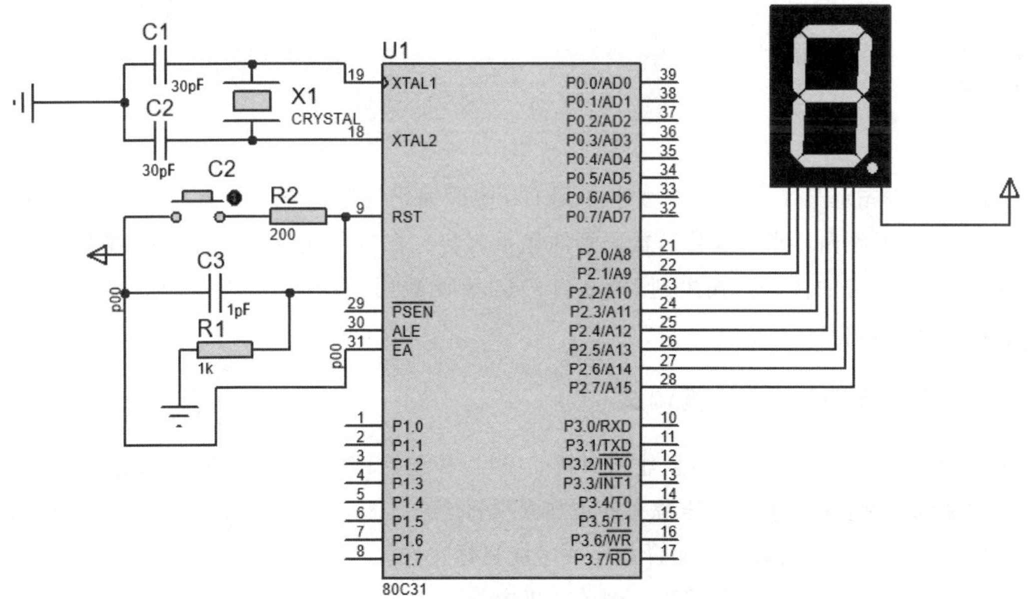

图 3.6 1 位数码管电路原理图

3.3.2.4 系统源程序设计

以下是基于 C 语言的 51 单片机控制 1 位共阳极数码管的源程序示例：

```
# include<reg51.h>
# define uchar unsigned char
# define uint unsigned int
uchar code seg[]={0xc0,0xf9,0xa4,0xb0,0x99,0x92,0x82,0xf8,
                  0x80,0x90,0x88,0x83,0xc6,0xa1,0x86,0x8e};
//共阳 0-f 段码
void delayms(uint xms)   //延时函数
{
    uint i,j;
    for(i=0;i<xms;i++)
      for(j=0;j<100;j++);
}
void main()
{
    while(1)
    {
    uchar i;
       for(i=0;i<16;i++)
       {
          P2=seg[i];
          delayms(500);
       }
    }
}
```

程序 3

该程序首先定义了一个包含数字 0 到 f 对应段编码的数组 code seg[]。在 main 函数中，使用一个无限循环来不断更新数码管的显示内容。在内部循环中，使用 for 循环遍历每个数字，并将对应的段编码输出到 P2 端口。delay 函数用于在每个数字之间添加短暂的延迟，以避免闪烁现象。

3.3.2.5 在 Keil 中仿真调试

创建项目：打开 Keil 软件，创建一个新的项目，并选择目标芯片为 51 单片机。

添加源文件：将上述 C 语言源文件添加到项目中。

编译程序：点击编译按钮，编译程序并生成目标文件。

下载程序：使用仿真器下载程序到单片机中。

运行程序:运行程序并观察数码管的显示结果。如果一切正常,数码管应该能够显示数字 0～9。

3.3.2.6 在 Keil 和 Proteus 中联合仿真调试

打开 Proteus 软件:启动 Proteus 软件并创建一个新的工程。

添加元件:在 Proteus 中添加 51 单片机、数码管和上拉电阻等元件。

连接元件:使用连线工具将元件连接起来,按照之前设计的电路图进行连接。确保公共阳极连接到 VCC 引脚,每个段连接到 P2.0 到 P2.7 引脚。

加载源程序:将在 Keil 中编译生成的目标文件加载到 Proteus 中的单片机元件中。

开始仿真:启动仿真并观察数码管的显示结果。如果一切正常,数码管应该能够显示数字 0 至 f。

调试程序:如果发现问题或错误,可以在 Keil 中修改源代码并重新编译下载到 Proteus 中进行调试。

通过以上步骤,用户可以成功设计并实现一个基于 51 单片机控制 1 位共阳极数码管的系统。在 Keil 和 Proteus 中进行联合仿真调试可以帮助用户验证程序的正确性并确保系统的正常工作。

3.3.2.7 仿真效果

仿真效果如图 3.7 所示。

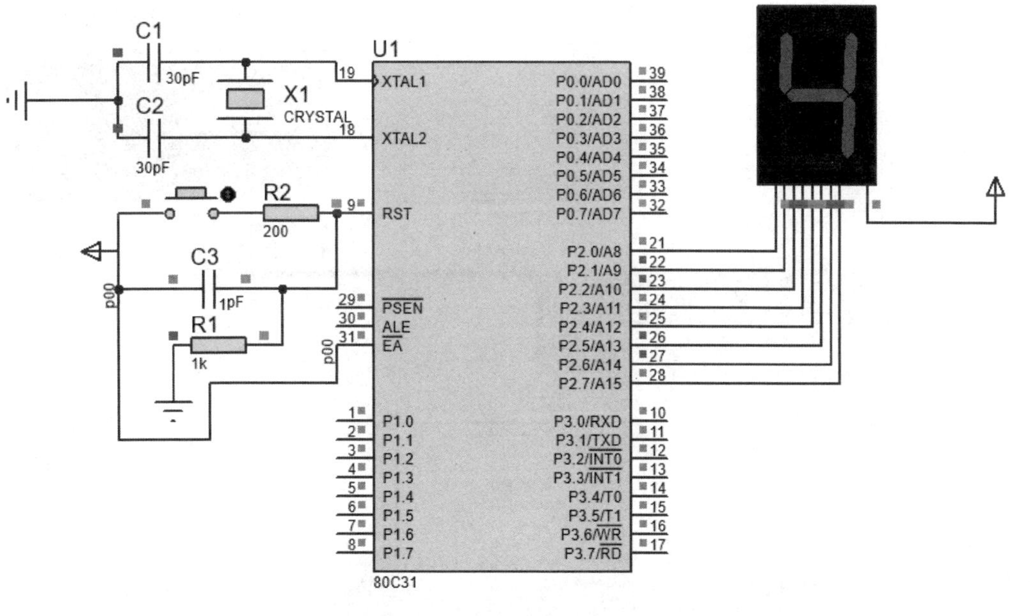

图 3.7 1 位数码管仿真效果图

3.3.3 项目四:四位数码管显示

3.3.3.1 系统设计要求

设计一个基于51单片机的控制4位共阳极数码管的系统。该系统能够通过单片机的I/O端口控制数码管显示0000～1001的数字。

3.3.3.2 系统设计分析

由于是4位共阳极数码管,需要8个I/O端口来控制四个数码管的8个段(a到g以及dp),另外还需要4个I/O端口来控制四个数码管的公共阳极。为了节省I/O端口,我们可以采用动态扫描的方式,即在很短的时间内依次点亮每一位数码管,并在每次点亮时改变相应的段电平,以此显示所需的数字。

3.3.3.3 系统原理图设计

硬件连接:将4个数码管的公共阳极分别连接到51单片机的四个I/O端口(假设为P2.0到P2.3)。然后将每个数码管的8个段(a到g以及dp)分别连接到另外八个I/O端口(假设为P0.0到P0.7)。

上拉电阻:P0要接入一个上拉电阻,以确保当公共阳极未被选中时,所有的LED段都保持关闭状态。

电路图:绘制电路图,包括51单片机、4位数码管、上拉电阻和连线,如图3.8所示。

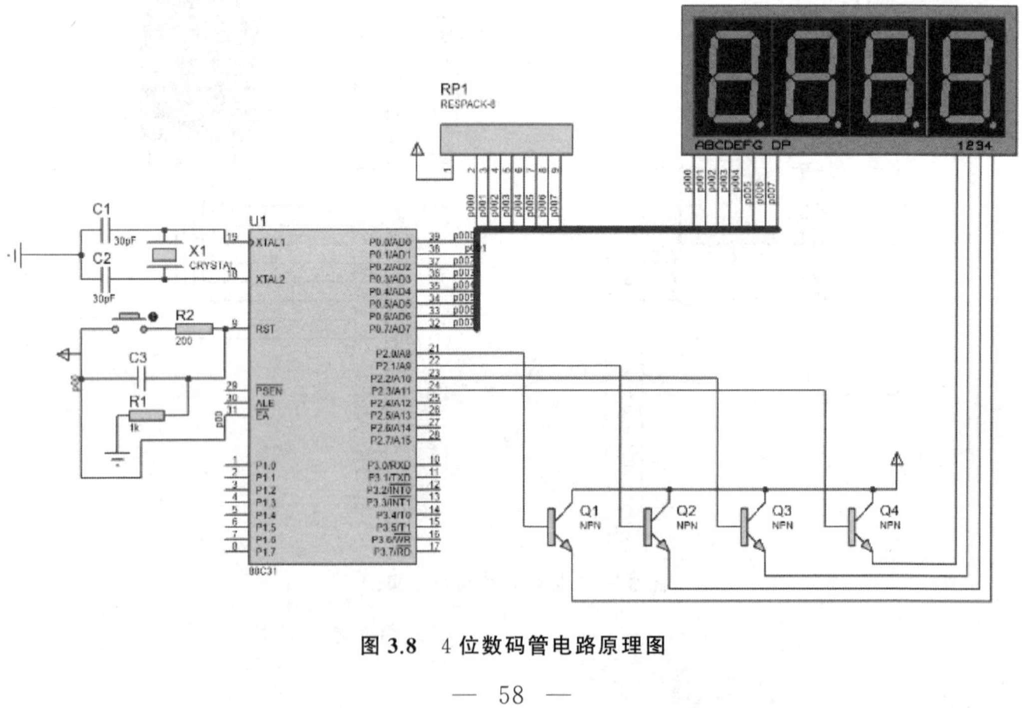

图3.8 4位数码管电路原理图

3.3.3.4　系统源程序设计

以下是基于 C 语言的 51 单片机控制 4 位共阳极数码管的源程序示例：

程序 4

```
# include<reg51.h>

# define uchar unsigned char
# define uint unsigned int


u char code seg_scan[]={0x01,0x02,0x04,0x08};//数码管位选码
uchar code seg[]={0xc0,0xf9,0xa4,0xb0,0x99,0x92,0x82,0xf8,0x80,0x90};
//共阳 0-F

v oid delay(uint xms)   //1ms 延时函数
{  uint i,j;
   for(i=0;i<xms;i++)
     for(j=0;j<120;j++);
}

v oid main()
{
uchar k;

   while(1)
   {
P2=0x00;//清位选端

f or(k=0;k<4;k+ + )
   {
P2=seg_scan[k];//给 P2 口低四位送位选信号
P0=seg[k];     //送段码
delay(2);   //延时
P0=0xff;//消隐
       }
   }
}
```

该程序首先定义了一个包含数字 0 到 f 对应段编码的数组 seg[]。使用位选来选择当前要显示的数码管。delay 函数用于在每次动态扫描之间添加短暂的延迟，以避免闪烁现象。

3.3.3.5　在 Keil 中仿真调试

创建项目：打开 Keil 软件，创建一个新的项目，并选择目标芯片为 51 单片机。

添加源文件：将上述 C 语言源文件添加到项目中。

编译程序：点击编译按钮，编译程序并生成目标文件。

下载程序：使用仿真器下载程序到单片机中。

运行程序：运行程序并观察数码管的显示结果。

调试程序：如果发现问题或错误，可以在 Keil 中修改源代码并重新编译下载到单片机中进行调试。

3.3.3.6 在 Keil 和 Proteus 中联合仿真调试

打开 Proteus 软件：启动 Proteus 软件并创建一个新的工程。

添加元件：在 Proteus 中添加 51 单片机、数码管、上拉电阻和连线等元件。

连接元件：使用连线工具将元件连接起来，按照之前设计的电路图进行连接。确保公共阳极连接到 P2.0～P2.3 引脚，每个段连接到 P1.0～P1.7 引脚。

加载源程序：将在 Keil 中编译生成的目标文件加载到 Proteus 中的单片机元件中。

开始仿真：启动仿真并观察数码管的显示结果。如果一切正常，数码管应该能够显示数字 0000。

调试程序：如果发现问题或错误，可以在 Keil 中修改源代码并重新编译下载到 Proteus 中进行调试。

优化显示效果：可以通过调整 delay 函数中的参数来优化显示效果，减少闪烁现象。

通过以上步骤，用户可以成功设计并实现一个基于 51 单片机控制 4 位共阳极数码管的系统。在 Keil 和 Proteus 中进行联合仿真调试可以帮助用户验证程序的正确性并确保系统的正常工作。

3.3.3.7 仿真效果

仿真效果如图 3.9 所示。

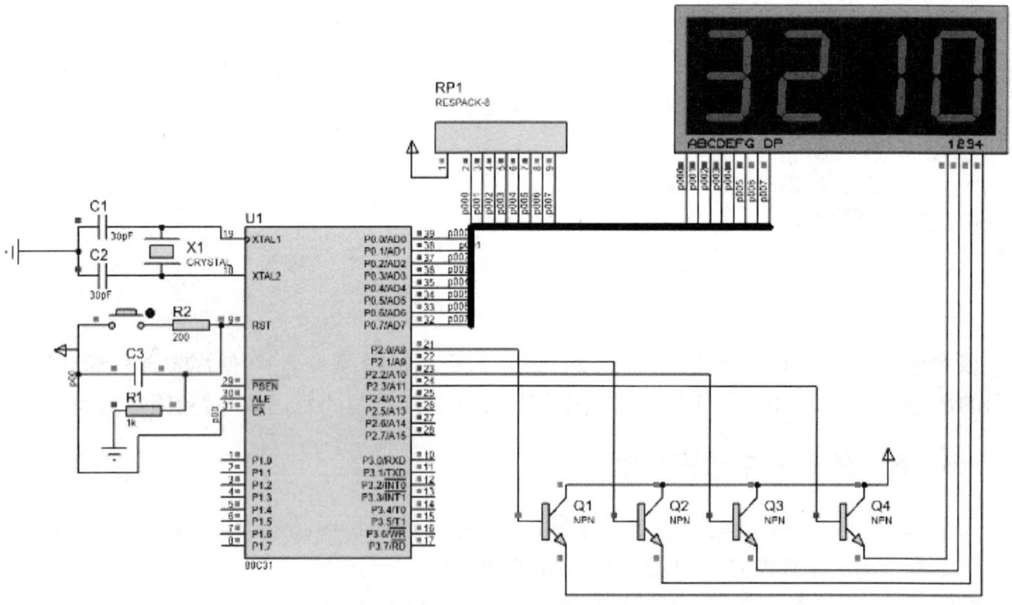

图 3.9 4 位数码管仿真效果图

3.3.4 LED 点阵显示器的结构与显示原理

LED 点阵显示器是由许多小型 LED 灯组成的阵列，这些 LED 灯以矩阵的形式排列，每个 LED 灯代表一个显示点。点阵显示器可以是不同的尺寸，例如 8×8、16×16、32×32 等，表示显示器横向和纵向的 LED 灯数量。每个 LED 灯都可以通过控制其阳极或阴极来点亮或熄灭，从而在显示器上形成字符、图形或动画。

3.3.4.1 显示原理

LED 点阵显示器的显示原理基于人眼的视觉暂留效应，即当图像快速变化时，人眼看起来像是连续的。通过高速地逐行或逐列扫描 LED 点阵，并在每个扫描周期中点亮相应的 LED 灯，可以在显示器上形成稳定的图像。

在共阴极的 LED 点阵显示器中，所有 LED 的阴极都连接在一起，并连接到共同的负电源，而每个 LED 的阳极则连接到单独的 I/O 引脚。要点亮某个 LED，需要对该 LED 的阳极施加高电平，同时保持阴极接地。在共阳极的 LED 点阵显示器中，情况正好相反，所有 LED 的阳极都连接在一起，并连接到共同的正电源，而每个 LED 的阴极则连接到单独的 I/O 引脚。要点亮某个 LED，需要对该 LED 的阴极施加低电平，同时保持阳极接地。

3.3.4.2 控制方法

为了控制 LED 点阵显示器，通常需要使用微控制器（如 51 系列单片机）来产生适当的扫描序列和控制信号。微控制器通过编程来控制哪些 LED 灯在特定的时间点被点亮，从而在显示器上形成所需的图像。

在实际应用中，可能会使用专门的驱动芯片（如 74HC595）来扩展 I/O 引脚数量，以便能够控制更大的 LED 点阵显示器。此外，还可能使用译码器和其他逻辑电路来简化控制过程。

综上所述，LED 点阵显示器通过精确控制每个 LED 灯的点亮和熄灭，利用视觉暂留效应，实现了复杂图像的动态显示。

3.3.5 项目五：LED 点阵显示仿真

3.3.5.1 系统设计要求

设计一个基于 51 单片机的控制 8×8 LED 点阵显示系统，能够显示简单的图案，如字母、数字或自定义图形。

3.3.5.2 系统设计分析

① 选择控制器：使用常见的 8051 系列单片机作为控制器。

② LED 点阵:使用 8×8 LED 点阵模块。

③ 驱动方式:采用动态扫描方式减少 I/O 口的使用。

④ 编程语言:使用 C 语言进行编程。

3.3.5.3 系统原理图设计

单片机:选择 AT89C51 单片机。

LED 点阵:8×8 LED 点阵模块,共 64 个 LED。

电源:5 V 直流供电,8×8 LED 点阵电路图如图 3.10 所示。

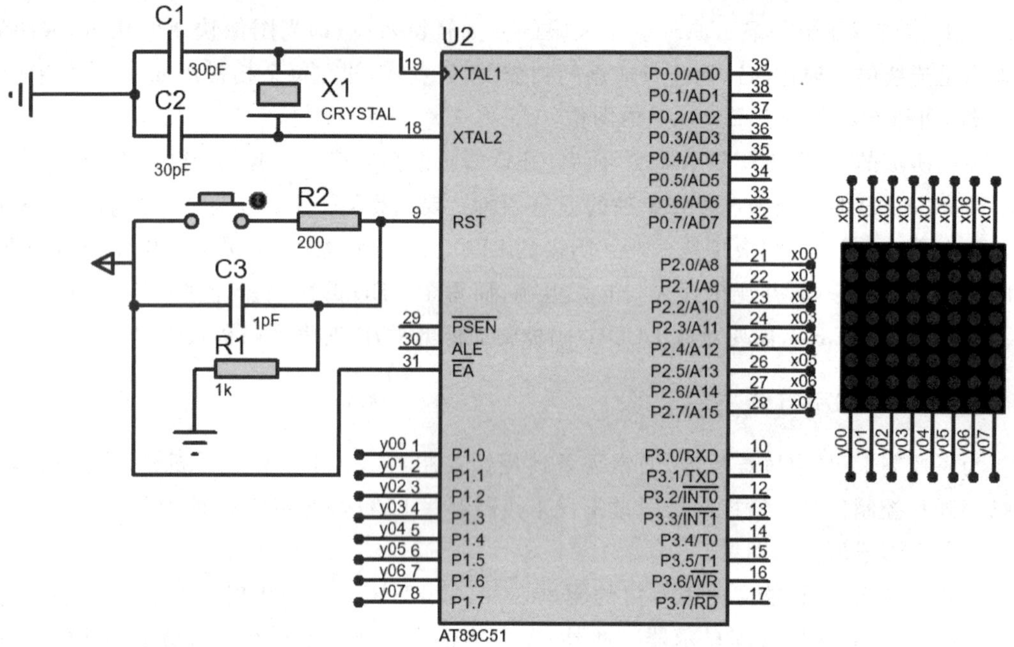

图 3.10　8×8 LED 点阵电路图

3.3.5.4 系统源程序设计

```
# include <regx51.h>
# define LED_MATRIX_ROWS P2
# define LED_MATRIX_COLS P1
void delay(unsigned int ms) {
    unsigned int i, j;
    for(i=ms; i>0; i--)
        for(j=120; j>0; j--);
}

// 8x8 LED
```

程序 5

```
unsigned char led_matrix_buffer[8] ={0};
void LedMatrix_Init() {
    LED_MATRIX_ROWS=0x00;
    LED_MATRIX_COLS=0xFF;
}

void LedMatrix_Refresh() {
    unsigned char i;
    for (i=0; i <8; i++) {
        LED_MATRIX_COLS=~ (1 <<i);
        LED_MATRIX_ROWS=led_matrix_buffer[i];
        delay(1);
        LED_MATRIX_COLS=0xFF;
    }
}

//主函数
void main() {
    LedMatrix_Init();
led_matrix_buffer[0]=0x00;
    led_matrix_buffer[1]=0x66;
    led_matrix_buffer[2]=0xFF;
    led_matrix_buffer[3]=0xFF;
    led_matrix_buffer[4]=0x7E;
    led_matrix_buffer[5]=0x3C;
    led_matrix_buffer[6]=0x18;
    led_matrix_buffer[7]=0x00;


    while (1) {
        LedMatrix_Refresh();
    }
}
```

3.3.5.5 在 Keil 中仿真调试

创建项目：在 Keil 中创建一个新项目，选择 AT89C51 单片机作为目标芯片。

添加源文件：将上述 C 语言源文件添加到项目中。

编译程序：点击编译按钮，编译程序并生成目标文件。

下载程序：将生成的目标文件下载到仿真器中。

运行程序：在仿真器中运行程序，观察 LED 点阵是否显示预期的图案。

3.3.5.6　在 Keil 和 Proteus 中联合仿真调试

打开 Proteus 软件：启动 Proteus 软件并创建一个新工程。

添加元件：在 Proteus 中添加 AT89C51 单片机、LED 点阵和必要的驱动电路元件。

连接元件：根据系统原理图设计，使用连线工具将元件连接起来。

加载源程序：将在 Keil 中编译生成的目标文件加载到 Proteus 中的单片机元件中。

设置仿真参数：在 Proteus 中设置仿真参数，如仿真速度等。

开始仿真：启动仿真并观察 LED 点阵的显示效果。

调试程序：如果发现问题或错误，可以在 Keil 中修改源代码并重新编译下载到 Proteus 中进行调试。

优化显示效果：可以根据需要调整定时器中断服务程序中的计数器阈值，以优化显示效果和降低功耗。

3.3.5.7　仿真效果

仿真效果如图 3.11 所示。

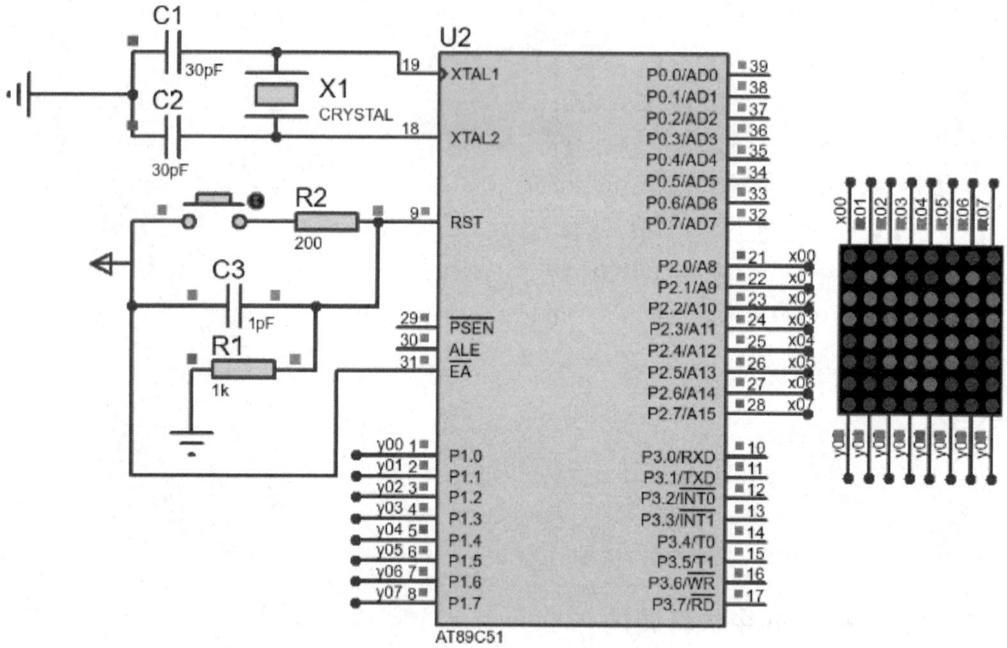

图 3.11　8×8 LED 点阵仿真效果图

3.3.6 项目六:LED 点阵显示屏仿真(16×16)

3.3.6.1 系统设计要求

设计一个基于 51 单片机的控制 16×16 LED 点阵的显示系统,最终达到实现基本的文字显示效果。

虽然完成了上面 8×8 点阵的显示,但是由于点的数量太少,以至于它的显示效果并不是很理想,事实上现在大部分点阵的汉字都是 16×16 显示的,下面学习 16×16 点阵的显示。和上面一样先选择元件:AT89C51,74LS138,MATRIX-8×8-GREEN ,因为要显示 16×16 的汉字,就不能再使用一个 38 译码器进行行选了,这里用两个 38 译码器组合成一个 4 选 16 的译码器(当然也可以使用 74159)。

3.3.6.2 系统设计分析

控制器选择:使用 8051 系列单片机作为控制器。

LED 点阵:使用 16×16 LED 点阵模块。

驱动方式:直接驱动 16×16 点阵需要大量 I/O 口,两个 38 译码器组合成一个 4 选 16 的译码器。

编程语言:使用 C 语言进行编程。

3.3.6.3 系统原理图设计

单片机:选用 AT89C51 单片机。

LED 点阵:16×16 LED 点阵模块。

驱动电路:采用两个 38 译码器组合成一个 4 选 16 的译码器驱动 16×16 LED 点阵模块,达到控制点阵引脚的目的,如图 3.12 所示。

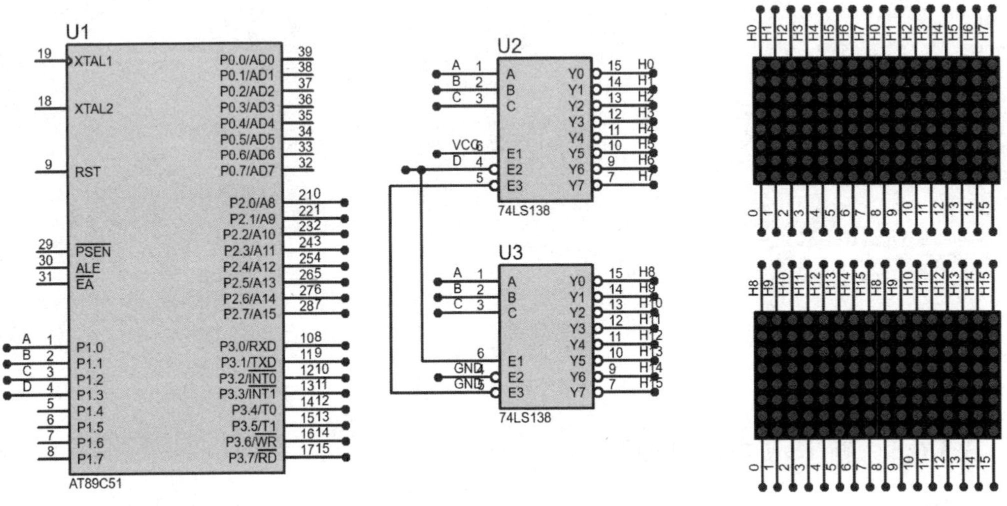

图 3.12　16×16 LED 点阵电路原理图

3.3.6.4 系统源程序设计

程序 6

```
#include<reg51.h>
char code table[]={
0x00,0x20,0x20,0x7F,
0x7E,0x21,0x22,0x21,
0x22,0x21,0x22,0x3F,
0x3E,0x21,0x22,0x21,
0x22,0x21,0x22,0x3F,
0x3E,0x21,0x22,0x21,
0x80,0x20,0x80,0x20,
0x40,0x28,0x20,0x10
}; //明

void delay(int z)
{
int x,y;
for(x=0;x<z;x++)
for(y=0;y<110;y++);
}

void main()
{
int num;
while(1)
{

for(num=0;num<16;num++)

{
P1=num; //行选
P2=table[2* num]; //列选

P3=table[2* num+1]; //列选
delay(2);
}
}
}
```

3.3.6.5 在 Keil 中仿真调试

创建项目:在 Keil 中创建一个新项目,选择 AT89C51 单片机作为目标芯片。

添加源文件：将上述 C 语言源文件添加到项目中。

编译程序：点击编译按钮，编译程序并生成目标文件。

下载程序：将生成的目标文件下载到仿真器中。

运行程序：在仿真器中运行程序，观察 LED 点阵是否显示预期的图案。

3.3.6.6　在 Keil 和 Proteus 中联合仿真调试

打开 Proteus 软件：启动 Proteus 软件并创建一个新工程。

添加元件：在 Proteus 中添加 AT89C51 单片机、LED 点阵和必要的驱动电路元件。

连接元件：根据系统原理图设计，使用连线工具将元件连接起来。

加载源程序：将在 Keil 中编译生成的目标文件加载到 Proteus 中的单片机元件中。

设置仿真参数：在 Proteus 中设置仿真参数，如仿真速度等。

开始仿真：启动仿真并观察 LED 点阵的显示效果。

调试程序：如果发现问题或错误，可以在 Keil 中修改源代码并重新编译下载到 Proteus 中进行调试。

优化显示效果：可以根据需要调整定时器中断服务程序中的计数器阈值，以优化显示效果和降低功耗。

3.3.6.7　仿真效果

仿真效果如图 3.13 所示。

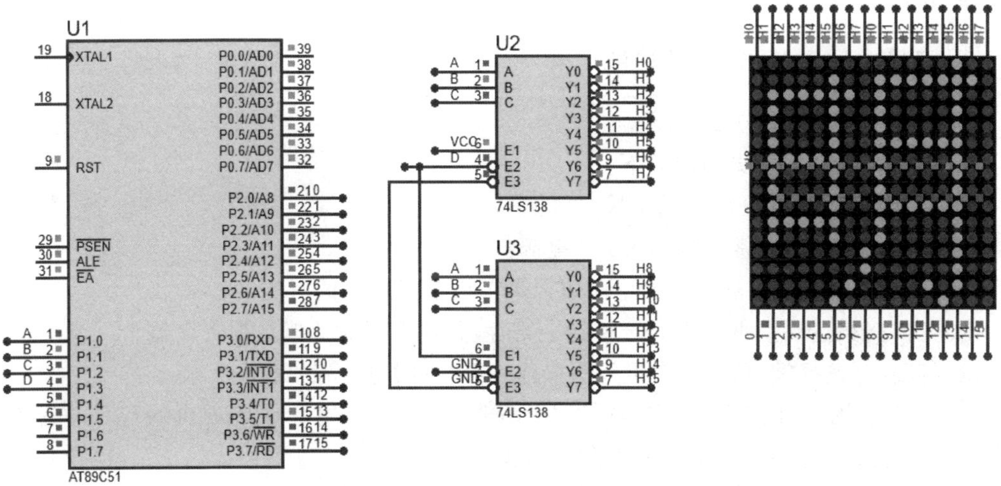

图 3.13　16×16 LED 点阵仿真效果图

3.4　单片机控制液晶显示模块

LCD1602 是一种常用的字符型液晶显示模块，它由液晶显示屏、控制驱动主电路

HD44780 及其扩展驱动电路 HD44100 组成，以及一些辅助的电阻、电容元件和结构件。LCD1602 能够显示 16×2 个字符，即两行每行可以显示 16 个字符。它通过 D0～D7 八个引脚传输数据，每个显示的位置都对应一个地址。LCD1602 的特点是显示简单、成本低廉、功耗低，适合用于各种需要显示文字信息的设备中。

LCD1602 因其体积小、功耗低、显示稳定等特点，被广泛应用于多种工业设备、家用电子产品、仪器仪表和嵌入式系统中。它可以显示 ASCII 码字符表中的任意字符，适用于需要显示文本信息的场合，如温度计、计时器、计数器、测量仪器等。由于其显示内容的局限性，LCD1602 更适合显示简单的文本信息，而不是复杂的图形或图像。

3.4.1 单片机控制数码管 LCD1602 液晶显示模块特性与引脚

3.4.1.1 LCD1602 液晶显示模块特性

LCD1602 是一种常用的字符型液晶显示模块，它具有以下特性：

显示能力：能够显示 2 行 16 个字符，适用于显示简单的文本信息。

接口类型：采用并行接口，易于与微控制器(如 51 单片机)连接。

控制方式：通过一系列控制指令来控制显示内容，支持清屏、光标移动、显示开关等功能。

对比度调节：通过一个对比度调节端(VO)可以调整显示的清晰度。

背光支持：内置背光，可以通过外接电阻调节亮度。

3.4.1.2 LCD1602 引脚功能

LCD1602 引脚如图 3.14 所示。

LCD1602 模块的引脚功能如下：

VSS：接地端，连接到电源的负极。

VDD：电源正极，通常连接到+5 V 电源。

VO：对比度调节端，通过外接电阻可以调节液晶显示屏的对比度。

RS：寄存器选择端，低电平时选择指令寄存器，高电平时选择数据寄存器。

RW：读/写选择端，低电平时进行写操作，高电平时进行读操作。

E：使能端，用于启动写入操作，当 E 端由高电平跳变为低电平时，液晶屏执行写入命令。

D0～D7：数据输入/输出端，用于传送数据和指令。

A：背光正极，通过外接电阻连接到电源。

K：背光负极，连接到电源的负极。

在使用 LCD1602 时，通常需要将 RS、RW、E、D0～D7 等引脚连接到微控制器的相应 I/O 端口，而 VSS 和 VDD 则分别连接到电源的负极和正极。VO 引脚通过外接电阻来调节液晶显示屏的对比度，以便获得最佳的显示效果。A 和 K 引脚则用于控制背光的开启和关闭。

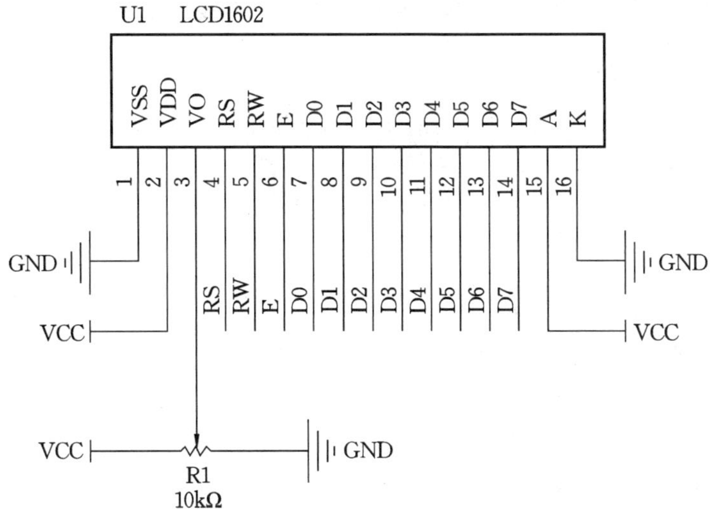

图 3.14 LCD1602 引脚图

3.4.2 LCD1602 液晶显示模块显示原理

LCD1602 液晶显示模块的工作原理基于液晶材料的光学性质。液晶材料具有双折射特性,即在电场的作用下,液晶分子的折射率会发生改变,从而改变光的传播方向和偏振态。当液晶分子在电场的作用下重新排列时,它们可以控制光线是否通过特定的区域,从而在显示屏上形成可见的图案或字符。

LCD1602 模块由液晶显示屏、控制驱动主电路 HD44780 及其扩展驱动电路 HD44100,以及一些辅助的电阻、电容元件和结构件组成。它通过电压来改变填充在两块平行板之间的液晶材料内部分子的排列状况,以达到遮光和透光的目的,进而显示出不同的字符或图案。

LCD1602 模块的显示内容是通过控制电路将需要显示的数据和命令输入到模块中,然后由内部的驱动电路解析这些数据和命令,控制液晶分子的排列,最终在显示屏上形成可见的字符或图案。

3.4.3 LCD1602 液晶显示模块基本操作

LCD1602 液晶显示模块是一种常用的字符型液晶显示设备,它可以显示两行 16 个字符。要操作 LCD1602 模块,需要了解其管脚功能、操作时序以及基本指令集。

3.4.3.1 管脚功能

RS:寄存器选择端,高电平选择数据寄存器,低电平选择指令寄存器。

RW:读写选择端,高电平进行读操作,低电平进行写操作。

E:使能信号端,用于启动写入操作。

D0～D7：双向数据端，用于传送数据和命令。

3.4.3.2 操作时序

操作时序涉及 RS、RW 和 E 端的时序控制，以确保正确地向 LCD1602 发送指令和数据。

3.4.3.3 基本指令集

初始化：在开始使用之前，需要对 LCD1602 进行初始化，以设置显示参数。

清屏：清除显示屏上的所有字符，准备新的显示内容。

显示字符串：将字符串数据显示在屏幕上。

光标控制：控制光标的移动和闪烁状态。

3.4.3.4 示例代码

以下是一个简单的示例代码，用于初始化 LCD1602 并显示字符串：

```
# include <LiquidCrystal.h> //引入 LCD 库

//初始化 LCD 对象，指定引脚
LiquidCrystal lcd(RS,EN,D4,D5,D6,D7);

void setup() {
  //设置 LCD 的列数和行数
  lcd.begin(16,2);
  //打印一条消息到 LCD
  lcd.print("hello,world!");
}

void loop() {
  //这里可以添加其他代码
}
```

在这个例子中，lcd.begin(16,2) 用于初始化 LCD，设置显示区域为 16 列 2 行。lcd.print("hello,world!") 用于在 LCD 上显示字符串“hello,world!”。

实际操作中可能需要根据硬件配置和编程环境进行适当的调整。在编写代码之前，建议仔细阅读 LCD1602 的数据手册，以确保正确理解其操作时序和指令集。

3.4.4 项目七：LCD1602 显示字符串仿真

3.4.4.1 系统设计要求

设计一个基于 51 单片机的控制 LCD1602 显示字符串的仿真实例，该系统应满足以下要求：

利用1602LCD显示器实现显示功能。要求LCD两行、5×7点阵字符显示；采用P2.5、P2.6、P2.7分别作指令数据选择、读/写操作选择和使能信号线，P3口作LCD数据线。

在第一行显示“hello”，在第二行显示“my world”。

显示内容应在单片机上电后立即出现，无须按键触发。

3.4.4.2　系统设计分析

硬件需求：51单片机（例如AT89C51）作为控制核心。LCD1602显示模块，用于显示字符串。晶振电路，提供单片机所需的时钟信号。5 V直流电源供电。

软件需求：使用C语言编写程序，实现LCD1602的初始化和字符串显示功能。程序应包含LCD1602的控制指令集，用于控制显示内容和格式。程序应能够处理LCD1602的特殊字符显示。

3.4.4.3　系统原理图设计

原理图设计：绘制51单片机的原理图，包括晶振、复位电路等。绘制LCD1602的接口电路，连接单片机的I/O端口。确保电源和地线连接正确。

PCB布局设计：在PCB设计软件中导入原理图。布局单片机、LCD1602和其他元件的位置。设计电源和地线布线，确保稳定供电。添加必要的过孔和连接器，方便后续测试和调试。如图3.15所示。

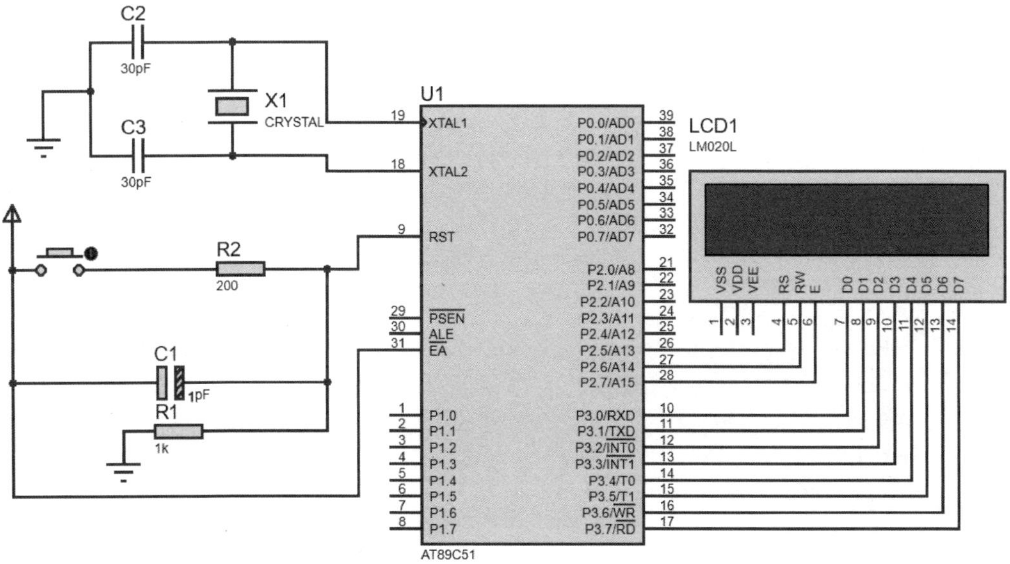

图3.15　LCD1602**电路原理图**

3.4.4.4　系统源程序设计

以下是基于51单片机控制LCD1602显示字符串的示例程序，使用C语言编写：

程序 7

```
# include <reg51.h>
# include <intrins.h>
# define uchar unsigned char
# define uint unsigned int
# define BOOL bit
sbit RS=P2^5;
sbit RW=P2^6;
sbit EN=P2^7;
uchar code tab1[]={"hello"};
uchar code tab2[]={"my world"};
void delay(uint ms)
{
uint i;
while (ms--)
{
for(i=0;i<250;i++)
{
_nop_();
_nop_();
_nop_();
_nop_();
}
}
}
BOOL lcd_bz()
{
BOOL result;
RS=0;
RW=1;
EN=1;
_nop_();
_nop_();
_nop_();
_nop_();
result=(BOOL)(P0&0x80);
EN=0;
return result;
}
void lcd_wcmd(uchar cmd)
{
while(lcd_bz());
RS=0;
```

```
RW=0;
EN=0;
_nop_();
_nop_();
P3=cmd;
_nop_();
_nop_();
_nop_();
_nop_();
EN=1;
_nop_();
_nop_();
_nop_();
_nop_();
EN=0;
}
void lcd_pos(uchar pos)
{
lcd_wcmd(pos|0x80);
}
void lcd_wdat(uchar dat)
{
while (lcd_bz());
RS=1;
RW=0;
EN=0;
P3=dat;
_nop_();
_nop_();
_nop_();
_nop_();
EN=1;
_nop_();
_nop_();
_nop_();
_nop_();
EN=0;
}
void lcd_init()
{
lcd_wcmd(0x38);
delay(1);
```

```
lcd_wcmd(0x0c);
delay(1);
lcd_wcmd(0x06);
delay(1);
lcd_wcmd(0x01);
delay(1);
}
void main()
{
uint i;
lcd_init();
delay(10);
lcd_pos(4);
i=0;
while(tab1[i]! ='\0')
{
lcd_wdat(tab1[i]);
i++;
}
lcd_pos(0x41);
i=0;
while(tab2[i]! ='\0')
{
lcd_wdat(tab2[i]);
i++;
}
while(1);
}
```

3.4.4.5 在 Keil 中仿真调试

创建工程：打开 Keil μVision，创建一个新工程。

添加源文件：将上述 C 语言源文件添加到工程中。

配置单片机：在工程配置中选择正确的单片机型号（例如 AT89C51）。

编译程序：点击编译按钮，编译程序。

下载程序：将编译后的十六进制文件下载到仿真器或实际硬件中。

调试程序：运行程序，观察 LCD1602 的显示是否符合预期。可以使用单步执行、设置断点等调试功能来检查程序的执行过程。

3.4.4.6 在 Keil 和 Proteus 中联合仿真调试

在 Proteus 中设计电路：打开 Proteus 软件，创建一个新的设计文件。在设计界面中添加 51 单片机、LCD1602 显示模块、晶振、电源等元件，并连接它们。确保 LCD1602 的数据线和控制线正确连接到单片机的 P2 口和 P3 口。

加载 HEX 文件：在 Proteus 中，双击单片机组件，找到“Load HEX File”选项，加载前面在 Keil 中生成的十六进制文件。

运行仿真：点击 Proteus 工具栏中的“Start Simulation”按钮，开始仿真。观察 LCD1602 的显示是否符合预期。如果有问题，可以回到 Keil 中修改程序，然后重新编译和下载到 Proteus 中进行测试。

调试程序：在 Proteus 中，可以使用逻辑状态分析仪、示波器等工具来观察单片机的 I/O 端口状态和 LCD1602 的数据信号，帮助调试程序。如果发现显示不正确，可以检查程序中的 LCD 控制指令是否正确，或者检查硬件连接是否有误。

3.4.4.7　仿真效果

仿真效果如图 3.16 所示。

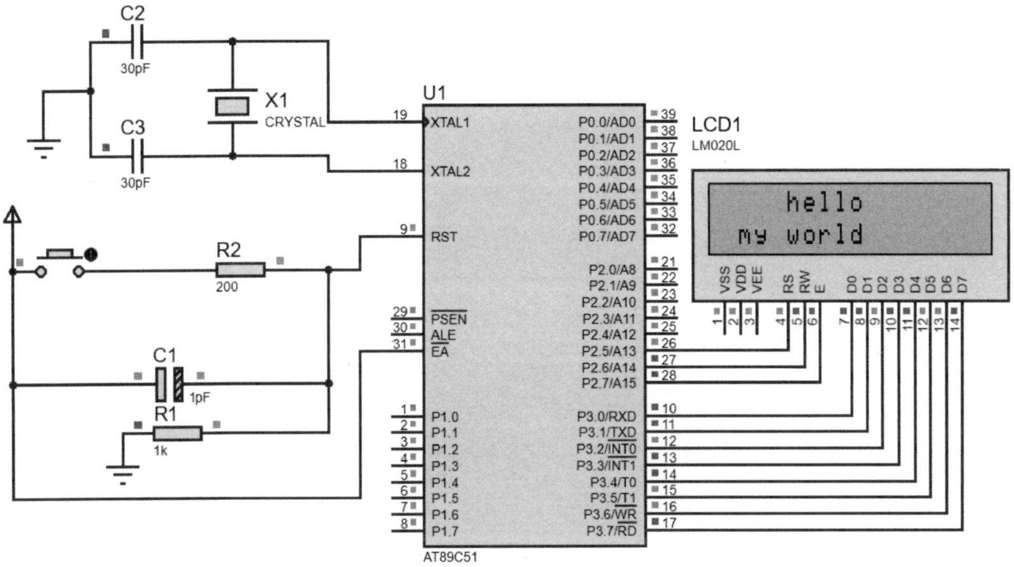

图 3.16　LCD1602 **仿真效果图**

习　　题

(1) 简述单片机如何通过 I/O 口控制共阴极 LED 数码管显示数字“8”。

(2) 说明动态扫描法在 LED 数码管或 LED 点阵显示中的工作原理。

(3) 若要实现一位共阳极 LED 数码管显示 0～9 的数字，至少需要多少个单片机 I/O 口？请解释原因。

(4) 设计任务：设计一个基于单片机的 4 位七段 LED 数码管动态扫描显示系统，要求能够实时显示 0～9999 的数字。设计要求：详细描述硬件连接方案，包括单片机与数码管的接口连接方式；编写相应的控制程序，包括定时器设置、段码生成以及扫描显示流程。

(5) 设计任务:设计一个 8×8 LED 点阵屏控制系统,使其能从左至右逐行滚动显示字母 A。设计要求:画出硬件连接图,确定如何通过单片机的 I/O 口进行控制;编写程序,设定每行点亮的时间间隔,并描绘出字母 A 在点阵屏上的二进制分布图以及相应的点亮顺序。

(6) 设计任务:设计一款采用单片机控制的简易电子时钟,其显示部分采用 6 位七段 LED 数码管。设计要求:明确各部分硬件构成,包括时间信号源(如 RTC 模块)、数码管驱动电路等;编写软件代码,实现小时、分钟、秒的正确显示,考虑采用 BCD 码或直接段码输出的方式,并实现时钟走时功能。

(7) 设计任务:利用单片机设计一个动态心跳闪烁效果的 LED 点阵,模拟心脏跳动节奏。设计要求:设计点阵矩阵的心形图案,通过 PWM 波控制 LED 亮度模拟呼吸效果,结合定时器产生不同频率的脉冲序列,使得心形轮廓按照特定节奏闪烁。

4 单片机输入检测

键盘具有向单片机输入数据、命令等功能，是人与单片机对话的主要手段。本章主要介绍键盘的工作原理、接口设计与软件编程以及物理量转换为开关量的信号检测。

键盘由若干按键按照一定的规则组成。每一个按键实质上是一个开关，按构造可分为有触点按键和无触点按键。有触点按键常见的有：触摸式、薄膜式、导电橡胶式和按键式等，最常用的是按键式。无触点按键有电容式、光电式和磁感应式等。键盘分为编码键盘和非编码键盘。用专用的硬件编码器识别闭合键键号或键值的键盘称为编码键盘，如计算机键盘；用软件编程来识别闭合键键号或键值的键盘称为非编码键盘。在单片机应用系统中，用得较多的是非编码键盘。非编码键盘又分为独立键盘和行列式（又称矩阵）键盘。

4.1 独立键盘检测

4.1.1 独立键盘

在单片机系统设计中，需要使用的按键个数较少时，可采用独立键盘形式。独立键盘的特点是各按键相互独立，每个按键各接一个 I/O 口线，通过检测 I/O 输入端的电平状态，判断是哪个按键被按下。

4.1.1.1 按键外形

键盘实际上就是一组按键，在单片机外围电路中，通常用到的按键都是机械弹性按键。当按键按下时，线路导通；按键弹起时，线路断开。单片机系统常用的弹性按键如图 4.1 所示。

(a)　　　　　　(b)

图 4.1　弹性按键

(a) 直插式按键；(b) 贴片按键

4.1.1.2 按键检测原理

单片机的 I/O 口既可作为输出口也可作为输入口使用，检测按键时用的是它的输入功能。使用时，将按键的一端接地，另一端与单片机的其个 I/O 口线相连，连接示意图如图 4.2 所示。由图 4.2 可知，按键处于弹起状态时，高电平输入到 I/O 口；按键闭合时，按键与地相连，低电平输入到 I/O 口。

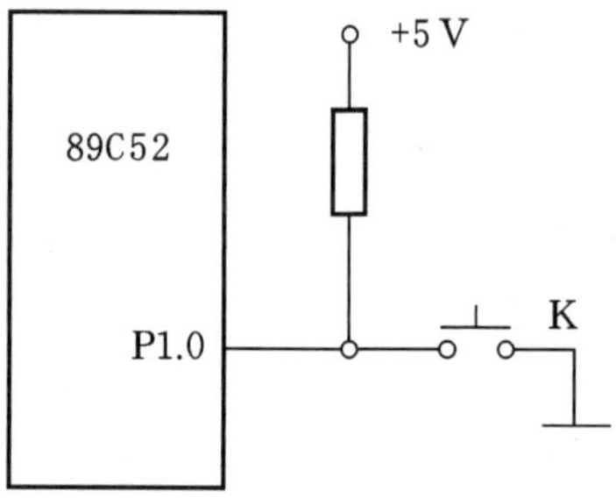

图 4.2 单片机与按键连接示意图

因此，当单片机检测到 I/O 口电平为低电平时说明按键被按下，为高电平时说明按键处于弹起状态。

注意：I/O 口作为输入口时，为保证可靠读取引脚的状态，编程时要先向锁存器写“1”。

【例 4.1】 P2.0 引脚接按键，P1.7 引脚接 LED，R4 为上拉电阻，电路图如图 4.3 所示。编程实现按下按键点亮 LED。

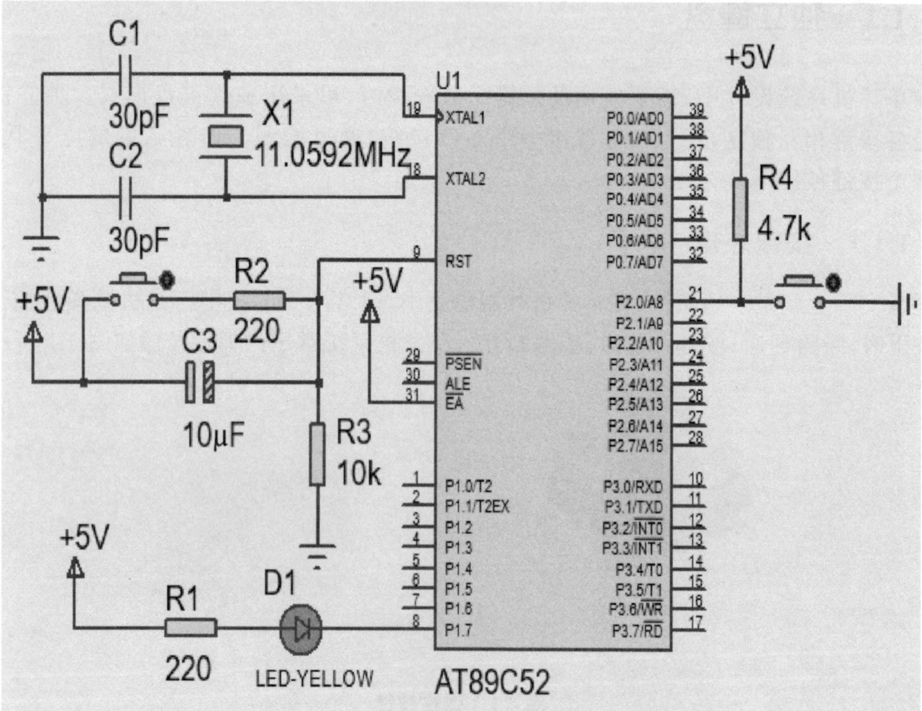

图 4.3 按键-LED 仿真电路图

说明：在 Proteus 中单击“P”按钮挑选元器件 AT89C52、BUTTON(按键)、RES(电阻)、LED-YELLOW。

注：由于 P2 口内部有上拉电阻，所以 R4 也可不接。

```
# include <reg52.h>
sbit  KEY1=P2^0;                    //按键引脚声明
sbit  led1=P1^7;                    //LED 引脚声明
void main()
{
    while(1)
    {
        KEY1=1;                     //输入先写“1”
        if (KEY1==0)                //P2.0 引脚为 0,按键按下
        {
            led1=0;                 //LED 亮
        }
        else                        //P2.0 引脚为 1,按键弹起
        {
            led1=1;                 //LED 灭
        }
    }
}
```

该段程序运行时，按键按下，LED 亮，松手，LED 就灭了，也就是按键按下的状态无法保持。如果要实现按下按键点亮 LED，按键弹起后 LED 仍然保持亮的状态，可以采用标志位的方法。标志位的使用方法见例 4.2。

4.1.1.3 按键去抖动

按键电压变化如图 4.4 所示。从图 4.4 可看出，按键按下时，单片机 I/O 口接收的理想波形与实际波形之间是有区别的，实际波形在按下和释放的瞬间都有抖动现象，抖动时间的长短和按键的机械特性有关，一般为 5～10 ms。通常手动按下按键然后立即释放，这个动作中稳定闭合的时间超过 20 ms。因此，为了确保单片机对一次按键动作只确认一次按键有效，单片机在检测按键是否按下时都要加上去抖动操作，否则抖动期间的高低电平变化会导致单片机检测到几次按下按键操作。

按键去抖动可以采用专用的去抖动电路或专用的去抖动芯片，这会增加多余的硬件电路。通常采用软件延时的方法就能很好地解决抖动问题。

按键去抖动的基本思想：在检测到 I/O 口为低电平(有键按下)时，执行一段 10 ms 左右的延时程序后，再次检测 I/O 口是否为低电平，如果仍为低电平，则确认确实有键按下。接下来再检测按键是否释放(松手检测)，当检测到 I/O 口为高电平，说明按键确实已经释放，这时再执行相应的代码。按键去抖动检测流程图如图 4.5 所示。

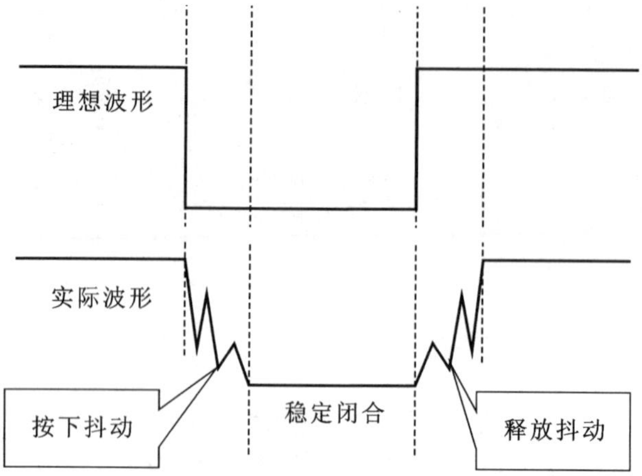

图 4.4 按键电压变化

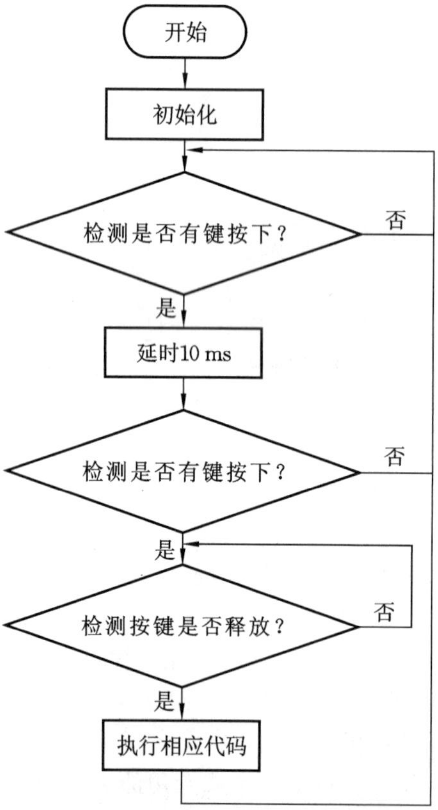

图 4.5 按键去抖动检测流程图

【例 4.2】 P2.0 引脚接按键，P1.7 引脚接 LED，电路图如图 4.3 所示。编程实现按下按键 LED 点亮，按键弹起后 LED 仍然保持亮的状态。

分析：例 4.1 中的代码只能实现按下按键 LED 亮，松手 LED 就灭了。为实现按下按键 LED 亮，松手后 LED 也一直亮的效果，可以采用标志位的方法。有按键按下设标志位

(keyflag)保持初值。按键检测是经常用的程序段,将按键去抖动和设按键标志位的程序段封装为一个按键检测函数 keyscan(),需要时就调用该函数。

```
#include <reg52.h>
#define uchar unsigned char
#define uint unsigned int
sbit KEY=P2^0;                  //按键声明
sbit led=P1^7;                  //LED 声明
uchar keyflag=0;                //按键标志位
void  delay(uint i);            //延时
void keyscan();                 //按键检测函数
void main()
{
  while(1)
   {
      keyscan();
      if(keyflag==1)            //检测是否有按键按下,有则设标志位 keyflag=1
      {                         //有按键按下
        led=0;                  //LED 亮
        else                    //没有按键按下
       led=1;                   //LED 灭
    }
}
void delay(uint i)              //延时函数
{
      uchar t;
      while(i--)
      {
         for(t=0;t<120;t++);
      }
}
void keyscan()                  //按键检测函数
{
    KEY=1;                      //①
    if(KEY==0)                  //按键按下为低电平
    {
      delay(10);                //延时去抖②
      if(KEY==0)                //再次检测,按键按下
      {
         keyflag=1;             //设标志位③
      }
      while(!KEY);              //松手检测④
    }
}
```

程序说明：

① 按键与单片机某一个 I/O 口线连接，在使用时需要用指令“sbit 名称＝Pn^i;”声明，n＝0、1、2，i＝0～7。单片机 I/O 口作为输入口，为正确读引脚的状态，需先写“1”。

② 按键按下，P2.0 引脚检测到低电平，所以当 KEY＝0 时，说明有键按下，延时 10 ms，去除抖动。

③ 本例采用的按键是弹起式按键，按键按下后 P2.0 引脚检测到低电平，松手后 P2.0 引脚检测到高电平。可以看到弹起式按键按下的状态无法保持，因此，在程序设计中通常设一个标志位，记录按键按下的状态，然后根据标志位执行相应操作。只要不修改标志位，按键按下的状态就不会改变。标志位是编程中经常使用的方法。

④ “while(! KEY);”这句指令的执行过程是：当按键按下时，KEY＝0，取反后为“1”，while 条件为真，在该条语句处循环。一旦松手，按键弹起，KEY＝1，取反后为“0”，while 条件为假，退出 while 循环。所以该条指令的作用就是等待按键松手，按键松手后继续向下执行，不松手则在这条指令循环等待。

【例 4.3】 设计 4 个按键，分别控制 4 个 LED，按下 KEY1 按键点亮 LED1，按下 KEY2 按键点亮 LED2，依此类推。R5～R8 为 4.7 kΩ 上拉电阻（可以不接），仿真电路图如图 4.6 所示，最小系统电路省略。

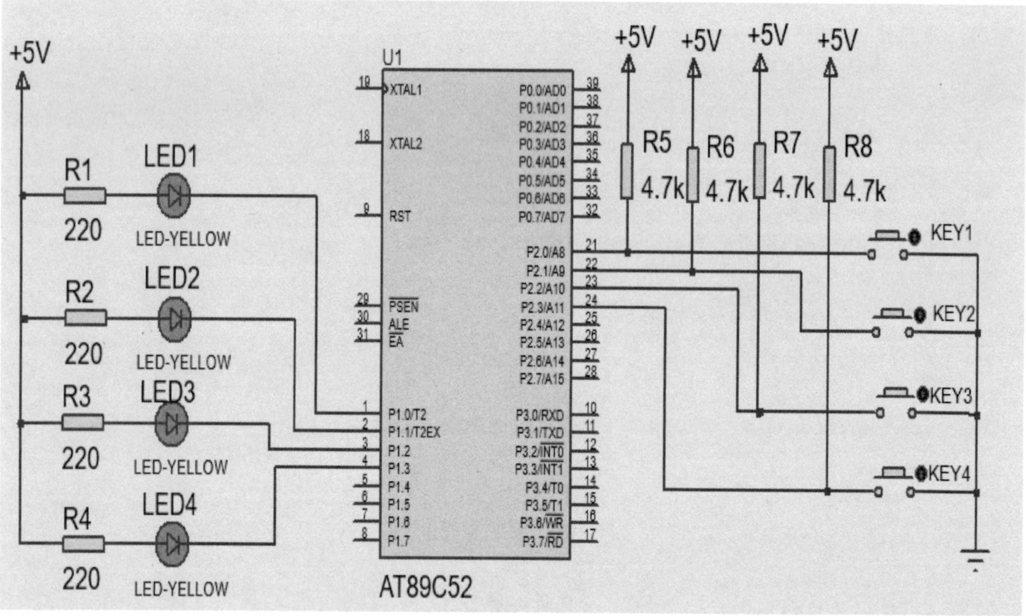

图 4.6　4 个 KEY-LED 仿真电路图

说明：在 Proteus 中单击“P”按钮挑选元器件 AT89C52、RES（电阻）、BUTTON（按键）、LED-YELLOW。

分析：在按键扫描函数 keyscan () 中，先检测 P2 口是否有按键按下，如果有按键按下，去抖动后再检测是哪个按键按下。按照例 4.2 中一个按键检测函数的编写方法，4 个按键就要用 4 段类似的程序，这样会导致程序冗长，所以本例采用位运算的方式优化按键检测函数。软件编程的关键环节为：

① 位运算方式：由于 P2 口的高 4 位悬空，可能会受到干扰的影响，使其值不一定都保持复位后的高电平状态，所以需要把 P2 口的高 4 位清零，只保留 P2 口的低 4 位，即按键的状态。采用“if((P2&0x0F)！=0x0F)”语句，其中“P2&0x0F”的作用就是将 P2 口的高 4 位清零，保持低 4 位的状态(按键的状态)不变，再与 0x0F 对比，相同说明没有按键按下，不同说明有按键按下。这里用到了“&”运算的清零和保持不变的作用。

② 按键标志位设置：本例有 4 个按键，需要记录 4 个按键按下的状态，若用 4 个标志位，则比较烦琐。因此，可以采用一个标志位 keyflag，4 个按键对应 4 个不同的值；KEY1 按下，keyflag=1；KEY2 按下，keyflag=2；KEY3 按下，keyflag=3；KEY4 按下，keyflag=4。

③ 按键控制 LED：1 个按键控制 1 个 LED 亮，每个按键按下 keyflag 的值不一样，因此，在主程序中采用 switch 语句实现分支程序，根据 keyflag 的值控制不同的 LED 点亮。

```
# include <reg52.h>
# define uchar unsigned char
# define uint unsigned int
sbit KEY1=P2^0;                          //按键声明
sbit KEY2=P2^1;                          //按键声明
sbit KEY3=P2^2;                          //按键声明
sbit KEY4=P2^3;                          //按键声明
uchar keyflag=0;                         //按键标志位
void delay(uint i);                      //延时
void keyscan();                          //按键检测函数
void main()
{
    while(1)
   {
     keyscan();                          //检测是否有按键按下
     switch(keyflag)                     //根据 keyflag 的值进行控制
   {
case 1:P1=0xFE; break; //keyflag=1,KEY1 按下,LED1(P1.0)亮 P1=0b1111 1110=0xFE
case 2:P1=0xFD; break; //keyflag=2,KEY2 按下,LED2(P1.1)亮 P1=0b1111 1101=0xFD
case 3:P1=0xFB; break; //keyflag=3,KEY3 按下,LED3(P1.2)亮 P1=0b1111 1011=0xFB
case 4:P1=0xF7; break; //keyflag=4,KEY4 按下,LED4(P1.3)亮 P1=0b1111 0111=0xF7
     }
   }
}
void keyscan()                           //按键检测函数
{
    P2=0xFF;                             //输入先写“1”
    if((P2&0x0F)!=0x0F)                  //检测是否有按键按下
  {
```

```
        keyflag=1;                     //设标志位 1
        while(! KEY1);                 //松手检测
      }
      if(KEY2==0)                      //KEY2 按键按下
      {
        keyflag=2;                     //设标志位 2
        while(! KEY2);                 //松手检测
      }
      if(KEY3==0)                      //KEY3 按键按下
      {
        keyflag=3;                     //设标志位 3
        while(! KEY3);                 //松手检测
      }
      if(KEY4==0)                      //KEY4 按键按下
      {
        keyflag=4;                     //设标志位 4
        while(! KEY4);                 //松手检测
      }
    }
  }
```

在实际编程中,有时需要改变一个字节中的某一位或几位的值,但又不想影响其他位原有的值,这时就可以采用C语言中的位运算符。位运算符及其说明见表4.1。

表4.1　位运算符及其说明

符号	功能	举例	作用
&	按位逻辑与	0x78&0x0F=0x08	一个字节的某些位不变(这些位与“1”),某些位清零(这些位与“0”)
|	按位逻辑或	0x78|0x0F=0x7F 0x20|0x05=0x25	一个字节的某些位不变(这些位或“0”),某些位置1(这些位或“1”),2个字节的某些位组合
^	按位异或	0x78^0x0F=0x77	一个字节的某些位不变(这些位异或“0”),某些位取反(这些位异或“1”)
~	按位取反	y=0x78,~y=0x87	一个字节按位取反

【例4.4】 将P1.5清零,P1.1置1,其他位保持不变,采用字节操作写出指令。

分析:将某些位清零,采用按位逻辑与(“&”)操作。需要清零的位与“0”,其他保持不变的位与“1”。将P1.5,即P1和0b1101 1111=0xDF进行按位与运算“P1&0xDF”。

将某些位置1,采用按位逻辑或(“|”)操作。需要置1的位或“1”,其他保持不变的位或“0”。将P1.1置1,即(P1&0xDF)和0b0000 0010=0x02进行按位或运算“(P1&0xDF)|0x02”。语句格式为:

P1=(P1&0xDF)|0x02;

if语句一般用来处理两个分支,处理多个分支时需使用if-else-if结构,但如果分支较多,则嵌套的if语句层就越多,程序不但庞大而且理解也比较困难。因此,可采用专门用于

处理多分支结构的条件选择语句 switch 语句。switch 语句可直接处理多个分支(包括两个分支)。语句格式为:

```
switch(表达式)
{
    case 常量表达式 1:语句 1;break;
    case 常量表达式 2:语句 2;break;
    …
    case 常量表达式 n:语句 n;break;
    default:语句 n+1;
}
```

switch 语句的执行流程是:

首先计算 switch 后面圆括号中表达式的值,然后用此值依次与各个 case 后的常量表达式比较。若 switch 后面圆括号中表达式的值与某个 case 后面的常量表达式的值相等,就执行此 case 后面的语句,遇到 break 语句时就退出 switch 语句;若圆括号中表达式的值与所有 case 后面的常量表达式的值都不相等,则执行 default 后面的"语句 $n+1$;",然后退出 switch 语句,程序转向 switch 语句后面的下一个语句。

注意:如果在 case 后面包含多条执行语句,case 后面不需要像 if 语句那样加大括号,进入某个 case 后,会自动顺序执行本 case 后面的所有语句。

default 总是放在最后,这时 default 后不需要 break 语句,并且 default 部分也不是必需的。如果没有这一部分,当 switch 后面圆括号中表达式的值与所有 case 后面的常量表达式的值都不相等时,则不执行任何一个分支,而是直接退出 switch 语句。此时,switch 语句相当于一个空语句。

4.1.2 项目八:四路抢答器仿真

4.1.2.1 系统设计要求

四路抢答器仿真实例任务要求:设计 4 路抢答器,由主持人控制抢答轮次,主持人按下复位按钮,抢答开始;无人抢答时数码管显示"8",一旦抢答,选手按下按键显示相应选手编号,其他选手再按按键无效;主持人按下复位按钮重新开始抢答。

4.1.2.2 系统设计分析

根据任务要求,4 个选手需要 4 个按键,显示选手编号需要 1 位数码管;主持人控制抢答开始的操作,可以利用单片机复位电路中的复位按键来实现。一旦有选手按下按键,则让程序进入死循环,其他选手按键无效。这时只有通过单片机复位操作,才可以使程序重新开始运行,再次检测哪位选手按下按键。

4.1.2.3 系统原理图设计

本例采用共阳极数码管,其段码端与单片机 P2 口相连,限流电阻为 3300 Ω(这些电阻用于调整数码管的亮度,可根据需要调整为合适的值)。4 个按键分别与 P1.0～P1.3 相连,上拉电阻为 10 kΩ(可省略)。仿真电路图如图 4.7 所示,最小系统电路省略。

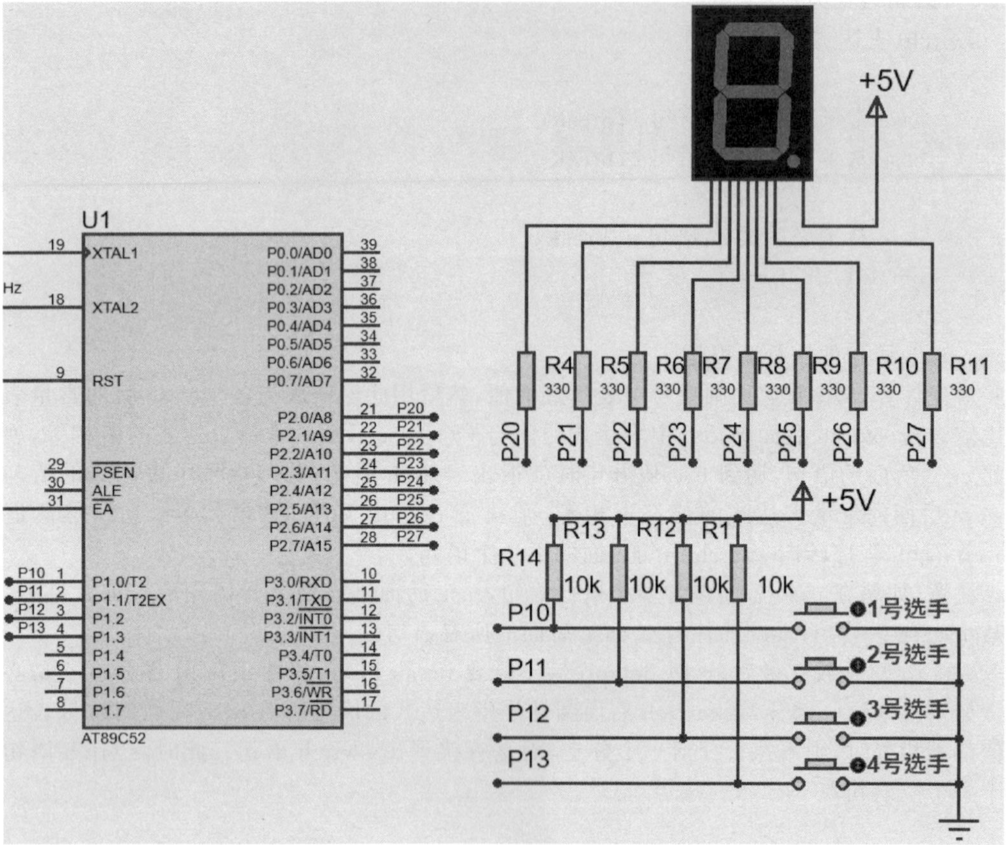

图 4.7　四路抢答器仿真电路图

说明:在 Proteus 中单击"P"按钮挑选元器件 AT89C52、7SEG-MPX1-CA(1 位共阳极数码管)、RES(电阻)、BUTTON(按键)。

分析:四路抢答器的控制要求可以分成以下 5 个操作。

(1) 主持人按下复位按钮,抢答开始。

(2) 无人抢答时数码管显示"8"。

(3) 一旦抢答,选手按下按键。

(4) 显示相应选手编号。

(5) 其他选手再按按键无效。

只要找到这 5 个操作的实现方法,程序设计的思路就有了。四路抢答器设计的关键环节为:

(1) 主持人按下复位按钮开始抢答:由硬件复位按键实现。

(2) 无人抢答,即没有按键按下,标志位 flag=8,显示"8"的段码 0x80。

(3) 选手按下按键:4 个按键标志位 flag 分别设为 1、2、3、4。

(4) 显示选手编号:共阳极数码管"0～9"的段码放于数组 seg[]中,4 个按键代表 4 个选手,所以,按键标志位 flag 的值就是选手的编号。数码管显示选手编号,即把 flag 的值转换为相应的段码送到数码管的段码端 P2 口,就可显示选手编号。用语句"P2=seg[flag];",

flag 的值 1、2、3、4、8(初值)作为数组 seg 的下标,对应的元素就是段码。

(5) 其他选手再按按键无效:选手按下按键后进入“while(1);”死循环,当主持人按下复位按钮,则重新开始。

4.1.2.4 系统源程序设计

程序 8

```
# include <reg52.h>
# define uchar unsigned char
# define uint unsigned int
# define out P2                  //数码管段码端宏替换,out 替换 P2
sbit KEY1=P1^0;                  //1 号选手
sbit KEY2=P1^1;                  //2 号选手
sbit KEY3=P1^2;                  //3 号选手
sbit KEY4=P1^3;                  //4 号选手
uchar code seg[ ]={0xC0,0xF9,0xA4,0xB0,0x99,0x92,0x82,0xF8,0x80,0x90};
                                 //共阳极 0~9 段码
uchar flag=8;                    //初值为 8,表示无按键按下
void delay(uint i);              //延时函数
void keyscan();                  //按键检测函数
void main()
{
    while(1)
    {
        keyscan();               //检测是否有按键按下
        if(flag==1)
        {
            out=seg[flag];       //按下 KEY1,显示 1,表示 1 号选手抢答
            while(1);            //选手 1 按下,死循环,其他选手按键无效,等待主持人复位
        }
    else if(flag==2)
    {
        out=seg[flag];           //按下 KEY2,显示 2,表示 2 号选手抢答
        while(1);                //选手 2 按下,死循环,其他选手按键无效,等待主持人复位
    }
    else if(flag==3)
    {
        out=seg[flag];           //按下 KEY3,显示 3,表示 3 号选手抢答
        while(1);                //选手 3 按下,死循环,其他选手按键无效,等待主持人复位
    }
    else if(flag==4)
    {
        out=seg[flag];           //按下 KEY4,显示 4,表示 4 号选手抢答
        while(1);                //选手 4 按下,死循环,其他选手按键无效,等待主持人复位
    }
    else if(flag==8)
```

```
        out=seg[flag];                      //没有按键,显示 8,无人抢答
    }
}
void delay(uint i)                          //延时函数
    uchar t;
    while(i--)
    {
        for(t=0;t<120;t++);
    }
}
void keyscan()                              //按键检测函数
{
    P1=0xFF;                                //输入先写"1"
    if((P1&0x0F)! =0x0F)                    //检测是否有按键按下
    {
        delay(10);                          //延时去抖
        if(KEY1==0)                         //KEY1 按键按下
        {
            flag=1;                         //设标志位 1
            while(! KEY1);                  //松手检测
        }
        if(KEY2==0)                         //KEY2 按键按下
        {
            flag=2;                         //设标志位 2
            while(! KEY2);                  //松手检测
        }
        if(KEY3==0)                         //KEY3 按键按下
        {
            flag=3;                         //设标志位 3
            while(! KEY3);                  //松手检测
        }
        if(KEY4==0)                         //KEY4 按键按下
        {
            flag=4;                         //设标志位 4
            while(! KEY4);                  //松手检测
        }
    }
}
```

4.1.2.5 仿真设计

将程序编译生成 Hex 文件,加载到单片机中,单击运行按钮,运行效果图如图 4.8 所示,没有按键按下,数码管显示"8",1 号选手按下按键则显示"1",此时再按其他按键则显示无变化。按下复位按键后,再重新按下其他按键则显示相应数字,其他按键无效。

注:在仿真中,复位电路中的下拉电阻阻值要选择小些,本例选用 2 kΩ 电阻,选 10 kΩ 电阻复位效果不好。在实物中选择 10 kΩ 电阻,复位电路是可以正常工作的。

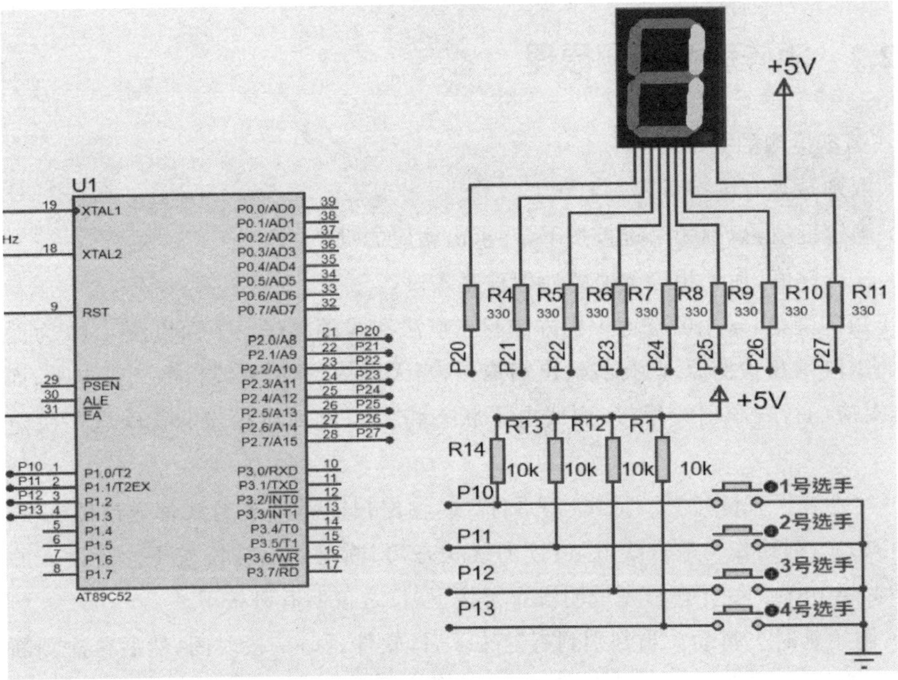

图 4.8 四路抢答器仿真运行效果图

4.2 矩阵键盘

4.2.1 矩阵键盘检测

在单片机系统设计中，需要使用很多按键时，设计成独立键盘会占用大量 I/O 口线。此时，可以采用矩阵键盘（也称行列式键盘）。常用的 4×4 矩阵键盘外形图如图 4.9 所示。

矩阵键盘由行线和列线组成，按键位于行、列的交叉点上。一个 4×4 的行列结构可以构成一个 16 个按键的键盘，只需要与单片机的 1 组 I/O 口连接。按键的两端分别连接在行线和列线上，列线再通过电阻接到＋5 V 上。矩阵键盘的接口示意图电路如图 4.10 所示。

图 4.9 矩阵键盘外形图

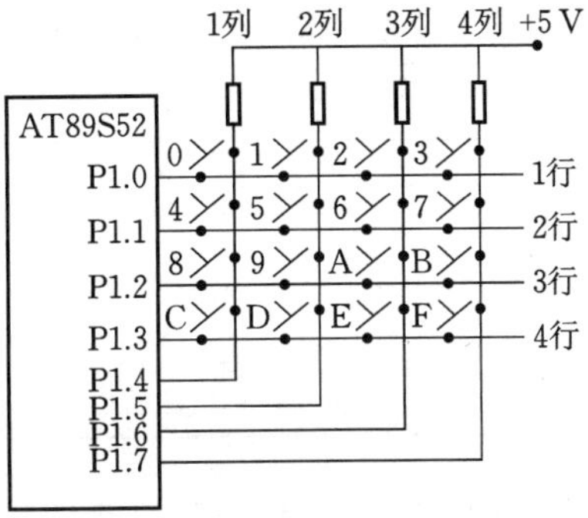

图 4.10 矩阵键盘的接口示意图电路

4.2.2 矩阵键盘检测原理

矩阵键盘检测的关键环节有3个。

(1) 判别是否有键按下。

(2) 确定键值:识别哪个键被按下,并求出相应的键值。

(3) 根据键值,找到相应键值的处理程序入口。

对于矩阵键盘,常用的按键识别方法有扫描法和线翻转法。下面以图4.10为例来说明扫描法的矩阵键盘检测原理:行线输出扫描码,当无键按下时,列线检测到高电平,而有键按下时,则对应的行线和列线短接,列线电平状态将由与此列线相连的行线电平决定。步骤如下:

(1) 判别是否有键按下。行线作为扫描线,输出扫描码,4根行线都送出低电平,P1.3~P1.0=0b0000;列线作为输入线,通过读列线状态,判断是否有按键按下。若读入的列线值P1.7~P1.4=0b1111,全是1,则说明没有键按下,反之说明有键按下。

(2) 调用延时去抖动。当判别到有键按下后,软件延时一段时间,然后再次判断键盘状态,若仍然有键按下,则认为确实有键按下,否则认为是抖动。

(3) 确定键值。当有键按下时,转入逐行扫描的方式确定是哪一个按键被按下。先扫描第1行,即P1.0引脚输出"0",其他引脚输出"1",扫描码为P1.3~P1.0=0b1110;然后读P1.7~P1.4引脚输入的列值,哪一列出现"0",就说明该列与第1行跨接的按键被按下了。若P1.7~P1.4读入的值全是"1",则按键的状态为P1.7~P1.4=0b1111,说明与第1行跨接的按键都没有被按下,这时将P1口低4位的扫描码和P1口高4位的按键状态组合,得到编码0b11111110=0xFE。同理,若P1.7~P1.4读入的值为0b1110,说明第1行与第1列跨接的0号键被按下,将P1口低4位的扫描码和P1口高4位的按键状态组合,得到编码为0b11101110=0xEE,依次可得到第1行其他按键按下的编码,第1行键值见表4.2。

表4.2 第1行键值(扫描法)

读列线状态(列线输入)				扫描线(行线输出)				编码	键值	说明
P1.7	P1.6	P1.5	P1.4	P1.3	P1.2	P1.1	P1.0			
1	1	1	1	1	1	1	0	0xFE		无键按下
1	1	1	0	1	1	1	0	0xEE	0	0号键按下
1	1	0	1	1	1	1	0	0xDE	1	1号键按下
1	0	1	1	1	1	1	0	0xBE	2	2号键按下
0	1	1	1	1	1	1	0	0x7E	3	3号键按下

(4) 接着扫描第2行,以此类推,逐行扫描查询,直至找到被按下的键,并记录键值。第2行~第4行键值见表4.3~表4.5。

表 4.3 第 2 行键值(扫描法)

读列线状态(列线输入)				扫描线(行线输出)				编码	键值	说明
P1.7	P1.6	P1.5	P1.4	P1.3	P1.2	P1.1	P1.0			
1	1	1	1	1	1	0	1	0xFD		无键按下
1	1	1	0	1	1	0	1	0xED	4	4 号键按下
1	1	0	1	1	1	0	1	0xDD	5	5 号键按下
1	0	1	1	1	1	0	1	0xBD	6	6 号键按下
0	1	1	1	1	1	0	1	0x7D	7	7 号键按下

表 4.4 第 3 行键值(扫描法)

读列线状态(列线输入)				扫描线(行线输出)				编码	键值	说明
P1.7	P1.6	P1.5	P1.4	P1.3	P1.2	P1.1	P1.0			
1	1	1	1	1	0	1	1	0xFB		无键按下
1	1	1	0	1	0	1	1	0xEB	8	8 号键按下
1	1	0	1	1	0	1	1	0xDB	9	9 号键按下
1	0	1	1	1	0	1	1	0xBB	10	A 号键按下
0	1	1	1	1	0	1	1	0x7B	11	B 号键按下

表 4.5 第 4 行键值(扫描法)

读列线状态(列线输入)				扫描线(行线输出)				编码	键值	说明
P1.7	P1.6	P1.5	P1.4	P1.3	P1.2	P1.1	P1.0			
1	1	1	1	0	1	1	1	0xF7		无键按下
1	1	1	0	0	1	1	1	0xE7	12	C 号键按下
1	1	0	1	0	1	1	1	0xD7	13	D 号键按下
1	0	1	1	0	1	1	1	0xB7	14	E 号键按下
0	1	1	1	0	1	1	1	0x77	15	F 号键按下

(5) 根据键值,执行相应操作。

(6) 检查按键是否已经释放,可以避免连击现象出现,保证每次按键仅作一次处理。

矩阵键盘第 1 行扫描参考程序:

```
P1=0xFE;                 //送第 1 行扫描码(P1 低 4 位)并把 P1 高 4 位写 1(列线输入)
temp=P1;                 //读取 P1 状态(按键状态)送给中间变量
temp=temp&0xF0;          //低 4 位扫描码,清零;高 4 位按键状态,保持不变
while(temp! =0xF0)       //检测是否有按键按下,等于 0xF0 无按键按下,否则有按键按下
{
delay(5);                //延时去抖
temp=P1;                 //读取按键状态
temp=temp&0xF0;          //低 4 位扫描码,清零;高 4 位按键状态,保持不变
```

```
while(temp! =0xF0)       //再检测是否有按键按下,等于 0xF0 无按键按下,否则有按键按下
{
temp=P1;                 //读取按键状态
switch(temp)             //根据按键状态设置键值
{
case 0xEE:key=0;break;          //0 号键
case 0xDE:key=1;break;          //1 号键
case 0xBE:key=2;break;          //2 号键
case 0x7E:key=3;break;          //3 号键
}
while(temp! =0xF0)              //松手检测
{
temp=P1;
temp=temp&0xF0;
}
}
}
```

矩阵键盘每一行的扫描程序结构都一样,只是每行的扫描码和键值不一样,所以可以把扫描每一行按键的 4 段程序封装为一个函数"keyscan()",用变量 key 存放键值。但是,这样的程序太冗长,结构相同的程序段可以用 for 循环进行优化。

优化的基本思想为:将表 4.2～表 4.5 中的编码存放在数组 keyvalue[ ]中,将 4 行的扫描码存放在数组 key_scan[ ]中,从 key_scan[ ]数组中取出每一行的扫描码送到 P1 口,当有键按下时,P1 口按键的状态就会发生改变,16 个按键按下的编码在 keyvalue[ ]中,将 P1 口的状态和 keyvalue[ ]数组中的元素逐个进行对比,找到相同的,记录下数组的序号,这个序号也就是键值,存在变量 key 里。

扫描法检测 4×4 键盘的参考程序:

```
Wchar code keyvalue[  ]={0xEE,0xDE,0xBE,0x7E,0xED,0xDD,0xBD,0x7D,0xEB,0xDB,
0xBB,0x7B,0xE7,0xD7,0xB7,0x77};                     //16 个按键编码
/*****************************按键扫描函数*********************
*********/
void keyscan( )
{
uchar key_scan[  ]={0xFE,0xFD,0xFB,0xF7};  //4 行按键扫描码
uchar i=0,j=0,temp;
for(i=0;i<4;i++)
{
P1=key_scan[i];                            //输出扫描码
temp=P1;                                   //把 P1 状态送给中间变量
for(j=0;j<16;j++)                          //检测 16 个按键是否按下
{
if(keyvalue[j]==temp)      //当前按键编码和 16 个按键编码逐个对比
{
key=j;                     //相同,则当前按键按下,闭合键键值送 key
```

```
break;                //退出循环
}
}
}
}
```

4.2.3 项目九:矩阵键盘仿真

4.2.3.1 系统设计要求

使用共阳极数码管显示 4×4 矩阵键盘中按下键的键号“0～F”。例如,1 号键按下时,数码管显示“1”;E 号键按下时,数码管显示“E”;等等。

4.2.3.2 系统设计分析

4×4 矩阵键盘需要 8 个 I/O 口线,将 P1.3～P1.0 接矩阵键盘的行线,P1.7～P1.4 接矩阵键盘的列线,采用共阳极数码管,段码端接 P2 口,最小系统电路图省略。说明:在 Proteus 中单击“P”按钮挑选元器件 AT89C52、7SEG-MPX1-CA(1 位共阳极数码管)、RES(电阻)、BUTTON(按键)。单击左侧工具菜单栏,可添加汉字注释。

4.2.3.3 系统原理图设计

矩阵键盘仿真电路图如图 4.11 所示。

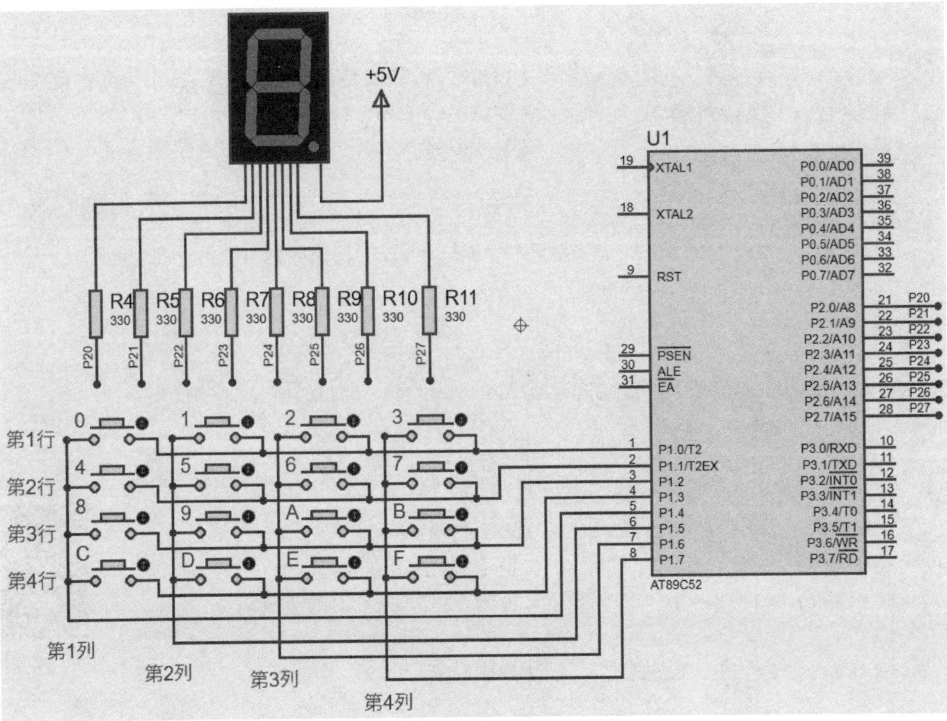

图 4.11 矩阵键盘仿真电路图

4.2.3.4 系统源程序设计

设计思想：在共阳极数码管上显示矩阵键盘按下的键值。

矩阵键盘键值的确定：本例矩阵键盘的接法和图 4.10 中的键盘接法相同，键值的确定方法也相同。采用扫描法，用优化程序代码“keyscan( )”扫描键盘，将键值存在变量 key 里。没有按键按下，key 设为 100；若 key 的值超出“0～15”的范围，则数码管上没有显示。

显示键值：只有一个数码管，直接将键值 key 对应的段码送给数码管(共阳极)的段码端 P2 口，只有键值 key 在“0～15”范围内，数码管显示相应的十六进制数“0～F”。

```
#include <reg52.h>
#define uchar unsigned char
#define uint unsigned int
uchar code seg[ ]={0xC0,0xF9,0xA4,0xB0,0x99,0x92,0x82,0xF8,
0x80,0x90,0x88,0x83,0xC6,0xA1,0x86,0x8E};  //共阳极 0～F 段码
uchar code keyvalue[ ]={0xEE,0xDE,0xBE,0x7E,0xED,0xDD,0xBD,0x7D,0xEB,0xDB,
0xBB,0x7B,0xE7,0xD7,0xB7,0x77};            //16 个按键编码
uchar key=100;                              //键号标志位,没有按键按下,初值 100
void keyscan( );                            //矩阵键盘扫描函数

/******************************主函数************************ ***
*****/
void main( )
{
while(1)
{
keyscan( );                   //扫描键盘,检测是否有按键按下,按下得到键值 key
if(key>=0&&key<=15)           //键值 key 在 0～15 范围内显示
P2=seg[key];                  //显示键号
}
}
/******************************按键扫描函数*********************
*********/
void keyscan( )
{
uchar key_scan[ ]={0xFE,0xFD,0xFB,0xF7}; //键扫描码
uchar i=0,j=0,temp;
for(i=0;i<4;i++)              //4 行按键,扫描 4 次
{
P1=key_scan[i];               //输出扫描码
temp=P1;                      //把 P1 状态送给中间变量
for(j=0;j<16;j++)             //检测 16 个按键,识别键号
{
if(keyvalue[j]==temp)         //判断键值
{
key=j;                        //得到闭合键键号
```

程序 9

```
        break;              //得到键号,退出 for 循环
        }
    }
  }
}
```

4.2.3.5 仿真设计

将程序编译生成 Hex 文件,加载到单片机中,单击运行按钮,运行效果图如图 4.12 所示,按键按下,数码管显示相应字符。

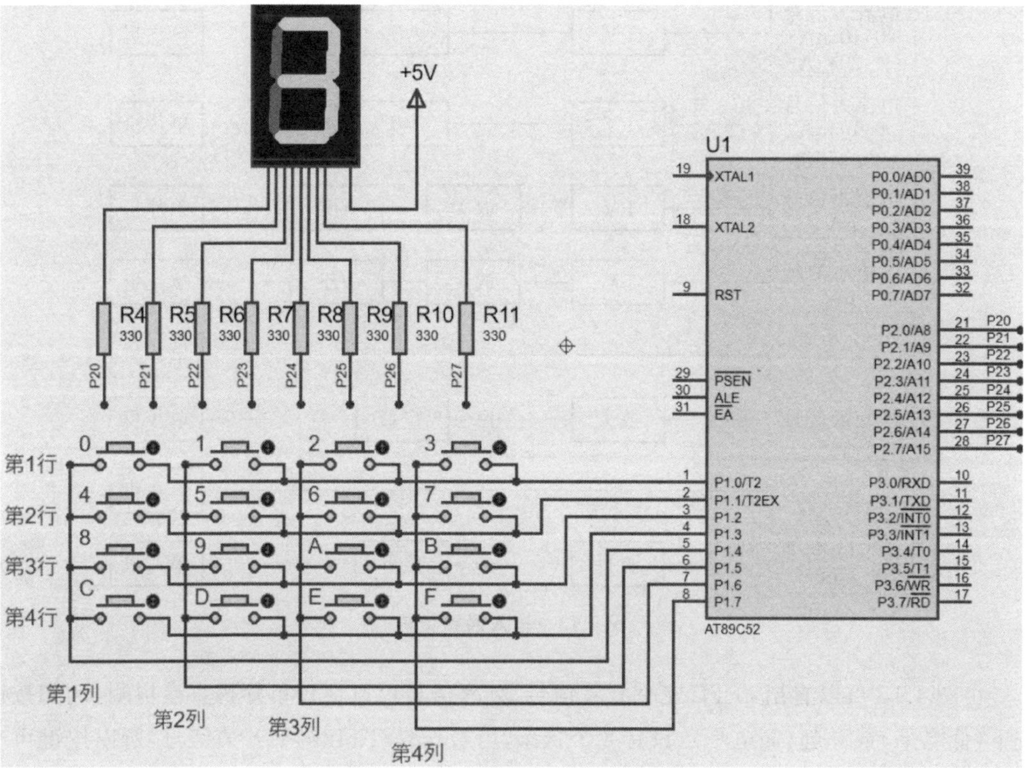

图 4.12　矩阵键盘仿真运行效果图

4.3 开关量信号检测

4.3.1 输入通路结构

单片机的 I/O 口只能检测高低电平,所以首先要将生活中的声、光、磁等物理量转换成电压、电流或频率等电信号,根据电信号的不同形式,需要选择不同的调理电路与单片机接口。输入通路结构如图 4.13 所示。

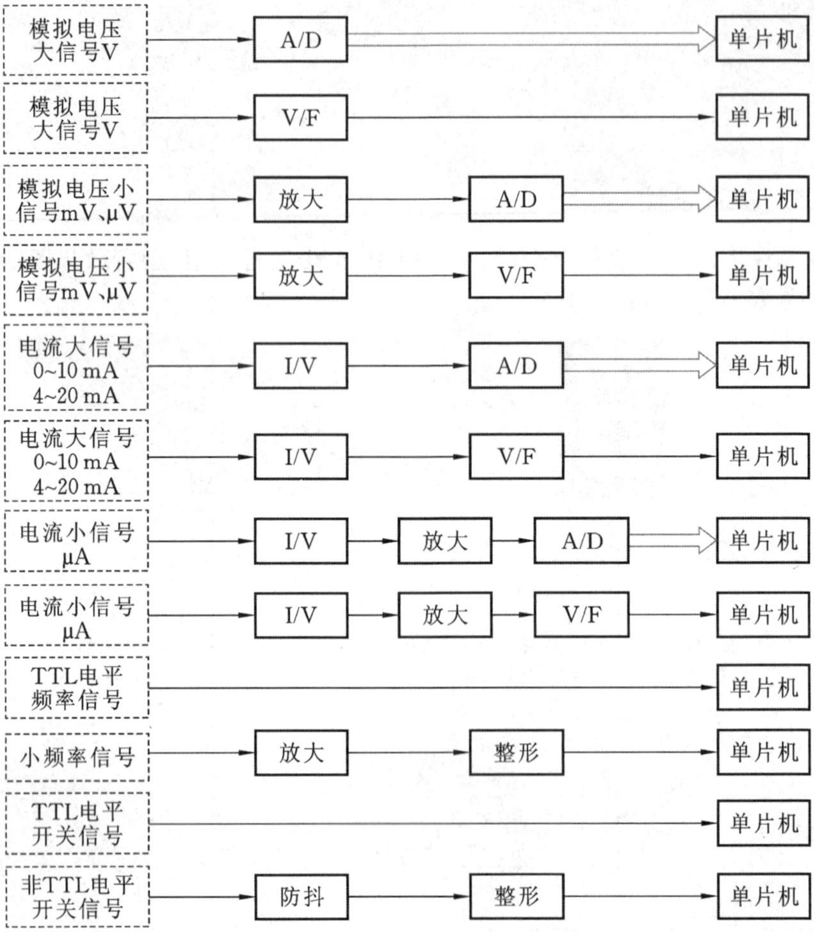

图 4.13 输入通路结构

由图 4.13 可以看出，TTL 电平开关信号、频率信号可以通过单片机直接检测，例如按键按下（低电平）或弹起（高电平），只有 2 个状态，可看作是 TTL 电平开关信号，所以按键可直接与单片机 I/O 口线相连。而电压、电流等模拟信号可根据需要，先经过模/数转换（A/D），转换为数字量后送入单片机。在有些场合，不需要电压、电流这些模拟信号的采样值时，可以根据需要将其转换为开关量送入单片机。本节通过简易汽车远光灯自动控制仿真实例介绍一种通过比较器将模拟量转换成开关量的检测方法。

4.3.2 项目十：简易汽车远光灯自动控制仿真实例

4.3.2.1 系统设计要求

通过光照传感器检测光照强度，正常情况下，白天光线强的时候，汽车远光灯不亮，晚上光线弱的时候开启远光灯，光照阈值通过电位器调节。

4.3.2.2 系统设计分析

硬件电路包括光信号检测电路以及汽车远光灯控制电路。在仿真电路中采用 ALS-PT19 模拟光照传感器，采用 LM393 比较器将 ALS-PT19 检测的模拟信号转换为开关量信号，LM393 的输出端与单片机的 P1.0 引脚连接，汽车远光灯采用 LED 进行模拟，与单片机的 P1.7 引脚连接。汽车远光灯自动控制仿真电路图如图 4.14 所示，电路中最小系统电路省略。

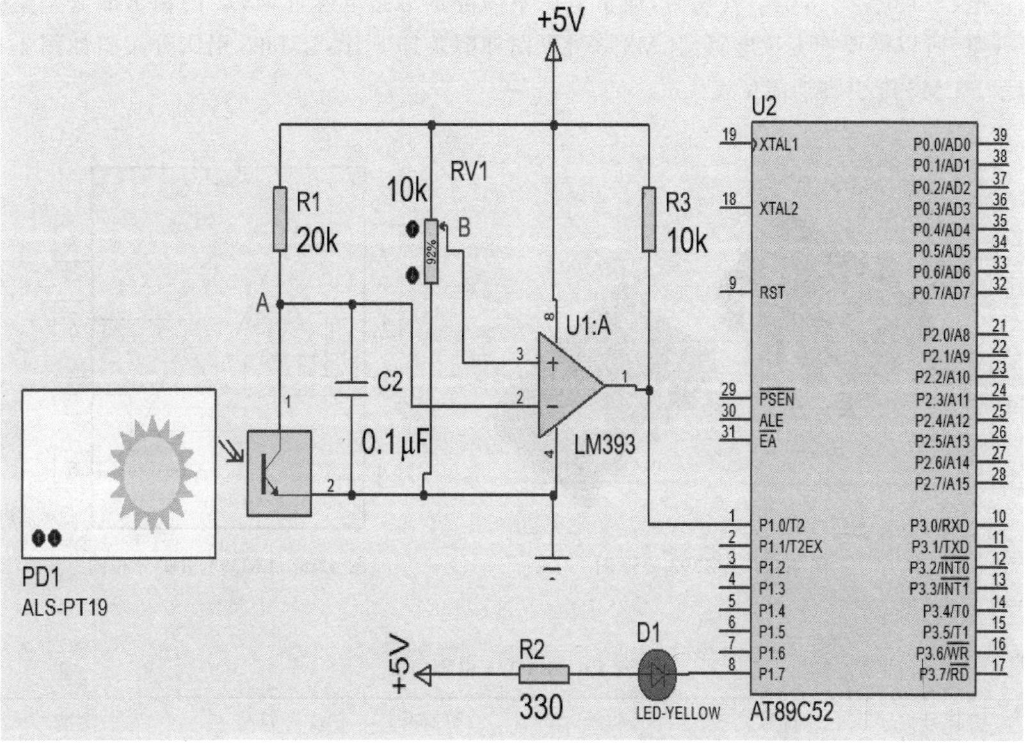

图 4.14 汽车远光灯自动控制仿真电路图

说明：在 Proteus 中单击“P”按钮挑选元器件 AT89C52、RES(电阻)、LED-YELLOW、ALS-PT19(光照传感器)、CAP(电容)、POT-HG(电位器)、LM393(比较器)。

4.3.2.3 系统原理图设计

图 4.14 电路的工作原理是：当光线很亮时，光电晶体管导通，电流随光照强度的增加而变大，则 A 点电压将变小，A 点电压加到比较器的反相端，随着光线强度的增加，光电晶体管的工作状态由放大区进入饱和区，A 点电位近似为低电平。同相端为电位器输出的阈值电压，只要反相端 A 点电压低于同相端 B 点电压，比较器就输出高电平。但当光线变弱时，电流减小，反相端 A 点电压将变大，随着光线的减弱，光电晶体管将截止，此时，A 点的电位为电源电压，即+5 V，只要反相端 A 点电压大于同相端 B 点电压，比较器就输出低电平。

电位器用来调整阈值。

比较器的输出连接到 P1.0 引脚，因此，当检测到 P1.0 引脚为低电平时，说明光线变暗，LED(远光灯)亮。当检测到 P1.0 引脚为高电平时，说明光线很亮（白天），LED（远光灯）不亮。

电路中采用光电晶体管将光信号转为电信号，再经过电压比较器将电压信号转换为高低电平的开关量信号。单片机通过检测比较器输出的开关量信号，就可以实现控制功能。

LM393 内部有 2 个独立的高精度电压比较器，可以单电源供电(2.0～36 V)，也可双电源供电(±1.0～±18V)。使用时，通常电源不需要加旁路电容，LM393 的输出部分是集电极开路，所以需要加上拉电阻。LM393 外形图如图 4.15 所示，LM393 引脚分布图如图 4.16 所示。LM393 引脚功能见表 4.6。

图 4.15　LM393 外形图

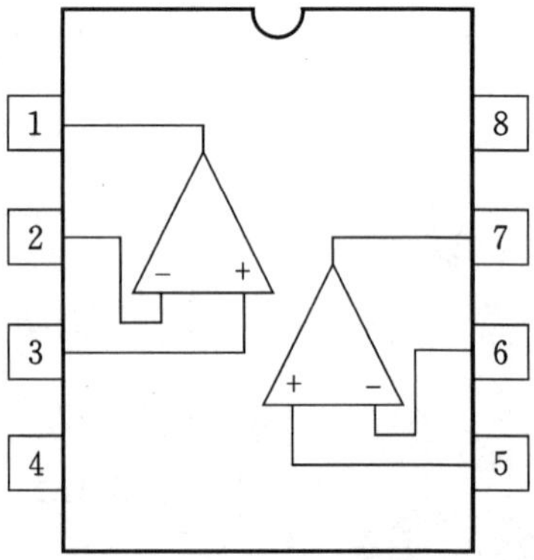

图 4.16　LM393 引脚分布图

表 4.6　LM393 引脚功能

引脚号	符号	功能	引脚号	符号	功能
1	OUTA	输出 A	5	INB+	同相输入端 B
2	INA−	反相输入端 A	6	INB−	反相输入端 B
3	INA+	同相输入端 A	7	OUTB	输出 B
4	GND	接地端	8	Vcc	电源电压

当比较器的同相端电压高于反相端电压，输出高电平。反之，当同相端电压低于反相端电压，输出低电平。

4.3.2.4　系统源程序设计

设计思想：根据光线强弱控制远光灯亮灭。

光线检测：P1.0 引脚检测到低电平时，说明光线变暗，LED 亮；P1.0 引脚检测到高电平时，说明光线很强，LED 灭。

LED 亮灭：P1.7 引脚输出高电平，LED 灭；P1.7 引脚输出低电平，LED 亮。

```
# include <reg52.h>
sbit led=P1^7;                          //远光灯
sbit light_ctrl=P1^0;                   //光检测输入端
void main( )
{
while(1)
{
if(light_ctrl==0)                       //低电平，光弱
led=0;                                  //光弱灯亮
else                                    //高电平，光强
led=1;                                  //光强灯不亮
}
}
```

程序 10

(5) 仿真设计

将程序编译生成 Hex 文件，加载到单片机中，单击运行按钮，运行效果图如图 4.17 所示。单击 ALS-PT19 的上下箭头，可调节光线的强弱；该器件有 10 个等级可供调节。通过仿真可以看到白天时，LED 是不亮的，当调节向下箭头时，由白天过渡到夜晚，则 LED 亮。在哪个等级 LED 亮，可通过调整电位器的上下箭头调整阈值。

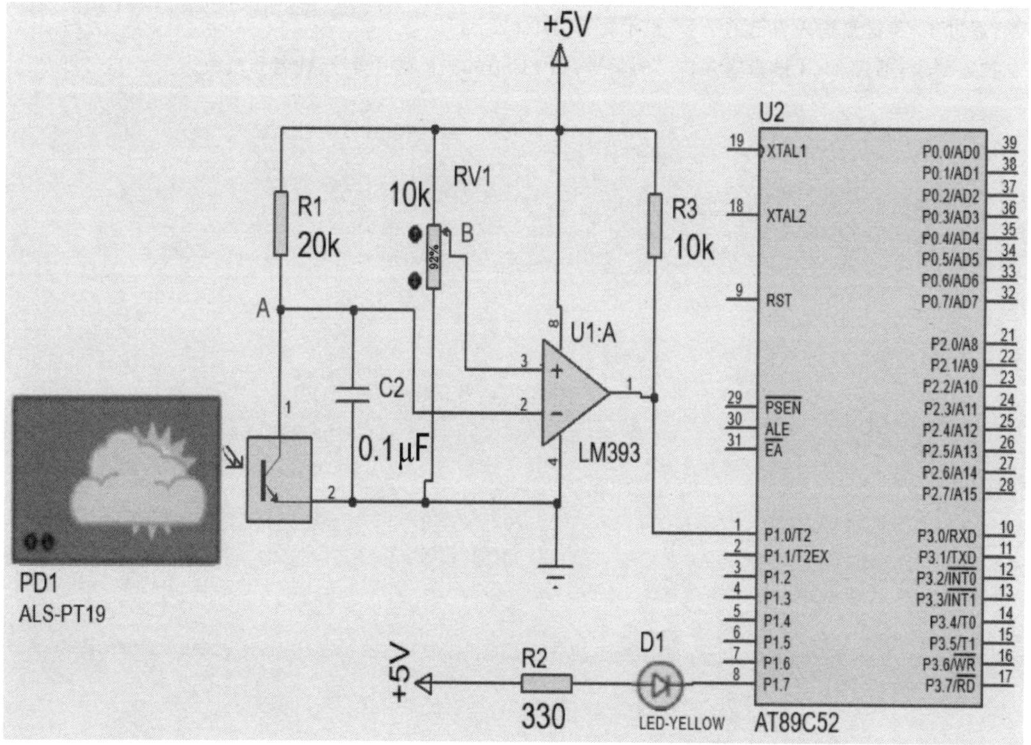

图 4.17 汽车远光灯自动控制仿真运行效果图

习　题

（1）设计任务：设计一个手动控制的彩灯控制器。在 Proteus ISIS 中绘制出原理电路，并编写软件调试通过。在单片机的 P1 口接 8 个 LED，P2.0～P2.3 接 4 个按键，记为 SB1～SB4。设计要求：按下 SB1，高 4 位灯亮，低 4 位灯灭；然后高 4 位灯灭，低 4 位灯亮，交替闪烁。按下 SB2，按照 P1.0～P1.7 顺序流水点亮。按下 SB3，按照 P1.7～P1.0 顺序流水点亮。按下 SB4，全灭。

扩展要求：按键功能为，SB1，彩灯全亮按键；SB2，彩灯模式加按键；SB3，彩灯模式减按键；SB4，彩灯全关按键，具体实现下述功能。

按下 SB1，8 个 LED 全部点亮。

按下 SB2，每按下 1 次模式加 1；自行设计每种模式的点亮方式(4 种)。

按下 SB3，每按下 1 次模式减 1；模式加 1 的 4 种倒序循环。

按下 SB4，8 个 LED 全部熄灭。

（2）设计任务：设计一个数码管数字显示器。在 Proteus ISIS 中绘制出原理电路，并编写软件调试通过。设计要求：设计 4×4 键盘，键号为“0～F”，按下按键，在 2 位数码管上显示相应键号的十进制表示“0～15”。

扩展要求：设计简易加法计算器，按下按键“0～9”，表示被加数，显示在数码管上；按下“A”表示加法，不显示；再按下按键“0～9”，表示加数，显示在数码管上(被加数清掉)；按下“B”，表示确认，在数码管上显示和；按下“C”，清除，可以重新开始。

（3）设计任务：设计一个学号显示器。在 Proteus ISIS 中绘制出原理电路，并编写软件调试通过。设计要求：通过 4×4 键盘输入自己的学号，显示在 LCD1602 上。

扩展要求：通过 4×4 键盘输入自己的学号，在 LCD1602 上显示学号、姓名和班级。

5 单片机的定时/计数器

5.1 T0 与 T1 的内部结构及工作原理

5.1.1 T0 与 T1 的内部结构

51 系列单片机有两个定时器 T0 和 T1，两个定时器分别由 TH0、TL0 和 TH1、TL1 两类特殊寄存器组成，每一个寄存器都是 8 位的，所以加起来定时器就是 16 位寄存器。而除了组成每个定时器本身的两个特殊功能寄存器外，还会有两个控制寄存器来实现对两个定时器的控制，它们分别是 TCON 和 TMOD 寄存器，这两个寄存器都是 8 位寄存器。51 系列单片机的内部结构如图 5.1 所示。

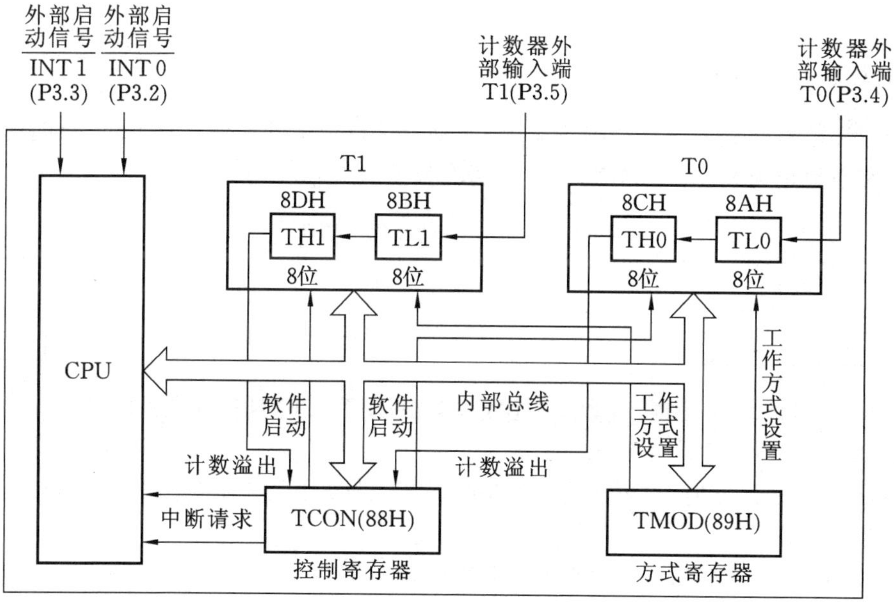

图 5.1　51 系列单片机的内部结构

每一个定时器都有两种工作模式：定时器以及计数器，无论是哪一种工作模式，定时器本质上是一个加法计数器，只不过计数器是外部输入脉冲，而定时器是内部产生的脉冲。

5.1.1.1 定时器工作模式

当选择定时器工作模式时，它的计数信号来自内部时钟信号，经历一次机器周期后定时器会计数一次，即定时时间＝计数值×机器周期。

作为定时器使用时，定时器计数 8051 单片机片内振荡器输出经过 12 分频后的脉冲个数，即：每个机器周期使定时器 T0/T1 的寄存器值自动累加 1，直到溢出，溢出后继续从 0 开始循环计数；所以，定时器的分辨率是时钟振荡频率的 1/12。

5.1.1.2 计数器工作模式

当选择计数器工作模式的时候，通过外部输入随时间变化的波形，每一个定时器都有一个对应的波形信号输入引脚。对于定时器 T1 来说，它的输入引脚是 P3.5，而对于定时器 T0 来说，它的输入引脚是 P3.4。它计数的模式是当信号发生负跳变时就记录一次。其计数的频率最高为内部振荡频率的 1/24。作为计数器使用时，通过引脚 T0(P3.4)或 T1(P3.5)对外部脉冲信号进行计数，当输入的外部脉冲信号发生从 1 到 0 的负跳变时，计数器的值就自动加 1。计数器的最高频率一般是时钟振荡频率的 1/24。

由此可知，不论是定时器还是计数器工作方式，定时器 T0 和 T1 均不占用 CPU 的时间，除非定时/计数器 T0 和 T1 溢出，才可能引起 CPU 中断，转而去执行中断处理程序。

5.1.2 T0 与 T1 的寄存器

5.1.2.1 TMOD

定时/计数器模式控制寄存器 TMOD 是一个逐位定义的 8 位寄存器，但只能使用字节寻址，其字节地址为 89H。TMOD 的 8 位寄存器见表 5.1。

表 5.1 TMOD 的 8 位寄存器

D7	D6	D5	D4	D3	D2	D1	D0
GATE	C/T	M1	M0	GATE	C/T	M1	M0

(1) D0～D3 为 T0 定时/计数器的设置，D4～D7 为 T1 定时/计数器的设置 。

(2) GATE：门控位。

软启动 GATE＝0 时，只要在编写程序时，使 TCON 中的 TR0 或 TR1 为 1，就可以启动定时/计数器工作。

硬启动 GATE＝1 时，不仅要在编写程序时，使 TCON 中的 TR0 或 TR1 为 1，且需要外部引脚也为高电平，才能工作。

(3) C/T：定时/计数模式切换，C/T＝0 时为定时模式，C/T＝1 时为计数模式。

(4) M1，M0：用来选择定时/计数器的工作方式，一般使用都是采用 16 位的定时计数器。定时/计数器工作方式见表 5.2。

表 5.2 定时/计数器工作方式

M1	M0	工作方式	说明
0	0	0	13 位计时计数器 (8192)
0	1	1	16 位计时计数器 (65536)
1	0	2	8 位计时计数器，可自动重新载入计数值(256)
1	1	3	作为两组独立的 8 位计时器(256，T0 和 T1 不能同时用)

5.1.2.2 TCON

TCON 控制寄存器，作用是控制定时器的启、停，标志定时器溢出和中断情况。TCON 的 8 位寄存器见表 5.3。

表 5.3 TCON 的 8 位寄存器

D7	D6	D5	D4	D3	D2	D1	D0
TF1	TR1	TF0	TR0	IE1	IT1	IE0	IT0

TF0：定时器 0 溢出标志。定时/计数器溢出时由硬件置位。该位可作为中断请求标志位，进入中断服务程序后由硬件自动清零。TF0=1 表示 T0 有中断产生。该位也可使用软件查询，但查询后，应用软件及时将该位清零。

TR0：TR0=1 表示 T0 开始运行。该位是启动 T0 的必要条件。

TF1：定时器 1 溢出标志。定时/计数器溢出时由硬件置位。该位可作为中断请求标志位，进入中断服务程序后由硬件自动清零。TF1=1 表示 T1 有中断产生。该位也可使用软件查询，但查询后，应用软件及时将该位清零。

TR1：TR1=1 表示 T1 开始运行。该位是启动 T1 的必要条件。

IE1：IE1=1 表示 INT1 有中断产生。

IT1：IT1=1 表示 INT1 为下降沿触发，IT1=0 表示 INT1 为低电平触发。

IE0：IE0=1 表示 INT0 有中断产生。

IT0：IT0=1 表示 INT0 为下降沿(负跳变)触发，IT0=0 表示 INT0 为低电平触发。

5.1.2.3 中断允许寄存器 IE(A8H)

IE 的 8 位寄存器见表 5.4。

表 5.4 IE 的 8 位寄存器

D7	D6	D5	D4	D3	D2	D1	D0
EA	—	ET2	ES	ET1	EX1	ET0	EX0

EA：整体中断允许位；EA=1 允许中断。

ET0：T0 中断允许位；ET0=1 允许中断。

ET1：T1 中断允许位；ET1=1 允许中断。

ET2：T2 中断允许位；ET2=1 允许中断(S52 才有)。

ES:串行中断允许位;ES=1 允许中断。

EX1:INT1 中断允许位;EX1=1 允许中断。

EX0:INT0 中断允许位;EX0=1 允许中断。

5.2 T0 与 T1 的工作方式

T0 有四种工作方式,T1 有三种工作方式,其中 T0 和 T1 的工作方式 0、方式 1 和方式 2 的逻辑结构相同。只不过 T0 的工作方式、工作模式和启动由 TMOD 的低 4 位决定,T1 的工作方式、工作模式和启动由 TMOD 的高 4 位决定。下面以 T0 为例介绍定时/计数器的工作过程。

5.2.1 工作方式 0

工作方式 0 仅作为定时器,自动重载。工作情景一般用于周期性的定时任务,产生固定时间间隔的中断。工作方式 0 为 13 位定时/计数器(TMOD=0x00),T0 用 TH0(8 位)和 TL0 的低 5 位,T1 用 TH1(8 位)和 TL1 的低 5 位,最大计数值为 $2^{13}=8192$。

工作方式 0 内部结构如图 5.2 所示。

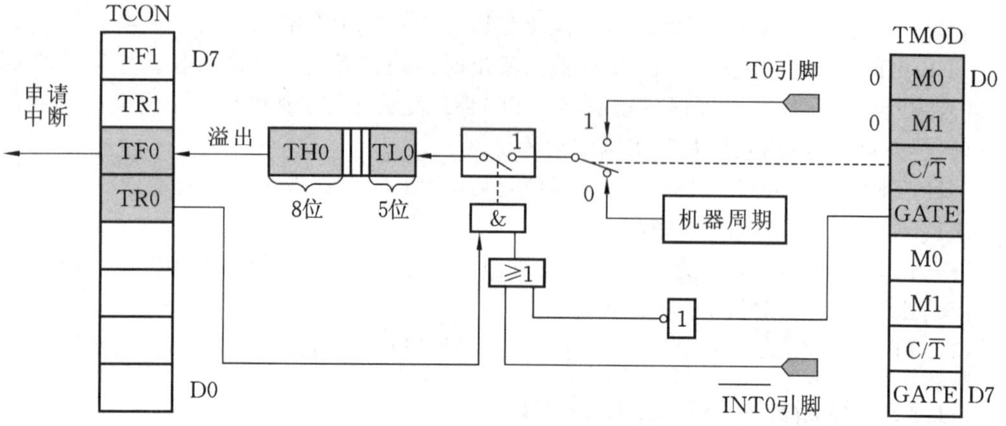

图 5.2 工作方式 0 内部结构

工作方式 0 设置的时候 M1M0 为 00,其只会使用到 TL0 的低 5 位和 TH0 的高 8 位,所以一共只会使用到 13 位。该方式中如果低 5 位有溢出,那么进位会直接给到高 8 位,也就是说 TL0 相当于高 3 位几乎没有作用。可以在 TH0 也计数满的时候直接设置触发中断。

当 GATE=0 经过反相器,为 1,经过或门还是为 1,再经过与门(此时等于多少由 TR0 来控制),当 TR0=1 时导通,开始计数,否则不导通。

当 GATE=1 经过反相器,为 0,此时还得看 INT0 引脚,若为 1,经过或门为 1(否则为 0,计时器就开启不了),再经过与门(此时结果为多少就由 TR0 来控制),当 TR0=1 时导通,开始计数。

定时器模式：$N=t/T_{cy}$，计数初值计算方式为 $X=2^{13}-N$。

(1) 最大定时的方法

假如单片机的时钟振荡器可产生 12 MHz 的时钟脉冲信号，它经过 12 分频后得到 1 MHz 的脉冲信号，每个脉冲的持续时间为 1 μs。如果定时器 T0 对 1 MHz 的信号进行计数，当计到 8192 时，将需要 8192 μs，也即 8.192 ms。8.192 ms 后定时器计数达到最大值，会溢出而输出一个中断请求信号去中断系统，中断系统接收中断请求后，执行中断子程序。

(2) 任意定时的方法

在最大定时方法中，定时器只有在 8.192 ms(8192 μs)后计数达到最大值时才会溢出，如果需要不到 8.192 ms 定时器产生溢出(如 100 μs)，可以对定时器预先进行置数。将定时器初始值置为 8192，8192 μs－100 μs＝8092 μs＝8092×1 μs 。这样定时器就会从 8092 开始计数，当计到 8192 时，定时器定时就为 100 μs 而产生一个溢出信号。8092 可用 16 位二进制数来表示：8092＝1111 1100 ×××1 1100B＝FC1CH

计数器模式：计数脉冲是 T0 引脚上的外部脉冲。

【例 5.1】 T0 工作方式 0 定时 1 ms，求 T0 初值，并写出赋值指令，晶振频率 12 MHz。

解：

8.192 ms－1 ms＝7.192 ms＝7192 μs＝7192×1 μs，$X=7192$，可用 16 位二进制数来表示：7192＝1110 0000 ×××1 1000B＝E018H

TH0＝0xE0；

TL0＝0x18；

5.2.2 工作方式 1

工作方式 1 仅作为定时器，手动重载。工作情景：用于需要更长时间跨度的定时任务，由软件手动控制定时器的重装值。工作方式 1 是 16 位定时/计数器（TMOD＝0x01）。方式 1 和方式 0 几乎类似，不过它使用到了 TH*x* 和 TL*x* 的全部 8 位。

定时器模式：$N=t/T_{cy}$，计数初值计算方式为 $X=2^{16}-N=65536-N$。

工作方式 1 内部结构如图 5.3 所示。

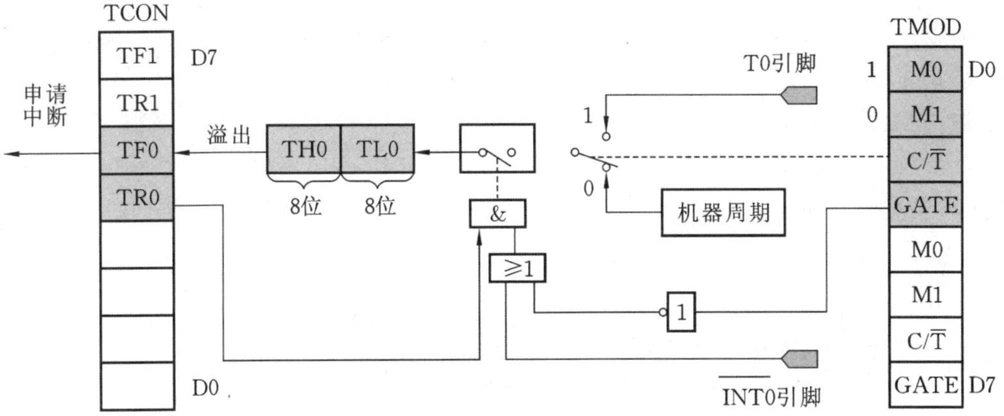

图 5.3 工作方式 1 内部结构

(1) 最大定时的方法

假如单片机的时钟振荡器可产生 12 MHz 的时钟脉冲信号,它经过 12 分频后得到1 MHz 的脉冲信号,每个脉冲的持续时间为 1 μs。如果定时器 T0 对 1 MHz 的信号进行计数,当计到 65536 时,将需要 65536 μs,也即 65.536 ms。65.536 ms 后定时器计数达到最大值,会溢出而输出一个中断请求信号去中断系统,中断系统接收中断请求后,执行中断子程序。

(2) 任意定时的方法

在最大定时方法中,定时器只有在 65.536 ms 后计数达到最大值时才会溢出,如果需要不到 65.536 ms 定时器产生溢出(如 1 ms),可以对定时器预先进行置数。将定时器初始值置为 64536,65.536 ms－1 ms＝64.536 ms＝64536 μs＝64536×1 μs 。这样定时器就会从 64536 开始计数,当计到 65536 时,定时器定时就为 1 ms 而产生一个溢出信号。64536 可用十六进制数来表示:64536＝FC18H。

我们想利用的时间都是 1 s、2 s 这种,而不是 65.536 ms,如果能让开始计时到 TF0 置 1 这个时间变成 50 ms,就能够通过几次计数溢出达到计时 1 s 的目的,这就用到了初值的计算。

由之前的分析可知,单次计时最长为 65.536 ms,以单次定时 50 ms(0.05 s)为例,需要 20 次可以定时 1 s。假设开始计时时 16 位定时器的初值为 x,由于单片机定时固定到达 65536 溢出,那么(65536－x)×12/12 MHz＝0.05 s,可计算得到 x＝15536。化为十六进制为 3CB0。那么 TH0＝0x3C,TL0＝0XB0。

【例 5.2】 T1 工作方式 1 定时 50 ms 溢出,求 T1 初值,并写出初始化语句,晶振频率 12 MHz。

解:设初值为 x,TMOD＝0001 0000B＝0x10

晶振频率 12 MHz,机器周期 1 μs,65.536 ms－50 ms＝15.536 ms＝15536×1 μs,初值 x＝15536,转换成十六进制为 3CB0H。

```
void T1_init()
{
    TMOD=0x10;                    //T1、方式 1、定时器
    TH1=(65536-50000)/256;        //定时 50 ms,商放 TH1,也可写成 TH1=0x3C
    TL1=(65536-50000)%256;        //余数放 TL1,TL0= 0xB0
    TR1=1;                        //启动 T1
}
```

例 5.3 T0 工作方式 1,软启动,作为计数器使用,每计 100 个脉冲溢出,计算初值,并写出初始化语句,晶振频率 12 MHz。

解:TMOD＝0000 0101B＝0x05

晶振频率 12 MHz,机器周期 1 μs,65.536 ms＝65536 μs,65536 μs－100 μs＝65436 μs,x＝65436,转换成十六进制为 FF9CH。

```
void T1_init()
{
    TMOD=0x05;                    //T0、方式 1、计数器
    TH0=(65536-100)/256;          //定时 50 ms,商放 TH0
    TL0=(65536-100)% 256;         //余数放 TL0
    TR0=1;                        //启动 T0
}
```

5.2.3　工作方式 2

工作方式 2 作为定时器,并在中断处理程序中自动重装初值。工作方式 2 是 8 位自动重装定时/计数器 (TMOD=0x02),工作方式 2 适用于需要周期性定时任务,且中断处理程序需要花费较长时间的情况。

工作方式 2 内部结构如图 5.4 所示。

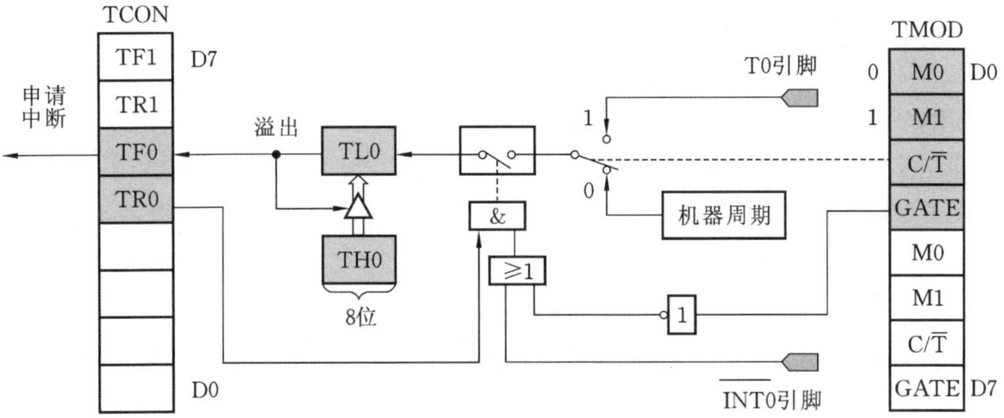

图 5.4　工作方式 2 内部结构

工作方式 2 是一个特殊的工作方式,它只用 TLx 的原因是想要设置一个自动初值的机理,之前设置完初值后,计数器会在已经有初值的基础上继续往上增加,那么这样势必会改变原来的内容,那么就需要每一次定时都要重新设置一次初值。为了解决这个问题,工作方式 2 出现了,它的工作方式是会将 THx 作为一个常数缓冲器,当计数溢出时就会自动将 THx 里面的初值填充到 TLx 中。它可以实现每次溢出自动填充,免去重新赋值的代码带来的冗余工作时间,但是同时也减少了定时上限。

以 T0 为例来介绍工作方式 2 的工作原理,在工作方式 2 中,TH0 只起到为 TL0 重装初值的作用,并不参与计数。当 TL0 计数到全为 1 时再有一个脉冲就会触发溢出,TL0 的溢出不仅使 TF0 置 1(TF0 置 1 是一个信号),而且将 TH0 内容重新装入 TL0,TH0 内容由代码设置,重装时值不变,然后进行新一轮的定时,这就是工作方式 2 自动重装初值。

工作方式 2 初值的计算方式和方式 1 相同,与方式 1 不同的是:由于方式 2 只有 TL0 计数,最多可以计 256 个脉冲(8 位从全 0 变为全 1),单次定时最长也就只有 0.256 ms(方式 1 为 65.536 ms)

【例 5.4】 T0 工作方式 2,软启动,作为计数器使用,定时 0.2 ms,计算初值,并写出初始化语句,晶振频率 12 MHz。

解:单次定时时间为 0.2 ms,设初值为 x。

0.256 ms−0.2 ms=0.056 ms=56 μs=56 * 1 μs,$x=56$,化为十六进制为 0x38,则 TH0 和 TL0 的初值均为 0x38。

```
void T1_init()
{
    TMOD=0x02;
    TH0=0x38;
    TL0=0x38;        //这两处由于是自动重装初值,所以单次定时结束后不需要再赋值
    TR0=1;
}
```

5.2.4 工作方式 3

工作方式 3 是两个 8 位定时/计数器一起工作(TMOD=0x03)。工作方式 3 适用于需要同时进行两个定时任务或频率测量的情况。

方式 3 只在定时器 0 里面有,当 T1 作为波特率发生器时才使用到,这个后面再学习。

工作方式 3 内部结构如图 5.5 所示。

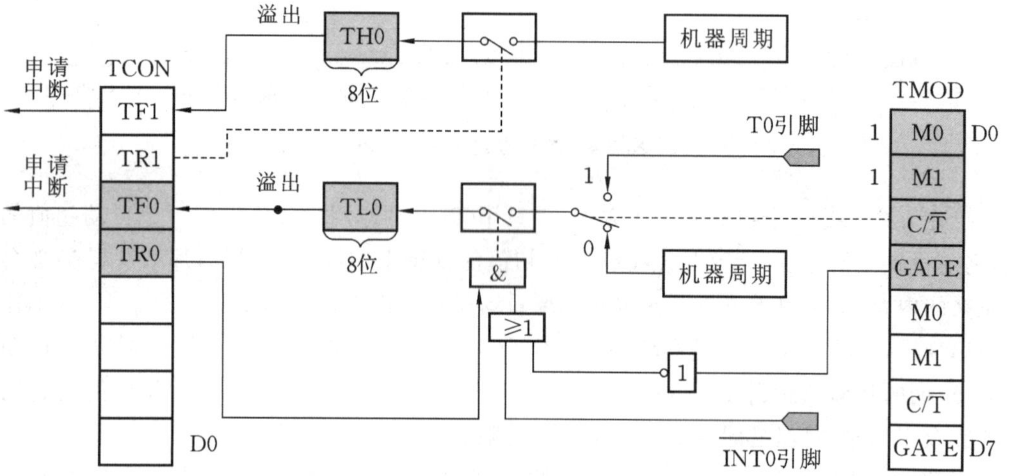

图 5.5 工作方式 3 内部结构

5.2.5 定时/计数器的应用步骤

通过上述分析,可以得到定时/计数器编程的步骤。

(1) 初始化 TMOD,选用 T0、T1,设置定时或计数模式、工作方式。

(2) 计算初值,给 THx、TLx 装入初值。

(3) 启动定时器。

(4) 确定溢出处理方式,即中断或查询。

① 中断方式,初始化 T0 或 T1 的中断系统,编写中断服务函数。

```
void TX_init()
{
    ETx=1;
    PTx=1/0;
    EA=1;}
void TX_int() interrupt n //T0 (n=1) T1(n=3)
{
    //方式 0、方式 1 和方式 3 重装初值,方式 2 不需要重装初值;
    处理定时时间到或计满溢出后的操作语句;
}
```

② 查询方式,采用等待 TF0 或 TF1 是否为 1 的语句。

例如:

```
while(TFx==0)
TFx=0;
THx=初值;TLx=初值;     //方式 0、方式 1 和方式 3 重装初值,方式 2 不需要重装初值;
处理定时时间到或计满溢出后的操作语句;
```

5.3 定时器的仿真实例

5.3.1 项目十一:定时 1 s 交替闪烁仿真实例

5.3.1.1 系统设计要求

设单片机晶振频率为 12 MHz,使用定时/计数器 0 作为延时控制,要求两灯 P0.0 和 P0.1 之间按 1 s 交互闪烁,以查询方式完成。

5.3.1.2 系统设计分析

最小的单片机系统+灯 1(P0.0)+灯 2(P0.1)。

两灯之间按 1 s 互相闪烁。定时/计数器 0 工作方式如何选择?

由于定时器直接延时的最大时间 $T_{max}=65536\ \mu s=65.536\ ms$,为延时 1 s,必须采用循环计数方式实现。

方法为:定时器设延时 50 ms(初始值应为:15536 μs),单片机内部寄存器加 1,然后定时器重新延时,当内部寄存器计数达 20 次时,表示延时 1 s。使用定时器 T0 工作在方式 1,延时 50 ms,初始值 TMOD 为 01H,TH0 为 3CH,TL0 为 B0H。

15536=0011 1100 1011 0000B=3CB0H

5.3.1.3 系统原理图设计

定时 1 s 交替闪烁原理图如图 5.6 所示。

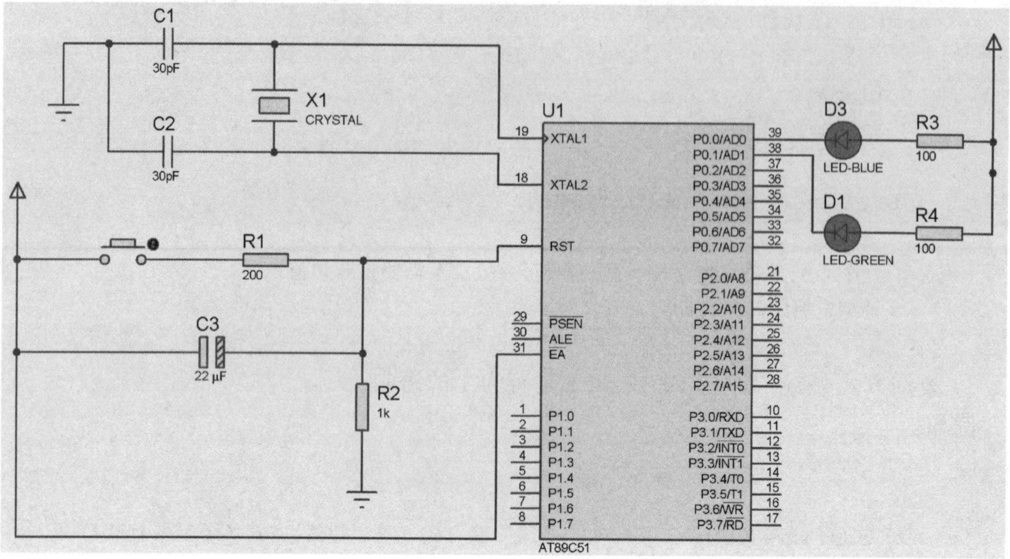

图 5.6　定时 1 s 交替闪烁原理图

5.3.1.4　系统源程序设计

程序 11

```
# include"reg51.h"
# define uint unsigned int
# define uchar unsigned char
sbit P0_0=P0^0;
sbit P0_1=P0^1;
uint t=0;
void main(void)
{    TMOD=0x01;              //选择方式 1
    TH0=0x3C;                //定时时间为 50 ms,12 MHz 的晶振
    TL0=0xB0;
    TR0=1;                   //启动 TR0,选用方式 1
    P0_0=1;
    P0_1=0;
       while(1)
       {    if(TF0==1)
       {    t+ + ;TF0=0;
           if(t==20)
           {    t=0;P0_0=~P0_0;P0_1=~P0_1;
           }
       TH0=0x3C;
       TL0=0xB0;
    }
    }
}
```

5.3.1.5 仿真运行

定时 1 s 交替闪烁仿真运行图如图 5.7 所示。

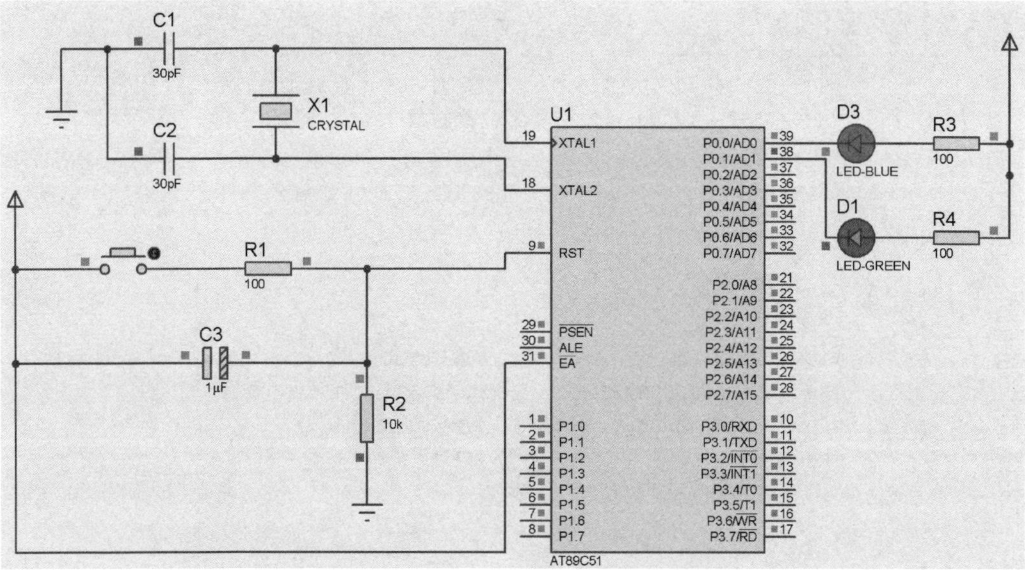

图 5.7 定时 1 s 交替闪烁仿真运行图

5.3.2 项目十二：方波信号发生器仿真实例

5.3.2.1 系统设计要求

产生频率为 50 Hz 的方波信号，系统晶振为 12 MHz。

5.3.2.2 系统设计分析

频率为 50 Hz 的方波信号，脉冲信号一个周期是 1/50 Hz＝0.02 s＝20 ms，高电平 10 ms后变为低电平 10 ms 循环而成。

5.3.2.3 系统原理图设计

方波信号发生器原理图如图 5.8 所示。

5.3.2.4 系统源程序设计

查询方式：

```
# include"reg51.h"
# define uint unsigned int
# define uchar unsigned char
sbit P20=P2^0;
void T0_init();
```

程序 12

```
    void main(void)
{
    T0_init();
    while(1)
    {
        while(TF0==0);
        TH0=(65536-10000)/256;        //定时 50 ms,商放 TH0
        TL0=(65536-10000)% 256;       //余数放 TL0
        P20=! P20;
        TF0=0;
    }
}
void T0_init()
{
        TMOD=0x01;                    //选择方式 1
        TH0=(65536-10000)/256;        //定时 50 ms,商放 TH0
        TL0=(65536-10000)%256;        //余数放 TL0
        TR0=1;                        //启动 T0
}
```

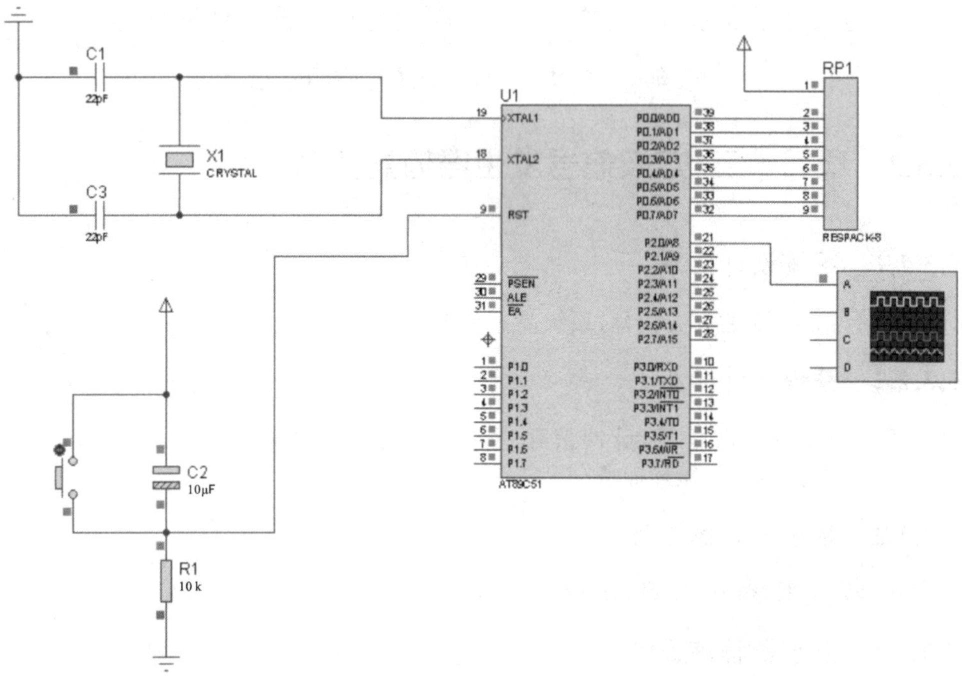

图 5.8　方波信号发生器原理图

中断方式:

```
# include"reg51.h"
# define uint unsigned int
# define uchar unsigned char
sbit P20=P2^0;
```

```
void T0_init();
void main(void)
{
    T0_init();
    while(1);
    }

void T0_init()
{
    TMOD=0x01;                    //选择方式 1
    TH0=(65536-10000)/256;        //定时 50 ms,商放 TH0
    TL0=(65536-10000)% 256;       //余数放 TL0
    TR0=1;                        //启动 T0
    ET0=1;
    EA=1;
    }

    void T0_int() interrupt 1

    {
        TH0=(65536-10000)/256;    //定时 50 ms,商放 TH0
        TL0=(65536-10000)% 256;   //余数放 TL0

        P20=! P20;

    }
```

5.3.2.5 仿真运行

方波信号发生器仿真运行图如图 5.9 所示。

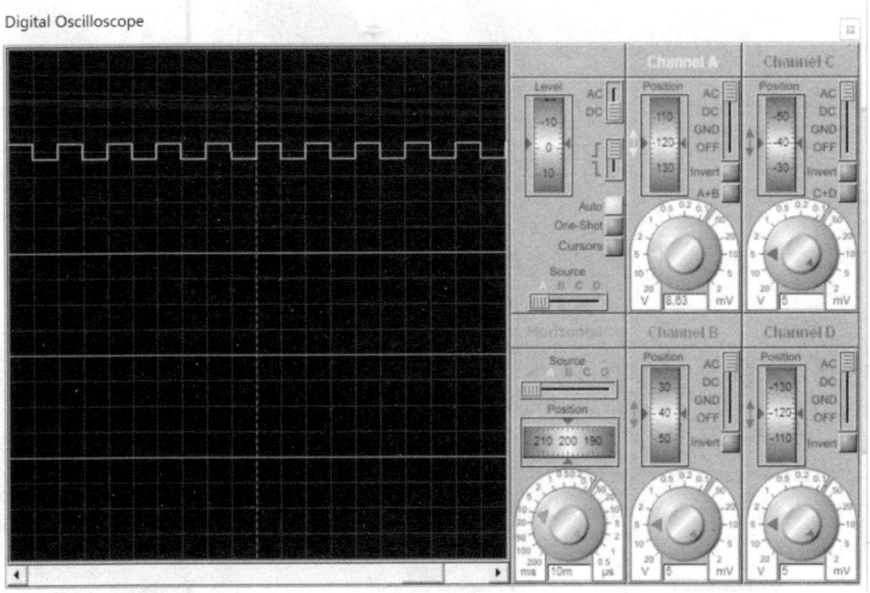

图 5.9 方波信号发生器仿真运行图

5.3.3　项目十三：输出 PWM 波形仿真实例

5.3.3.1　系统设计要求

利用示波器分别输出 25%、50%的 PWM 波形。

5.3.3.2　系统设计分析

在 Proteus 左侧工具栏中找到一个“仪表”图标，鼠标停留在该图标上会提示“Virtual Instruments Mode”，点击该图标会显示出一个“INSTRUMENTS”的界面，选择“OSCILLIOSCOPE”即“示波器”。

5.3.3.3　系统原理图设计

输出 PWM 波形原理图如图 5.10 所示。

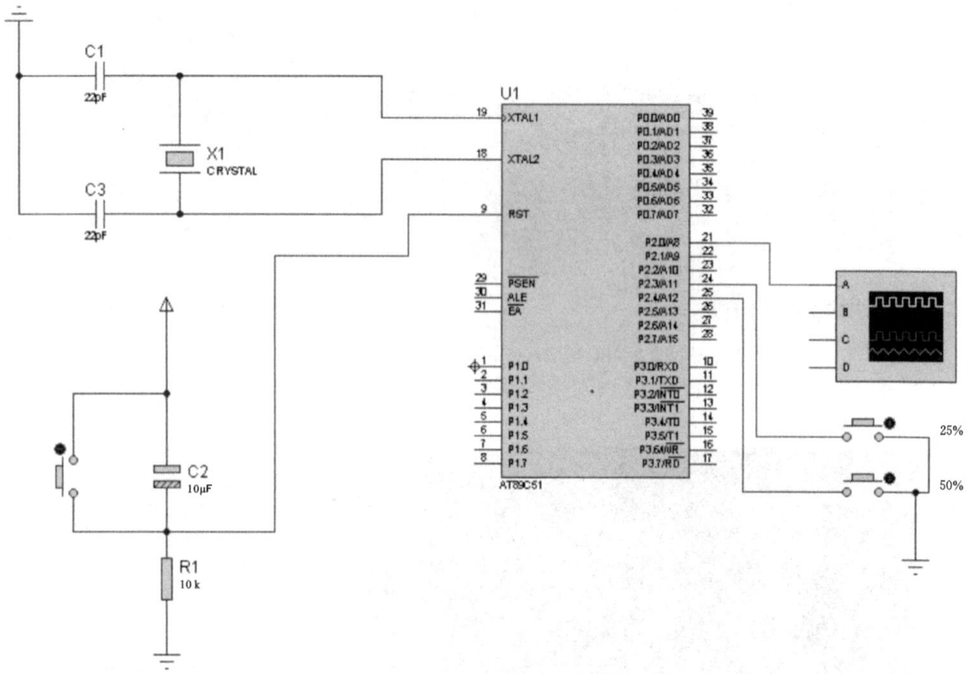

图 5.10　输出 PWM 波形原理图

5.3.3.4　系统源程序设计

```
# include"reg51.h"
# define uint unsigned int
# define uchar unsigned char
sbit P20=P2^0;
sbit key1=P2^3;
sbit key2=P2^4;
```

程序 13

```
void T1_init();
uchar keyscan();
uchar count=0;
uchar num=0;

void delay(uint dat)
{
    uint i,j;
     for(j=dat;j>0;j--)
     for(i=110;i>0;i--);
}

void main()
{
    T1_init();
    while(1)
    {
    keyscan();
    }
                }
void T1_init()
{   TMOD=0x20;          //选择方式 2
    TH1=256-100;
    TL1=256-100;
    TR1=1;              //启动 T1
    ET1=1;
    EA=1;}
void T1_int() interrupt 3
    {count++;
    if(count>=200)
    {count=0;}
    if(count<num)
    {P20=1;}
    else
    {P20=0;}
}
    uchar keyscan()
    {
    if(key1==0)
```

```
        {
        delay(5);
            if(key1==0)
                num=50;          //200×25%
            while(! key1);
    }
      if(key2==0)
    {
    delay(5);
        if(key2==0)
            num=100;             //200×50%
        while(! key2);
        }
        return num;
    }
```

程序分析:采用工作方式 2,由于定时器直接延时的最大时间 $T_{max}=256\ \mu s$,假设每次定时 100 μs,示波器输出的波形一个周期为 100 μs×200 次=20 ms。程序中采用 num 变量存储定时器溢出的次数,一个周期溢出的次数最多为 200 次,输出 25%的波形,num 变量=200×25%=50,输出 50%的波形,num 变量=200×50%=100。

5.3.3.5 仿真运行

输出不同占空比的 PWM 波形图如图 5.11 和图 5.12 所示。

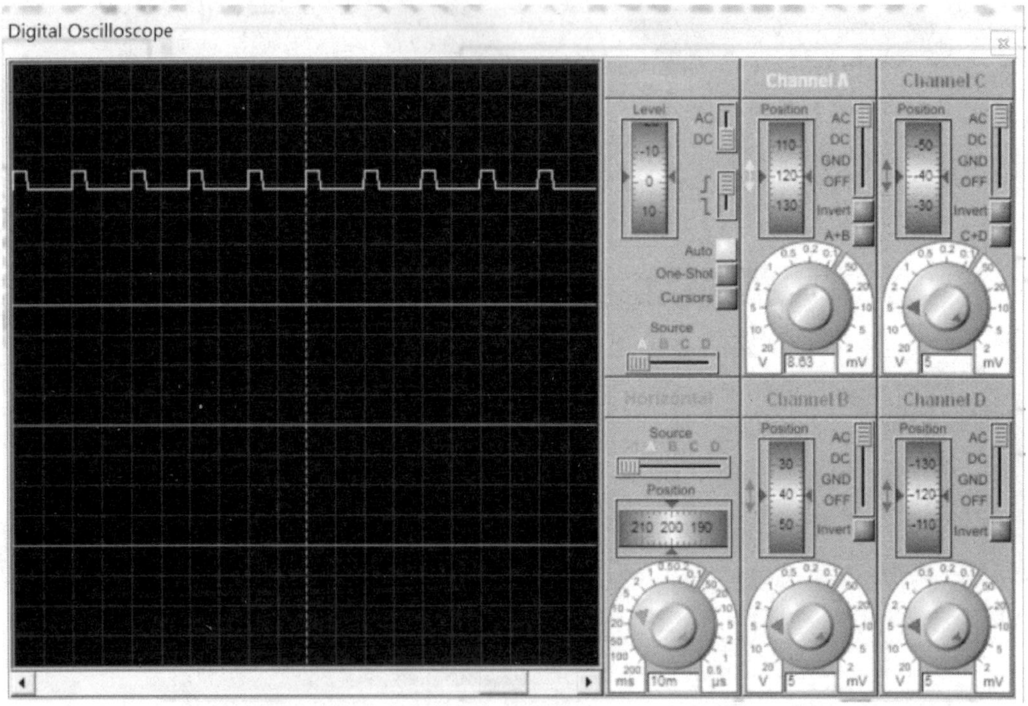

图 5.11 输出占空比 25%的 PWM 波形图

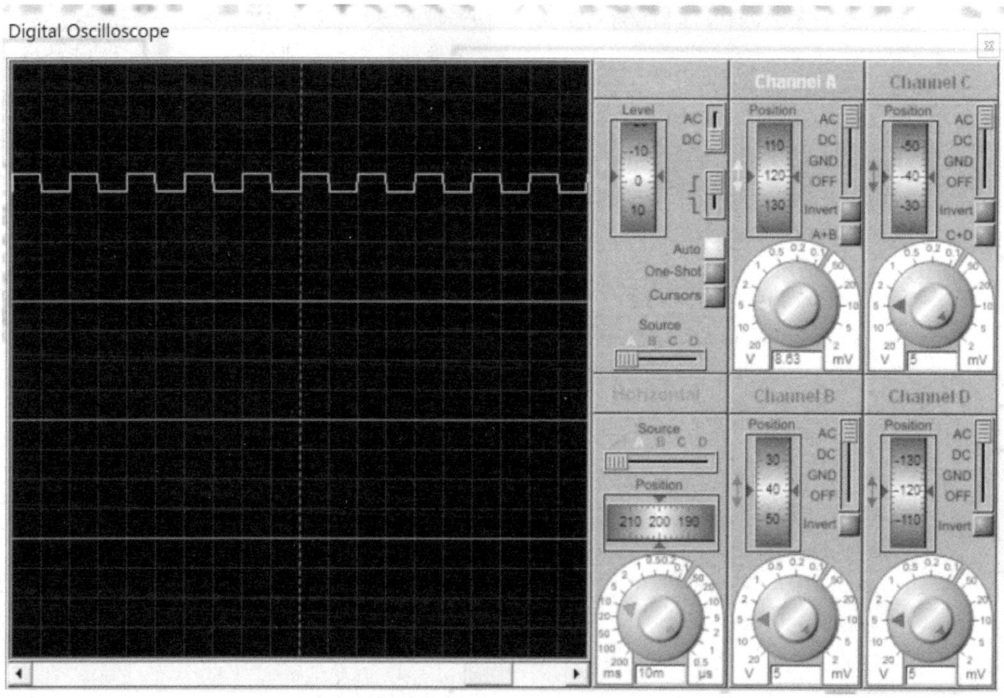

图 5.12 输出占空比 50%的 PWM 波形图

5.3.4 项目十四:秒表

5.3.4.1 系统设计要求

制作一个 LED 数码管显示的秒表,用 2 位数码管显示计时时间,最小计时单位为百毫秒,计时范围为 0.0～9.9 s,按下第一次按键开始计时,第二次暂停,第三次秒表清零,如果计时到 9.9 s,重新开始从 0 计时。

5.3.4.2 系统设计分析

这里用的是共阳极数码管 7SEG-MPX1-CA,在 Proteus 中为 CA,代表共阳极。

5.3.4.3 系统原理图设计

秒表原理图如图 5.13 所示。

5.3.4.4 系统源程序设计

```
# include <reg51.h>
typedef unsigned int uint;            //定义无符号整型和字符型
typedef unsigned char uchar;
uchar led[]={0xc0,0xf9,0xa4,0xb0,0x99,0x92,0x82,0xf8,0x80,0x90};
                                      //共阳极数码管 0-9
```

程序 14

```
uchar led1[]={0x40,0x79,0x24,0x30,0x19,0x12,0x02,0x78,0x00,0x10};
                                        //共阳极数码管 0-9 加小数点
uchar second;                           //秒数
uchar key;                              //按键次数
uint t;                                 //用来计数,每 500,代表 0.1s
sbit keyif=P3^7;                        //按键接口
void delay(){                           //延时函数,用于消除抖动
    uchar i,j;
    for(i=0;i<255;i++){
        for(j=0;j<100;j++);
    }
}
void init(void)                         //初始化
{
    TMOD=0x02;                          //0000 0010 使用工作方式 2
    second=0;                           //秒数初始化为 0
    EA=1;                               //总中断,定时器 0 中断允许
    ET0=1;                              //允许定时器 0 中断
    key=0;                              //按键次数初始化为 0
    t=0;                                //计数初始化为 0
}
void main(){
    init();
    P0=led1[second/10];
    P2=led[second%10];
    while(1){
        if(keyif==0){
            delay();                    //消除抖动
            if(keyif==0){
                key++;
            switch(key){
                case 1:                 //按一次,计时器开始
                    TH0=0x38;
                    TL0=0x38;           //200 μs,也就是 0.2 ms
                    TR0=1;
                    break;
                case 2:                 //按两次,暂停定时器
                    t=0;
                    TR0=0;
                    break;
                case 3:                 //按三次,停止计时,数据清零
                    key=0;
                    second=0;
                    P0=led1[0];
                    P2=led[0];
```

```
                        break;
                }
            while(keyif==0);              //若一直按下,使其停留
            }
        }
    }
}
void timer() interrupt 1
{
    TR0=0;                                //停止计时
    t++;
    if(t==500){
        second++;
        P0=led1[second/10];
        P2=led[second% 10];
        t=0;
    }
    if(second==99){                       //当计数到 9.9 s,重新开始计时
        second=0;
        key=1;                            //相当于重新开始计时
}
    TR0=1;                                //继续启动计时器
    }
```

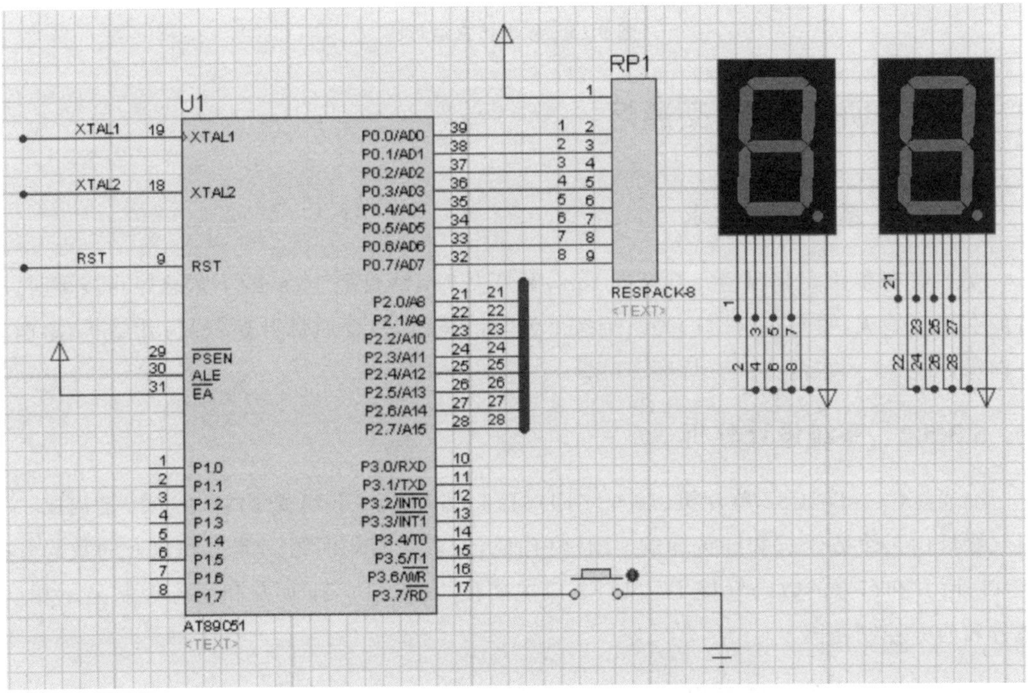

图 5.13　秒表原理图

5.3.4.5 仿真运行

秒表仿真运行图如图 5.14 所示。

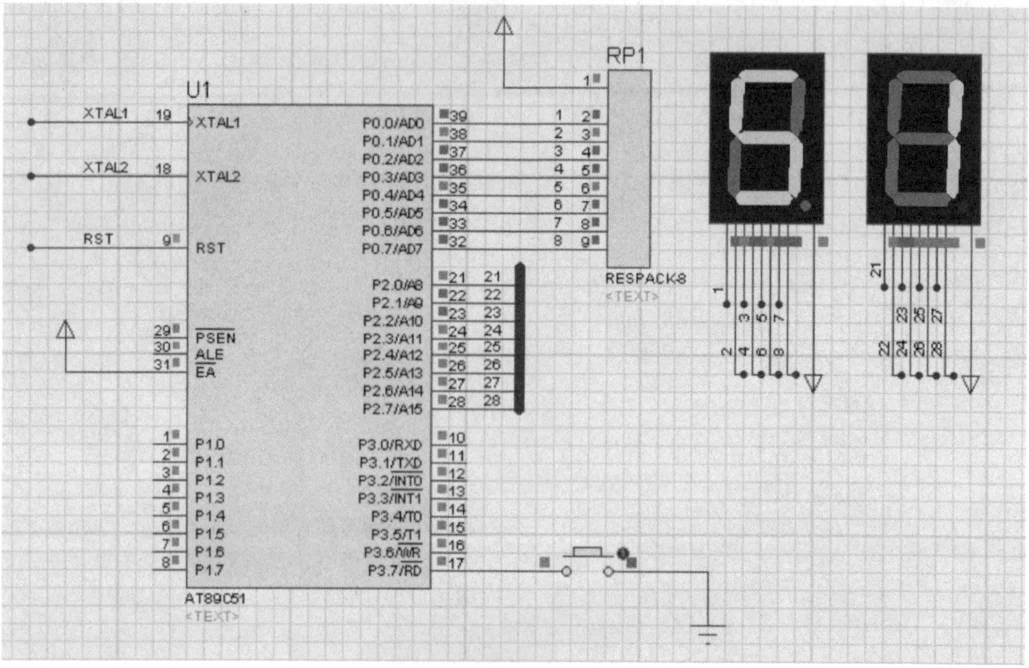

图 5.14 秒表仿真运行图

5.3.5 项目十五:交通灯

5.3.5.1 系统设计要求

交通灯有东西南北四组。红灯亮 15 s,黄灯亮 3 s,绿灯亮 12 s,按下紧急停止按键时,所有的交通灯熄灭,紧急灯(红灯)亮。当按下恢复的按钮时,交通灯开始恢复:开始状态,南北方向绿灯亮 12 s,东西方向红灯亮 15 s。

5.3.5.2 系统设计分析

交通灯由 AT89C52 单片机、13 个 LED 灯、4 个 7SEG-COM 数码管、2 个按键构成。一组红绿灯由一个数码管和红黄绿的 LED 灯构成,有东西南北四组。北方和南方的数码管接 P2 口,西方和东方的数码管接 P0 口,P3 口主要接 LED 灯。即北方和南方控制显示相同,东方和西方控制相同。

5.3.5.3 系统原理图设计

交通灯原理图如图 5.15 所示。

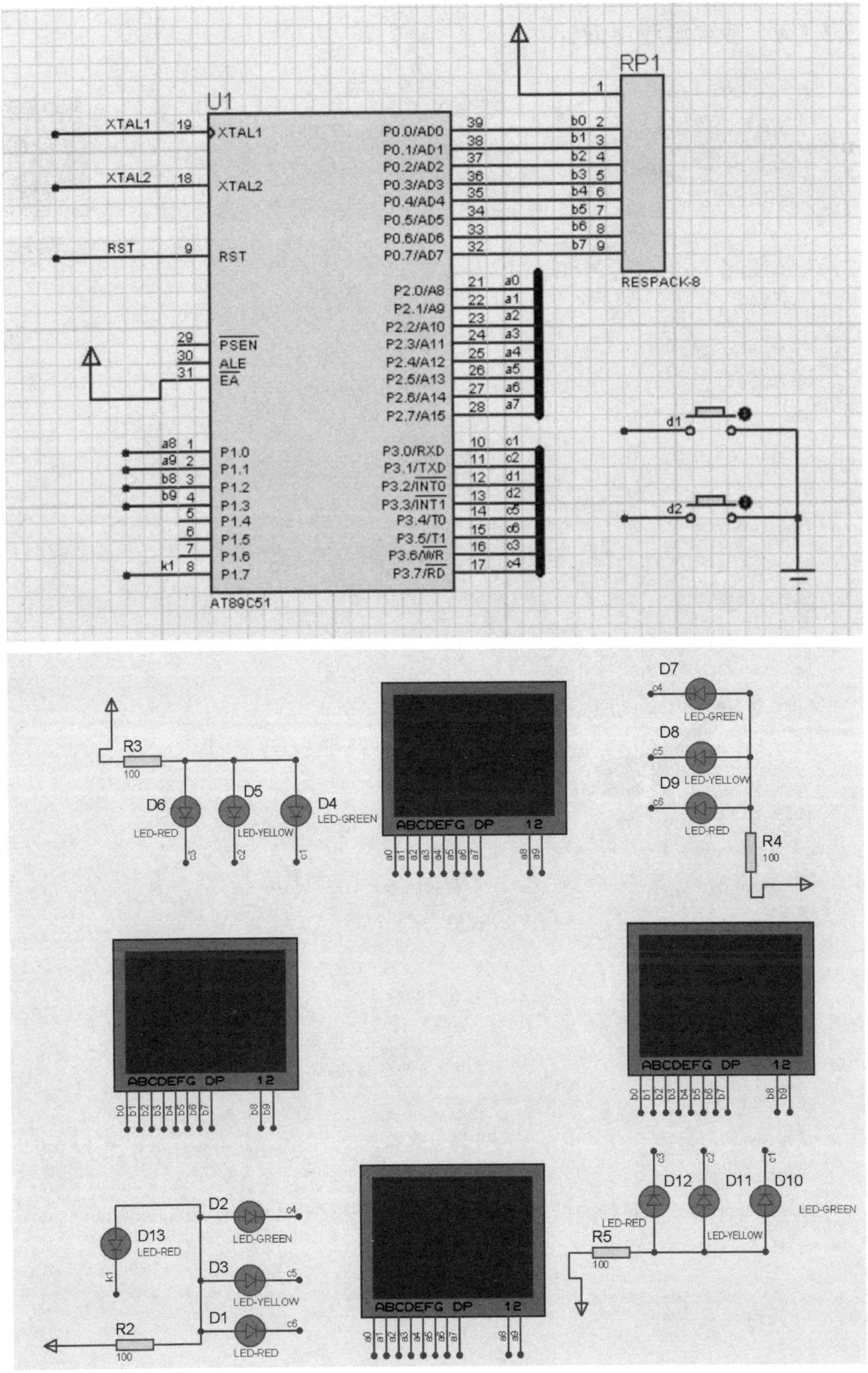
U1
AT89C51
XTAL1
XTAL2
RST
PSEN
ALE
EA
P0.0/AD0
P0.1/AD1
P0.2/AD2
P0.3/AD3
P0.4/AD4
P0.5/AD5
P0.6/AD6
P0.7/AD7
P2.0/A8
P2.1/A9
P2.2/A10
P2.3/A11
P2.4/A12
P2.5/A13
P2.6/A14
P2.7/A15
P1.0
P1.1
P1.2
P1.3
P1.4
P1.5
P1.6
P1.7
P3.0/RXD
P3.1/TXD
P3.2/INT0
P3.3/INT1
P3.4/T0
P3.5/T1
P3.6/WR
P3.7/RD
RP1
RESPACK-8
d1
d2
k1
R2
R3
R4
R5
100
D1
D2
D3
D4
D5
D6
D7
D8
D9
D10
D11
D12
D13
LED-RED
LED-YELLOW
LED-GREEN
ABCDEFG DP
12

图 5.15 交通灯原理图

5.3.5.4 系统源程序设计

程序 15

```
# include <reg51.h>
//定义数码管位选择
# define LSE_choice P1
//急停与恢复
sbit Key_stop=P3^2;
sbit Key_continue=P3^3;
//红绿灯
sbit Led1_g=P3^0;                    //上下绿灯
sbit Led1_y=P3^1;                    //上下黄灯
sbit Led1_r=P3^6;                    //上下红灯
sbit Led2_g=P3^7;                    //左右绿灯
sbit Led2_y=P3^4;                    //黄灯
sbit Led2_r=P3^5;                    //红灯
sbit RED_LED=P1^7;                   //警告灯
//定义按键
sbit Key_0=P3^2;
sbit Key_1=P3^3;
typedef unsigned char u8;            //8 指 8 位,1 个字节
typedef unsigned int u16;            //定义关键字;16 指 16 位,2 字节
sbit L0=P1^0;
sbit L1=P1^1;
u8 second0=15;                       //上下起始秒
u8 second1=12;                       //左右起始秒
u8 key=0;                            //键值
//全局标志量
u8 sign0=0;                          //上下全局标志
u8 sign1=2;                          //左右
u8 sign_0=2;                         //上下:2 表示绿到红,1 表示红到绿
u8 sign_1=1;                         //左右
u8 timer0=0;                         //中断 0 次数
u8 timer1=0;                         //中断 1 次数
u8 code smgduan[]={0x3f,0x06,0x5b,0x4f,0x66,0x6d,0x7d,0x07,0x7f,0x6f};
void delay(u16 i)                    //延时函数
{
    while(i--);
}
void Statu()                         //停止和是否继续判断
```

```
{
    if(Key_stop==0)                     //停止判断
        key=1;
    if(Key_continue==0)                 //继续
        key=2;
}

void Get(u8 led11,u8 led12)             //数码管显示
{
    TR0=1;                              //定时器 0 开启
LSE_choice=0xf5;                        //位选
    led11=0;                            //上下 led
    led12=0;                            //左右
    P0=smgduan[second1/10];             //上下十位数
    P2=smgduan[second0/10];             //左右
    delay(100);
    LSE_choice=0xfa;
    P0=smgduan[second1%10];             //上下个位数
    P2=smgduan[second0%10];
    delay(100);
}

void Choice_sign()                      //标志
{
    if(second0==0 && sign0==0)          //判断上下绿灯时间是否为 0
    {
        TR0=0;
        sign0=1;                        //黄灯
        second0=3;                      //转黄灯 3 s
    }
    if(second1==0 && sign1==0)          //判断左右绿灯时间
    {
        sign1=1;
        second1=3;
    }
    if(second0==0 && sign0==1)          //判断上下黄灯时间
    {
        if(sign_0==2)                   //判断黄到红
```

```
        {
            TR0=0;
            sign0=2;
            second0=15;                 //红灯 15 s
            sign_0=1;
        }
        else                            //等价 sign_0=1;判断黄到绿
        {
            TR0=0;
            sign0=0;
            second0=12;                 //绿灯 12 s
            sign_0=2;
        }
    }
    if(second1==0 && sign1==1)          //判断左右黄灯时间
    {
        if(sign_1==2)                   //判断黄到红
        {
            sign1=2;
            second1=15;                 //红灯 15 s
            sign_1=1;
        }
        else                            //等价 sign_1=1;判断黄到绿
        {
            sign1=0;
            second1=12;                 //绿灯 12 s
            sign_1=2;
        }
    }
    if(second0==0 && sign0==2)          //判断上下红灯时间
    {
        TR0=0;
        sign0=1;                        //黄灯
        second0=3;                      //转黄灯 3 s
    }
    if(second1==0 && sign1==2)          //判断左右红灯时间
    {
        sign1=1;                        //黄灯
```

```
            second1=3;                  //转黄灯 3 s
        }
    }
    void Display()                      //显示函数
    {
        if(sign0==0 && sign1==0)        //上下绿,左右绿
        {
            Led1_g=0;Led2_g=0;
            Get(Led1_g,Led2_g);
            Led1_g=1;Led2_g=1;
        }
        if(sign0==0 && sign1==1)        //上下绿,左右黄
        {
            Led1_g=0;Led2_y=0;
            Get(Led1_g,Led2_y);
            Led1_g=1;Led2_y=1;
        }
        if(sign0==0 && sign1==2)        //上下绿,左右红
        {
            Led1_g=0;Led2_r=0;
            Get(Led1_g,Led2_r);
            Led1_g=1;Led2_r=1;
        }
        if(sign0==1 && sign1==0)        //上下黄,左右绿
        {
            Led1_y=0;Led2_g=0;
            Get(Led1_y,Led2_g);
            Led1_y=1;Led2_g=1;
        }
        if(sign0==1 && sign1==1)        //上下黄,左右黄
        {
            Led1_y=0;Led2_y=0;
            Get(Led1_y,Led2_y);
            Led1_y=1;Led2_y=1;
        }
        if(sign0==1 && sign1==2)        //上下黄,左右红
        {
            Led1_y=0;Led2_r=0;
```

```
        Get(Led1_y,Led2_r);
        Led1_y=1;Led2_r=1;
    }
    if(sign0==2 && sign1==0)                //上下红,左右绿
    {
        Led1_r=0;Led2_g=0;
        Get(Led1_r,Led2_g);
        Led1_r=1;Led2_g=1;
    }

    if(sign0==2 && sign1==1)                //上下红,左右黄
    {
        Led1_r=0;Led2_y=0;
        Get(Led1_r,Led2_y);
        Led1_r=1;Led2_y=1;
    }
    if(sign0==2 && sign1==2)                //上下红,左右红
    {
        Led1_r=0;Led2_r=0;
        Get(Led1_r,Led2_r);
        Led1_r=1;Led2_r=1;
    }
    Choice_sign();
    Statu();
}
void main()
{
    TMOD=0x01;
    EA=1;
    ET0=1;
    TH0=0xee;                               //一次 5 ms
    TL0=0x00;
    TR0=1;
    while(1)
    {
        switch(key)
        {
            case 0:Display();break;
```

```
            case 1:                     //全面停止
            {
                Statu();
                RED_LED=0;
                TR0=0;
                LSE_choice=0x7f;
                break;
            }
            case 2:
            {
                ET0=1;
                TH0=0xee;
                TL0=0x00;
                TR0=1;
                second0=15;             //上下起始秒
                second1=12;             //左右起始秒
                sign0=0;                //上下全局标志
                sign1=2;                //左右
                sign_0=2;
                sign_1=1;               //左右
                key=0;
                break;
            }
        }
    }
}

void Int_T0() interrupt 1
{
    timer0++;
    if(timer0==200)                     //判断 1 s
    {
        timer0=0;
        second0--;
        second1--;
    }
    TH0=0xee;                           //一次 5 ms
    TL0=0x00;
}
```

5.3.5.5 仿真运行

交通灯仿真图如图 5.16 所示。

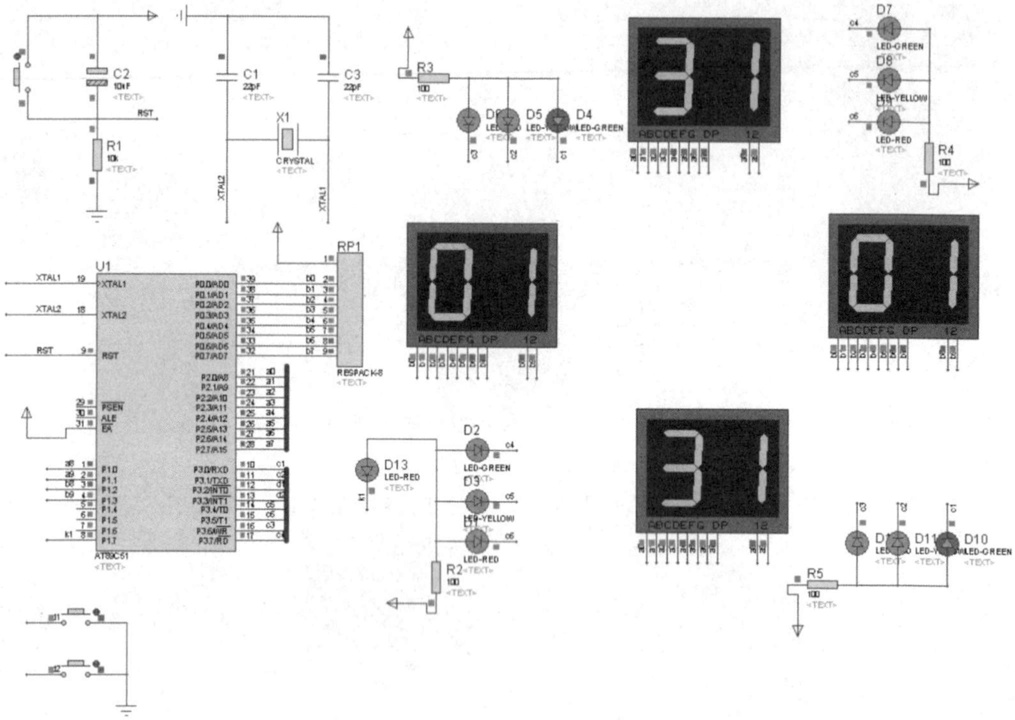

图 5.16 交通灯仿真图

习 题

(1) 利用定时/计数器 T1 产生定时时钟，由 P1 口控制 8 个发光二极管，使 8 个指示灯依次闪动，闪动频率为 10 次/秒(8 个灯依次亮一遍为一个周期)，循环。

(2) 系统时钟为 12 MHz，编程实现从 P1.0 引脚输出一个周期为 2 ms 的方波。

(3) 51 单片机的 P1 口上接有 8 只 LED。采用定时器 T0 的方式 1 的定时中断方式，使 P1 口外接的 8 只 LED 每 0.5 s 闪烁一次。

6　单片机的中断系统

中断机制是现代单片机系统中的基础功能之一，使单片机系统具有实时处理能力，能对突然发生的事件作出及时的响应或处理。AT89S52 单片机内部集成了 6 个中断源，其中断系统能够实时地响应片内功能部件和外设发出的中断请求并进入中断服务程序进行处理。本章介绍中断的基本概念、基本结构、相关的 SFR 以及外部中断的应用。

6.1　单片机中断的基本概念

AT89S52 单片机为单 CPU 系统，同一时刻只能处理一个任务，任务的实现是通过运行程序来完成的，单片机的程序是顺序执行的。同时，单片机也具有实时处理随机事件的能力，当外界有突发事件时，CPU 能够及时响应并处理，这是靠单片机中断系统实现的。

考虑这样一个生活实例，小明同学在计算机前面专心致志地编写单片机程序，突然妈妈打电话过来，电话铃声打断了小明的思路，于是小明同学记下程序编写到哪了，停止程序的编写工作，拿起电话与妈妈通话，通话完毕后，在被打断的地方继续编写程序。这就是一个典型的中断过程，编写程序作为主要任务，需要较长时间地占用小明同学的大脑，妈妈打电话作为突发事件，需要小明同学及时处理，这个事件会打断主要任务的执行。完成处理打电话这个事件后，小明同学需要返回到主要任务继续处理余下的工作，这个过程如图 6.1 所示。

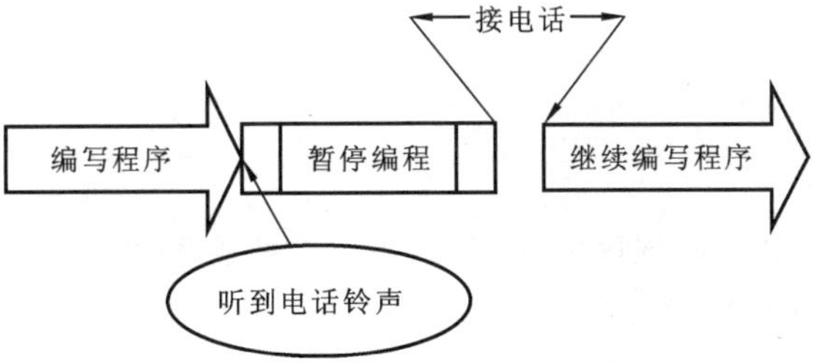

图 6.1　中断举例

当单片机的 CPU 正在执行某个程序（例如，正在执行主程序）的时候，单片机外部或内部发生的某一事件（如外部引脚检测到一个电平变化，或内部计数器产生计数溢出等）请求 CPU 迅速去处理，于是，CPU 暂时中止当前的工作，转到中断服务程序处理所发生的事件。中断服务程序处理完该事件后，再回到原来被打断的地方继续原来的工作（例如，继续执行被中断的主程序），这称为中断。对事件的整个处理过程，称为中断处理（或中断服务）。

6.2 中断系统

AT89S52 单片机的中断系统有 6 个中断源、2 个中断优先级,可实现 2 级中断嵌套。每一个中断源都可采用软件独立控制允许中断或关闭中断状态。通过 SFR(TCON 和 SCON)可查询中断标志位。中断系统结构图如图 6.2 所示。

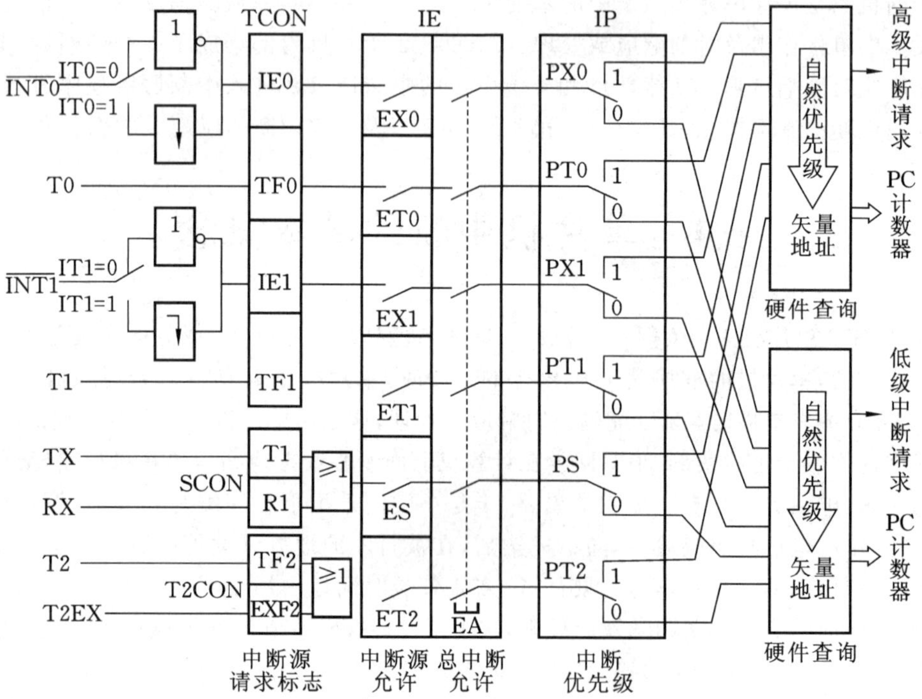

图 6.2 中断系统结构图

6.2.1 中断源

中断源指能使正在执行的程序中断,转而执行中断服务程序的设备或事件。下面介绍 AT89S52 单片机的 6 个中断源。

6.2.1.1 外部中断 0($\overline{\text{INT0}}$)

(1) 外部中断 0 由单片机 P3.2 引脚输入的中断请求信号触发。

(2) 2 种触发方式:电平触发方式和下跳沿触发方式。

① 电平触发方式,即 P3.2 引脚出现低电平触发中断,也称低电平有效。CPU 在 2 个机器周期对 P3.2 引脚采样的电平都是低电平时,则中断申请触发器置外部中断 0 的标志位 IE0 为“1”,直到 CPU 响应此中断时,该标志位由硬件清零。当外部中断源被设定为电平触

发方式时需注意，在中断服务程序返回之前，外部中断请求输入必须无效（即外部中断请求输入已由低电平变为高电平），否则 CPU 返回主程序后会再次响应中断。

② 下跳沿触发方式，即 P3.2 引脚出现下跳沿，该引脚由高电平变为低电平触发中断，也称下跳沿有效。外部中断申请触发器能锁存外部中断输入线上的负跳变。一个机器周期采样到外部中断输入为高电平，下一个机器周期采样为低电平，则中断申请触发器置外部中断 0 的标志位 IE0 为“1”，直到 CPU 响应此中断时，该标志位由硬件清零。这样就不会丢失中断，但输入的负脉冲宽度至少要保持 1 个机器周期，才能被 CPU 采样到。

6.2.1.2 外部中断 1（$\overline{\text{INT1}}$）

中断请求信号由单片机的 P3.3 引脚输入，触发方式与外部中断 0 的工作机制相同。

6.2.1.3 定时/计数器 0（T0）

T0 既可作为定时器使用，也可作为计数器使用，其本质都是加 1 计数器；也就是当 T0 的计数值达到设置的最大值时，再计 1 个数，则发生计满溢出事件，溢出事件可以触发 CPU 中断。对应引脚为 P3.4。

6.2.1.4 定时/计数器 1（T1）

T1 既可作为定时器使用，也可作为计数器使用，其本质都是加 1 计数器；也就是当 T1 的计数值达到设置的最大值时，再计 1 个数，则发生计满溢出事件，溢出事件可以触发 CPU 中断。对应引脚为 P3.5。

6.2.1.5 串行口（RXD 和 TXD）

当单片机与串行通信的设备进行通信时，当串行设备发送完一帧完整的数据或接收完一帧完整的数据，都可以触发 CPU 中断。TXD 是发送数据端，对应 P3.1 引脚；RXD 是接收数据端，对应引脚为 P3.0。

6.2.1.6 定时/计数器 2（T2）

T2 既可作为定时器使用，也可作为计数器使用，具有捕捉、自动重装载（递增或递减）和传输速率发生器 3 种工作方式。计满溢出或 P1.1 引脚脉冲的下跳沿触发 CPU 中断。

6.2.2 中断请求标志位

中断源产生中断触发条件后，会由硬件自动置位相应的中断请求标志位，向 CPU 发出中断请求。单片机中断的快速响应性是因为在程序运行过程中，CPU 在每个机器周期的 S5P2 期间定期检测中断请求标志位，判断是否有中断源发出中断请求，进而进行相应的中断响应操作。6 个中断源的标志位位于 SFR（TCON 和 SCON）中。

6.2.2.1 TCON

TCON 是一个 SFR，字节地址为 0x88，位地址为 0x8F～0x88，可以按字节访问，也可以按位访问。TCON 格式见表 6.1，与中断标志位有关的各位功能描述见表 6.2。

表 6.1　TCON 格式（字节地址 0x88，可位寻址）

位序号	D7	D6	D5	D4	D3	D2	D1	D0
符号	TF1	TR1	TF0	TR0	IE1	IT1	IE0	IT0
位地址	0x8F	0x8E	0x8D	0x8C	0x8B	0x8A	0x89	0x88

表 6.2　TCON 与中断标志位有关各位功能描述

序号	符号	功能	描述
D7	TF1	T1 计满溢出标志位	T1 计数溢出时，硬件自动置 1。 该位可作为中断请求标志位，进入中断服务程序后由硬件自动清零； 该位也可使用软件查询，但查询后，应由软件及时将该位清零
D5	TF0	T0 计满溢出标志位	T0 计数溢出时，硬件自动置 1。 该位可作为中断请求标志位，进入中断服务程序后由硬件自动清零； 该位也可使用软件查询，但查询后，应由软件及时将该位清零
D3	IE1	$\overline{INT1}$中断请求标志位	当 P3.3 引脚有低电平或下跳沿时，硬件自动置 1。 该位可作为中断请求标志位，进入中断服务程序后由硬件自动清零； 该位也可使用软件查询，但查询后，应由软件及时将该位清零
D2	IT1	$\overline{INT1}$触发方式选择位	IT1＝0：$\overline{INT1}$低电平触发，当引脚出现低电平，硬件置位 IE1； IT1＝1：$\overline{INT1}$下跳沿触发，当引脚出现下跳沿，硬件置位 IE1
D1	IE0	$\overline{INT0}$中断请求标志位	当 P3.2 引脚有低电平或下跳沿时，硬件自动置 1。 该位可作为中断请求标志位，进入中断服务程序后由硬件自动清零； 该位也可使用软件查询，但查询后，应由软件及时将该位清零
D0	IT0	$\overline{INT0}$触发方式选择位	IT0＝0：$\overline{INT0}$低电平触发，当引脚出现低电平，硬件置位 IE0； IT0＝1：$\overline{INT0}$下跳沿触发，当引脚出现下跳沿，硬件置位 IE0

6.2.2.2　T2CON

T2CON 是一个 SFR，字节地址为 0xC8，位地址为 0xCF～0xC8，可以按字节访问，也可以按位访问。T2CON 格式见表 6.3，与中断标志位有关的各位功能描述见表 6.4。

表 6.3　T2CON 格式（字节地址 0xC8，可位寻址）

位序号	D7	D6	D5	D4	D3	D2	D1	D0
符号	TF2	EXF2	RCLK	TCLK	EXEN2	TR2	C/T2	CP/RL2
位地址	0xCF	0xCE	0xCD	0xCC	0xCB	0xCA	0xC9	0xC8

表 6.4　T2CON 与中断标志位有关的各位功能描述

序号	符号	功能	描述
D7	TF2	T2 溢出标志位	T2 溢出由硬件置位 TF2，向 CPU 发出中断请求，必须由软件清零。当 RCLK＝1 或 TCLK＝1 时，TF2 将不予置位
D6	EXF2	T2 外部中断请求标志位	EXEN2＝1，T2EX(P1.1)引脚上的负跳变引起捕捉或自动重装载时，硬件置位 EXF2 标志位，并向 CPU 发出中断请求，该标志位必须由软件清零。递增/递减计数下 EXF2 不能引起中断

6.2.2.3　SCON

SCON 是一个 SFR，字节地址为 0x98，位地址为 0x9F～0x98，可按字节访问，也可以按位访问。SCON 格式见表 6.5，与中断标志位有关的各位功能描述见表 6.6。

表 6.5　SCON 格式(字节地址 0x98，可位寻址)

位序号	D7	D6	D5	D4	D3	D2	D1	D0
符号	SM0	SM1	SM2	REN	TB8	RB8	T1	R1
位地址	0x9F	0x9E	0x9D	0x9C	0x9B	0x9A	0x99	0x98

表 6.6　SCON 与中断标志位有关的各位功能描述

序号	符号	功能	描述
D1	T1	发送中断标志位	在串口方式 0 中，发送完 8 位数据后，由硬件置 1，其他方式中，在发送停止位之初，由硬件置 1。其状态可供软件查询，也可请求中断，但都必须由软件清零
D0	R1	接收中断标志位	在串口方式 0 中，接收完 8 位数据后，由硬件置 1，其他方式中，在接收到停止位时，由硬件置 1。其状态可供软件查询，也可请求中断，但都必须由软件清零

串行口的中断请求由 T1 和 R1 通过逻辑“或”运算得到，即不论是发送中断请求标志置位还是接收中断请求标志置位，都将发生串行中断请求，具体是哪种请求由用户在中断服务程序中编程来区分。

6.3　中断控制

6.3.1　中断允许

中断源满足触发条件置位相应的中断请求标志位，向 CPU 发出中断申请，CPU 能否响应该中断，还要通过中断允许控制位来进行设置，单片机通过 IE 来设置各个中断源的中断允许控制位。

IE 是一个 SFR，字节地址为 0xA8，位地址为 0xAF～0xA8，可以按字节访问，也可以按位访问。IE 格式见表 6.7，各位功能描述见表 6.8。

表 6.7　IE 格式（字节地址 0xA8，可位寻址）

位序号	D7	D6	D5	D4	D3	D2	D1	D0
符号	EA	—	ET2	ES	ET1	EX1	ET0	EX0
位地址	0xAF	0xAE	0xAD	0xAC	0xAB	0xAA	0xA9	0xA8

表 6.8　IE 的各位功能描述

序号	符号	功能	描述
D7	EA	总中断允许位	EA＝0 时，CPU 不响应任何中断源的中断请求； EA＝1 时，CPU 可以响应中断源的中断请求
D6	—	保留位	
D5	ET2	T2 中断允许控制位	ET2＝0 时，CPU 不响应 T2 的中断请求； ET2＝1 时，CPU 可以响应 T2 的中断请求
D4	ES	串行口中断允许控制位	ES＝0 时，CPU 不响应串行口的中断请求； ES＝1 时，CPU 可以响应串行口的中断请求
D3	ET1	T1 中断允许控制位	ET1＝0 时，CPU 不响应 T1 的中断请求； ET1＝1 时，CPU 可以响应 T1 的中断请永
D2	EX1	INT1 中断允许控制位	EX1＝0 时，CPU 不响应 INT1 的中断请求； EX1＝1 时，CPU 可以响应 INT1 的中断请求
D1	ET0	T0 中断允许控制位	ET0＝0 时，CPU 不响应 T0 的中断请求； ET0＝1 时，CPU 可以响应 T0 的中断请求
D0	EX0	INT0 中断允许控制位	EX0＝0 时，CPU 不响应 INT0 的中断请求； EX0＝1 时，CPU 可以响应 INT0 的中断请求

单片机上电复位后，IE 被清零，单片机中断系统处于关闭状态。若使用中断，则必须由软件设置正中的 EA 为 1 以及相应的中断允许控制位为 1。可对 IE 整字节赋值，也可按位置位。

6.3.2　中断优先级

当两个或两个以上的中断源同时向 CPU 发出中断请求时，就存在单片机优先响应哪一个中断源的问题。单片机提供了一种仲裁机制，将中断源的中断请求分为两级优先级，用户可以通过 IP 为每个中断源设置其优先级。

6.3.2.1 IP

IP 是一个 SFR，字节地址为 0xB8，位地址 0xBF～0xB8，可以按字节访问，也可以按位访问。IP 格式见表 6.9，各位功能描述见表 6.10。

表 6.9 IP 格式（字节地址 0xB8，可位寻址）

位序号	D7	D6	D5	D4	D3	D2	D1	D0
符号	—	—	PT2	PS	PT1	PX1	PT0	PX0
位地址	0xBF	0xBE	0xBD	0xBC	0xBB	0xBA	0xB9	0xB8

表 6.10 IP 的各位功能描述

序号	符号	功能	描述
D7	—	保留位	
D6	—	保留位	
D5	PT2	T2 优先级控制位	PT2＝0 时，T2 中断为低优先级； PT2＝1 时，T2 中断为高优先级
D4	PS	串行口优先级控制位	PS＝0 时，串行口中断为低优先级； PS＝1 时，串行口中断为高优先级
D3	PT1	T1 优先级控制位	PT1＝0 时，T1 中断为低优先级； PT1＝1 时，T1 中断为高优先级
D2	PX1	INT1 优先级控制位	PX1＝0 时，INT1 为低优先级； PX1＝1 时，INT1 为高优先级
D1	PT0	T0 优先级控制位	PT0＝0 时，T0 中断为低优先级； PT0＝1 时，T0 中断为高优先级
D0	PX0	INT0 优先级控制位	PX0＝0 时，INT0 为低优先级； PX0＝1 时，INT0 为高优先级

单片机上电复位后，IP 被清零，所有中断均为低优先级中断。若想设置中断源为高级中断，则必须由软件设置 IP 中的中断优先级控制位为 1。可对 IP 整字节赋值，也可按位置位。

6.3.2.2 自然优先级顺序

当多个中断源设置为同一优先级，例如，优先级控制位全部为“0”或全部为“1”，若所有中断源同时向 CPU 发出中断请求，CPU 将按照自然优先级顺序响应中断。52 系列单片机的自然优先级顺序为：INT0＞T0＞INT1＞T1＞串行口＞T2，优先级依次从高到低。自然优先级高的中断请求优先得到响应。

6.3.2.3 中断嵌套

当单片机系统使用多个中断源，且使用了 2 级优先级，那么需要满足以下中断嵌套原则:高优先级的中断不能被低优先级的中断源所中断,但高优先级中断源可以打断低优先级中断程序的执行,同级中断不能相互打断。

高优先级中断源打断低优先级中断程序的执行过程如图 6.3 所示。当 CPU 响应了具有低优先级的 A 中断源,暂停主程序的执行,转去执行中断服务程序 A 的过程中,具有高优先级的 B 中断源发出中断请求,则 CPU 暂停中断服务程序 A 的执行,先执行中断服务程序 B,执行完后再返回中断服务程序 A 接着执行,当中断服务程序 A 执行完后返回主程序。

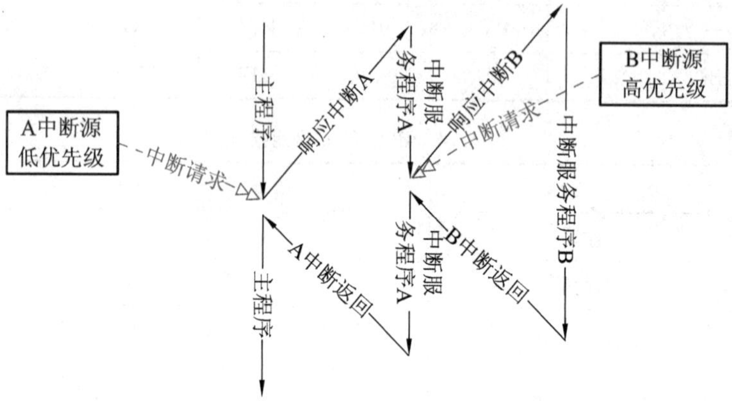

图 6.3　高优先级中断源打断低优先级中断程序的执行过程

同优先级的中断执行过程如图 6.4 所示。当 CPU 响应了具有低优先级的 A 中断源,暂停主程序的执行,转去执行中断服务程序 A 的过程中,具有低优先级的 B 中断源发出中断请求,则 CPU 不会暂停中断服务程序 A 的执行,而是执行完中断服务程序 A 后,返回主程序,当 B 中断源发出的中断请求还在,则 CPU 再响应具有低优先级的 B 中断源,暂停主程序的执行,执行中断服务程序 B。

中断系统的这种 2 级嵌套结构主要是因为单片机内部有两个不可寻址的"优先级激活触发器",其中一个指示某高优先级中断正在执行,所有后来中断均被阻止;另一个触发器指示某低优先级中断正在执行,所有同级中断都被阻止,但不阻断高优先级的中断请求。

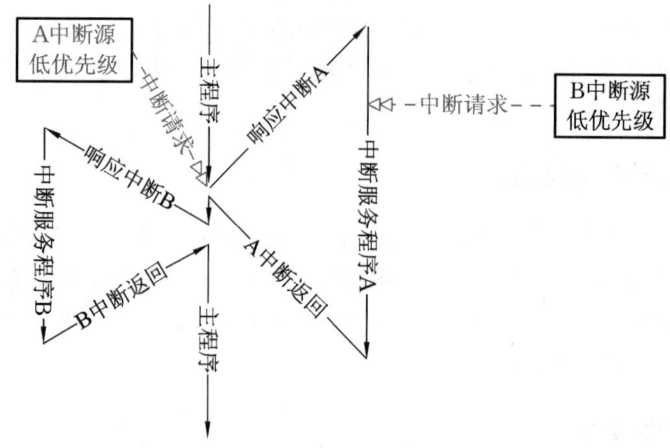

图 6.4　同优先级的中断执行过程

6.3.2.4 优先级处理原则总结

同时发生多个中断申请时,CPU 处理中断的优先级原则为:

(1) 不同优先级的中断同时申请:先高后低。

(2) 相同优先级的中断同时申请:按自然优先级顺序。

(3) 正处理低优先级中断又有高优先级中断申请:高打断低。

(4) 正处理高优先级中断又有低优先级中断申请:高不理低。

结合图 6.2,通过设置 IP,每个中断请求都可被划分到高级中断请求或低级中断请求的队列中,每个队列中又可依据自然优先级排队,用户可根据需要设定中断源的优先级别。

6.4 中 断 响 应

6.4.1 中断响应条件

中断响应是指 CPU 检测到中断请求,到开始执行中断服务程序的过程。当满足下列条件时 CPU 才会响应中断:

(1) 有中断源发出中断请求,即中断源满足中断条件,将相应的中断请求标志设置为“1”。

(2) 总中断允许位 EA=1,即 CPU 开中断。

(3) 申请中断的中断源的中断允许位为“1”,即中断源没有被屏蔽。

(4) 无同级或更高级中断服务程序正在运行。

(5) 当前的指令周期已经结束。

(6) 正在执行的指令不是 RETI 或访问 IE、IP 的指令,否则必须再执行完下一条指令。

6.4.2 中断响应硬件操作

当 CPU 响应中断后,由硬件自动执行下列操作:

(1) 查询优先级激活触发器,对后来的同级或低级中断请求不予响应。

(2) 保护断点,即把 PC 的内容送入堆栈保存。

(3) 清除可清除的中断请求标志位:CPU 完成中断响应后,必须及时清除相应的中断请求标志,否则在执行完中断服务程序后,会引起重复中断和响应,造成软件逻辑上的混乱。对于 INT0、INT1、T0、T1 这 4 个中断源,其中断请求标志在 CPU 中断响应时会由硬件自动清零;但串行口中断,其中断请求标志“T1”和“R1”不会自动清零,必须由用户在中断服务程序中用软件清零。T2 的溢出中断标志位 TF2 和外部中断请求标志位 EXF2 也必须由软件清零。

(4) 中断入口地址送入 PC,进入相应的中断服务程序开始执行。单片机内部是通过执行一条硬件子程序的调用,实现暂停主程序的执行,转去中断服务程序执行的操作。

(5) 断点出栈送给 PC,开放同级或低级中断允许,返回主程序断点继续执行。

6.4.3 中断响应时间

中断响应时间指从中断请求有效(中断请求标志置1)到转向中断入口地址所需要的响应时间。而单片机在每个机器周期的S5P2时刻按照自然优先级顺序查询这些中断标志位。不同中断情况响应时间也是不一样的,以外部中断为例,响应时间可能有以下几种情况:

(1) 若在当前执行指令的最后一个机器周期,查询到中断请求标志位有效,查询标志位需要1个机器周期。在这个机器周期结束后,中断即被响应,执行一条硬件子程序的调用需要2个机器周期,然后开始执行中断服务程序的第一条指令。这样从查询标志位到进入中断服务程序,中间相隔3个机器周期。这是最短响应时间。

(2) 若在当前执行的指令的第一个机器周期就检测到中断标志位有效,则需要等待把其他几个机器周期执行完,即保证指令的完整性,CPU才会响应中断。若当前执行的是乘除法指令,需要4个机器周期,在这4个周期内查询标志位需要1个机器周期,还要等3个机器周期,然后中断即被响应,再执行一条硬件子程序的调用需要2个机器周期。这样响应周期变为4+2=6个机器周期。

(3) 若在CPU执行RET或访问IE、IP时,检测到中断标志位有效,这几个指令最长需要2个周期,且还需执行完该条指令的下一条指令,CPU才能响应中断。单片机的一条指令最长需要4个机器周期,中断响应需要2个机器周期。这样响应周期变为2+4+2=8个机器周期。

(4) 若CPU已经在处理同级或更高级中断,这时检测到中断标志位有效,则中断请求响应时间取决于正在执行的中断服务程序的处理时间。此情况下,响应时间无法计算。

所以在单一中断系统中,AT89S52单片机对外部中断请求响应时间总是在3~8个机器周期内。在多中断系统中,则响应时间无法计算。

综上所述,单片机即使采用中断机制处理突发事件,也是需要一定时间的。

6.4.4 中断服务程序

6.4.4.1 中断入口地址

中断响应的结果是将固定地址由硬件自动送入PC里,程序就要自动从主程序跳到这个固定地址去执行中断服务程序,这个固定地址叫作中断入口地址,也叫作中断向量。52单片机的6个中断源对应的中断入口地址见表6.11。

表6.11 6个中断源对应的中断入口地址

序号	中断源	入口地址(汇编语言用)	中断类型号(C语言用)
1	INT0	0x0003	0
2	T0	0x000B	1
3	INT1	0x0013	2
4	T1	0x001B	3
5	串行口	0x0023	4
6	T2	0x002B	5

这些地址中需要存放用户编写的中断服务程序，也就是处理中断请求这个事件的方案。汇编语言编程采用入口地址，但C51编程采用中断类型号。

6.4.4.2 中断服务函数

中断服务函数主要是针对中断源的具体要求进行编写的，不同中断源的要求各不相同，因此用户需要自己编写中断服务函数。中断服务函数的格式为：

void 函数名(void)interrupt n [using m]

函数体语句

其中，interrupt是关键字；n是表6.11中的中断类型号，n=0～5，指定6个中断源；using是关键字，指定该中断服务函数要使用的工作寄存器区号，AT89S52内部RAM中可使用4个工作寄存器区，每个工作寄存器区包含8个工作寄存器(R0～R7)；using后面的m用来选择4个工作寄存器区，m=0～3，该序号由PSW中的RS0和RS1确定。[using m]项可省略。

6.4.4.3 编写中断函数的注意事项

编写中断函数的注意事项如下：

(1) 中断函数没有返回值，也没有参数。

(2) 中断函数无须采用语句调用，当中断请求被响应时，由系统自动调用。

(3) 中断函数不能被其他函数调用。

(4) 中断函数中可以调用其他函数。若需要执行大段程序，可以在中断函数里设置一个标志位，这个标志位应设为全局变量，然后在主程序中判断这个标志位，根据标志位的不同情况执行不同的操作。

(5) 为提高中断响应的实时性，中断函数应尽量简短。

(6) 若在执行当前中断函数过程中，不希望CPU响应其他中断，则可在中断函数中先用软件关闭相应的中断，然后出中断函数前开放中断。

6.5 项目：基于外部中断控制的LED灯仿真

6.5.1 系统设计要求

通过按键控制一个LED的亮灭，用中断的方式实现每按一次按键改变一次灯的状态。

6.5.2 系统设计分析

单片机的P1.0引脚接LED，按键接P3.2引脚。

说明：在Proteus中单击“P”按钮挑选元器件AT89C52、RES(电阻)、LED-YELLOW、BUTTON(按键)、CRYSTAL(晶振)、CAP(电容)、CAP-ELEC(电解电容)。

6.5.2.1 工作原理

P1.0 引脚为通用 I/O 口，按照电路设计，输出“0”，P1.0 引脚内部接地，则有电流流过 LED 灯，使 LED 灯点亮；R1 为限流电阻，使流过 LED 的电流处于额定范围。P1.0 输出“1”，则 LED 两端等电位，LED 无电流流过，处于熄灭状态。

6.5.2.2 触发方式的选择

P3.2 引脚为单片机 INT0 输入引脚，所以中断源为 INT0。由单片机 I/O 口特性可知，该引脚复位后输出高电平，内部由上拉电阻提供高电平。该引脚外接了一个按键，按下按键，将 I/O 口接地，则引脚电平由高电平变成了低电平，松开按键，引脚电平由低电平变为高电平。理想条件下电平变化时序图如图 6.5 所示。

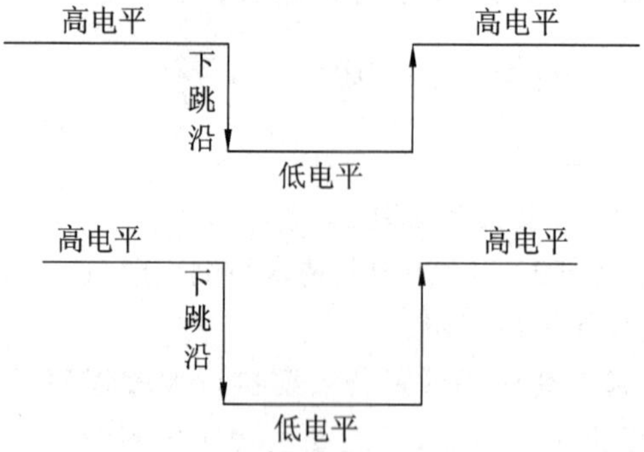

图 6.5 电平变化时序图

单片机 INT0 触发方式可以选择低电平触发或者下跳沿触发。由图 6.5 可知，按键按下一次，P3.2 引脚上会出现低电平，也会出现下跳沿。因此，可以采用低电平触发，也可采用下跳沿触发。

单片机中，检测低电平的条件是：引脚上连续两个机器周期都检测到低电平，则判定出现了一次有效的低电平。检测下跳沿的条件是：引脚上检测到高电平，紧接着的一个机器周期检测到了低电平，则判定出现了一次有效的下跳沿。

使用 12 MHz 晶振的单片机，一个机器周期为 1 μs。外接按键相对于单片机的执行速度来说，是一个慢速设备，每按一次按键，低电平持续时间为百毫秒级别到秒级别；根据低电平和下跳沿的判定条件可知，每按一次按键，会出现一次下跳沿和很多次低电平。

设计要求是每按一次按键改变一次灯的状态，根据以上分析，选取下跳沿触发方式是合理的。

6.5.3 系统原理图设计

系统原理图如图 6.6 所示。

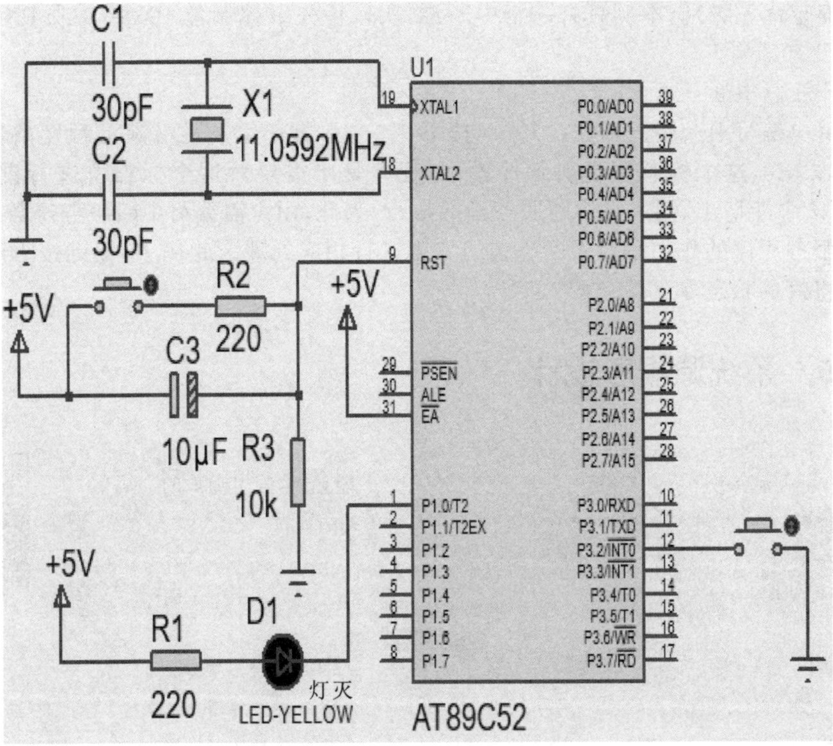

图 6.6 中断控制 LED 灯仿真电路图

6.5.4 系统程序流程图设计

主程序与中断服务程序是相互独立的。主程序对$\overline{\text{INT0}}$进行初始化，中断服务程序完成按键按下需要进行的操作。程序流程图如图 6.7 所示。

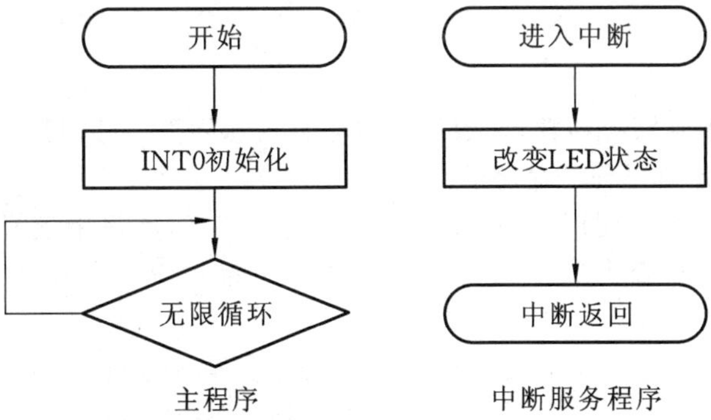

图 6.7 程序流程图

本例采用$\overline{\text{INT0}}$，下跳沿触发的初始化过程为：

(1) 确定触发方式：下跳沿触发，IT0＝1。

(2) 开放$\overline{\text{INT0}}$中断允许：EX0＝1。

(3) 确定优先级别:本例只有一个中断源,所以优先级控制位 PX0=0 或 PX0=1 对程序的逻辑没有影响。

(4) 开放总中断:EA=1。

(5) 用户编写中断服务函数:当按键按下,P3.2 引脚产生下跳沿满足触发条件,置位中断请求标志 IE0,这个标志位是由硬件置位,程序是不需要对这个标志位进行设置的。当 CPU 响应该中断请求,则进入中断服务函数执行,因此,用户需编写中断服务函数。

中断服务程序的作用是对中断事件的发生进行相应处理。此例中,按键按下触发中断,应该实现将灯的状态取反。

6.5.5 系统源程序设计

程序 16

```
# include <reg52.h>
sbit LED=P1^0;                               //LED控制引脚声明
/*******************************主函数***************/

void main()
{
IT0=1;                                       //INT0下跳沿触发
EX0=1;                                       //允许INT0中断
PX0=1;                                       //优先级设置,可选
EA=1;                                        //总中断允许
while(1);                                    //死循环
}
/*******************************中断服务函数*******************
*****/
void  EX_INT0(void) interrupt 0 using 2
{
LED=!LED;                                    //取反 LED
}
```

程序说明:

① C51 中编写中断服务函数,函数的入口参数与返回类型必须是 void,其中入口参数可以省略不写,函数名是可以任意命名的。

② 中断服务函数必须使用 interrupt 关键字进行定义,此例中定义了 interrupt 0,这里的数字“0”是 INT0 的中断类型号,每一个中断类型号都对应一个入口地址。中断类型号与中断入口地址见表 6.11。

③ 可选关键字 using 用来定义此函数使用的寄存器区,后面的数字表示此函数使用哪个工作寄存器区。这里的 2,表示采用了工作寄存器 2 区,对应内部 RAM 0x10~0x17 的 8 个地址。

因为 52 单片机的 RAM 空间极其有限,在编译 C51 程序时,C 语言函数中的局部变量、形参、返回值和返回地址会优先使用工作寄存器 R0~R7(因为工作寄存器读写速度最快),如果这 8 个字节不够用,编译器会为其余的局部变量分配其余 RAM 空间。

52 单片机的工作寄存器 R0~R7 共有 4 组(分别是 0、1、2、3),在任何时刻,都只有 1 个

工作区生效。这 4 个区在 RAM 中的位置分别是 0x00～0x07、0x08～0x0F、0x10～0x17、0x18～0x1F，换句话说，RAM 中的 0x00 地址、0x08 地址、0x10 地址、0x18 地址，这 4 个地址的名字都叫 R0；具体由哪个地址作为 R0，在 C51 当中由 using 关键字指定。

单片机在上电后，默认使用工作寄存器区 0，在默认状态下，对于普通函数，其传参、申请局部变量、导出函数的返回值等功能，编译成汇编语言以后，需要使用 R0～R7；对于中断服务函数，它没有形参，也不用返回值，但是一般有局部变量，这时就需要用到 R0～R7 了；普通函数的执行过程中正在使用 0 区的 R0～R7，执行过程中突然发生了中断，而中断函数也要使用 R0～R7，这时就需要保存 0 区寄存器的值，然后在中断服务函数中再使用。52 单片机提供了这样一种机制，在执行中断服务函数前可以切换工作寄存器区，比如切换到 2 区，这样就可以不必额外保存 0 区的内容，从而简化了程序、提高了执行效率。本例中使用了 using 2，就是说，在进入 INT0 的服务函数前，把工作寄存器区由 0 切换成 2，在退出中断服务函数后，再把 2 区切换回 0 区，由于 0 区和 2 区处在不同的 RAM 空间，互相不干扰，切换回 0 区之后普通函数的现场就自然恢复了。

综上所述，灵活使用 using 关键字切换工作寄存器区可以提高程序执行的效率。

6.5.6 仿真设计

将程序编译生成 Hex 文件，加载到单片机中，单击运行按钮。每按一下按键，LED 亮灭改变一次。仿真运行效果图如图 6.8 所示。

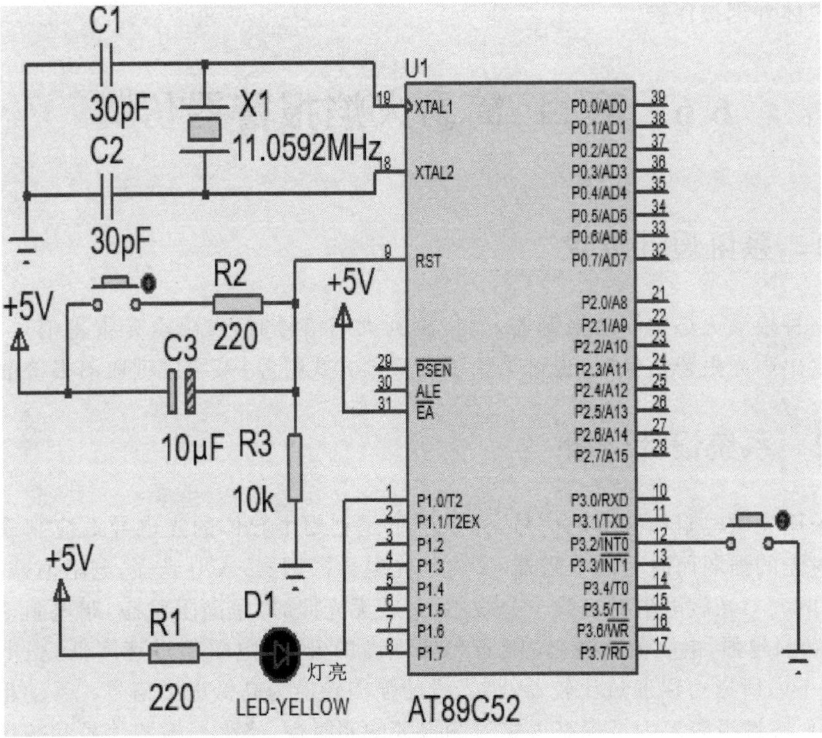

图 6.8　中断控制 LED 灯仿真运行效果图

6.5.7 C语言知识点:局部变量、全局变量和静态变量

6.5.7.1 局部变量

局部变量是某一个函数中存在的变量,它只在该函数内部有效。

6.5.7.2 全局变量

在整个源文件中都存在的变量称为全局变量。全局变量的有效区间是从定义点开始到源文件结束,其中的所有函数都可直接访问该变量。如果定义前的函数需要访问该变量,则需要使用 extern 关键字对该变量进行声明,如果全局变量声明文件之外的源文件需要访问该变量,也需要使用 extern 关键字进行声明。由于全局变量一直占用了大量的内存单元,且加大了程序的耦合性,因此不利于程序的移植或复用。

6.5.7.3 静态变量

全局变量可以使用 static 关键字进行定义,该变量只能在该变量定义的源文件内使用,不能被其他源文件引用,这种全局变量称为静态全局变量。静态全局变量的生存周期和全局变量一样,存在于整个程序的运行期间。局部变量的数值在离开定义它的函数之后就不存在了,而静态变量的数值不会消失,一直存在。在函数体内部定义的静态变量称为内部静态变量,在定义它的函数体内有效,可以访问,但在函数体外部不可访问,这样使得变量在定义它的函数体外部被保护。

6.6 项目:简易火焰报警器仿真

6.6.1 系统设计要求

设计一种检测火焰的简易报警器,当检测到火焰信号时,发出声光报警信号;检测到火焰但没有发出声光报警信号时,也可采用手动报警方式报警;采用按键取消报警信号。

6.6.2 系统设计分析

可以采用光敏电阻检测火焰信号,光敏电阻是利用半导体的光电导效应制成的一种电阻值随入射光的强弱而改变的电阻器,又称为光电导探测器;入射光强,电阻值减小,入射光弱,电阻值增大。光敏电阻对光线十分敏感,其在无光照时,呈高阻状态,暗电阻值一般可达 1.5 MΩ。光照越强,电阻值就越低,随着光照强度的升高,电阻值迅速降低,亮电阻值可低至 1 kΩ 以下。所以可以通过比较器,将光线的强弱转换为高低电平信号。手动报警可以采用按键,按下按键报警。为了提高火焰检测报警的实时性,将火焰检测信号和按键报警都接到单片机的 2 个外部中断引脚,火焰检测优先级高于按键优先级。声光报警可以采用 LED

和有源蜂鸣器进行报警。设计方案框图如图 6.9 所示。

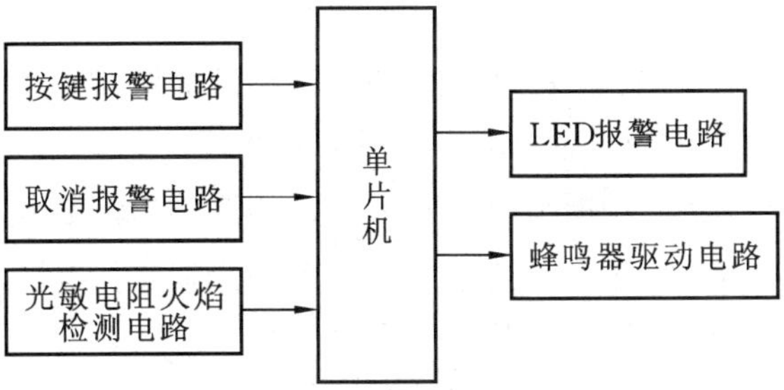

图 6.9　火焰报警器设计方案框图

6.6.3　系统原理图设计

本例采用 TORCH_LDR 代替光敏电阻,经比较器连接至单片机的 P3.2($\overline{\text{INT0}}$)引脚,手动按键连接至 P3.3($\overline{\text{INT1}}$)引脚,取消报警按键接至 P3.7 引脚,蜂鸣器经 PNP 晶体管驱动与 P2.0 引脚连接,LED 与 P1.7 引脚连接。仿真电路图如图 6.10 所示。

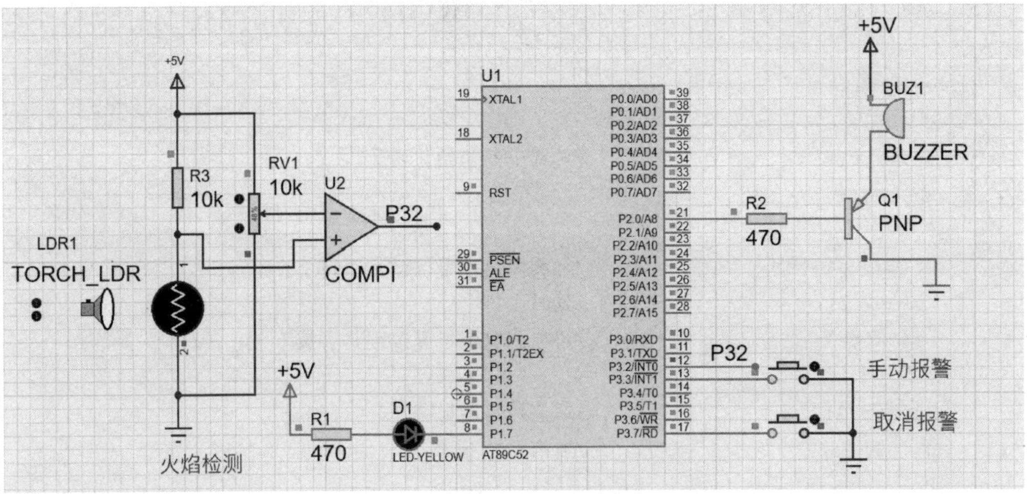

图 6.10　火焰检测报警器仿真电路图

说明:在 Proteus 中单击“P”按钮挑选元器件 AT89C52、RES(电阻)、BUTTON(按键)、BUZZER(蜂鸣器)、PNP(晶体管)、POT-HG(电位器)、TORCH_LDR(光敏电阻)、COMPI(比较器)。

6.6.4　系统源程序设计

设计思想:主程序对$\overline{\text{INT0}}$和$\overline{\text{INT1}}$进行初始化,然后进入无限循环,在循环中查询取消报警按键是否被按下,被按下则蜂鸣器不响。当有火焰信息,也就是 P3.2 引脚由高电平变低电平时,进入$\overline{\text{INT0}}$中断服务程序中,让蜂鸣器响,报警。当手动报警按键被按下,也就是 P3.3

引脚由高电平变低电平时，进入$\overline{\text{INT1}}$中断服务程序中，让蜂鸣器响，报警。软件编程的关键环节如下：

(1) 外部中断初始化。设置 E、P 中的相应位，下跳沿触发、$\overline{\text{INT0}}$高优先级，$\overline{\text{INT1}}$低优先级、开中断允许。把初始化语句封装为函数 void EX_init()。

(2) $\overline{\text{INT0}}$中断服务函数。中断类型号为 0，P2.0 引脚输出低电平，使蜂鸣器响。

(3) $\overline{\text{INT1}}$中断服务函数。中断类型号为 2，P2.0 引脚输出低电平，使蜂鸣器响。为去除按键抖动的影响，加入清标志位语句“IE1＝0；”。

(4) 取消按键采用查询方式。为避免按键抖动的影响，需要去抖动。

程序 17

```
#include <reg52.h>
#define uchar unsigned char
#define uint unsigned int
sbit LED=P1^7;                    //LED 定义
sbit buzzer=P2^0;                 //蜂鸣器位定义
sbit cancel=P3^7;                 //取消报警按键
void delay(uint dat);             //延时函数
void EX_init();                   //外部中断初始化函数
/***************************主函数*****************************
***/
void main()
{
EX_init();                        //外部中断初始化函数
while(1)
{
if(cancel==0)                     //检测取消报警按键是否按下
delay(10);                        //延时去抖
if(cancel==0)                     //再检测取消报警按键是否按下
{
buzzer=1;                         //取消蜂鸣器报警
LED=1;                            //取消 LED 报警
}
}
}
/***************************延时函数***************************
****/
void delay(uint dat)
{uint i,j;
for(j=dat;j>0;j--)
for(i=110;i>0;i--);
}
/***************************外部中断初始化函数*******************
*******/
{
```

```
void EX_init( )
IT0=1;                              //INT0下跳沿触发
EX0=1;                              //开INT0中断允许
PX0=1;                              //火焰检测高优先级
IT1=1;                              //INT1下跳沿触发
EX1=1;                              //开INT1中断允许
PX1=0;                              //按键报警低优先级
EA=1;                               //开总中断
}
/***************************INT0中断服务函数*******************
******/
void EX_int0()interrupt 0           //有火焰,进入中断服务函数
{
buzzer=0;                           //有火焰蜂鸣器报警
LED=0;                              //有火焰 LED 报警
}
/***************************INT1中断服务函数*******************
******/
void EX1_int1()interrupt 2          //报警按键按下,进入中断服务函数
{
buzzer=0;                           //报警按键按下,蜂鸣器报警
LED=0;                              //报警按键按下,LED 报警
IE1=0;                              //清按键抖动引起的标志位
}
```

6.6.5 仿真设计

将程序编译生成 Hex 文件,加载到单片机中,单击运行按钮。

调整光敏电阻 LDR4 的向上向下箭头,可改变光源的位置。当没有火焰信号时,也就是光源位置较远,则光敏电阻阻值很大,相当于断路,比较器同相端为 5 V 电压,反向端为 5 V 的分压(2.5 V 左右),则比较器同相端大于反向端,输出高电平,不会触发中断;调整箭头,使光源靠近光敏电阻,相当于有火焰信号,光敏电阻随着光源的靠近,则电阻逐渐变小,同相端的电压就是光敏电阻上的分压,光源越近,分压越小,至同相端电压小于反相端电压时,比较器输出低电平,这时在 P3.2 引脚就产生了一个下跳沿,触发中断,进入$\overline{\text{INT0}}$的中断服务程序,给蜂鸣器输出低电平,蜂鸣器响。报警按键没有按下时,P3.3 引脚为高电平,当按下报警按键,P3.3 引脚输入低电平,这样在 P3.3 引脚就产生了一个下跳沿,触发中断,进入$\overline{\text{INT1}}$的中断服务程序,给蜂鸣器输出低电平,蜂鸣器响。

按下取消报警按键,给蜂鸣器输出高电平,蜂鸣器不响。没有火焰信号时的仿真运行效果图如图 6.11 所示。

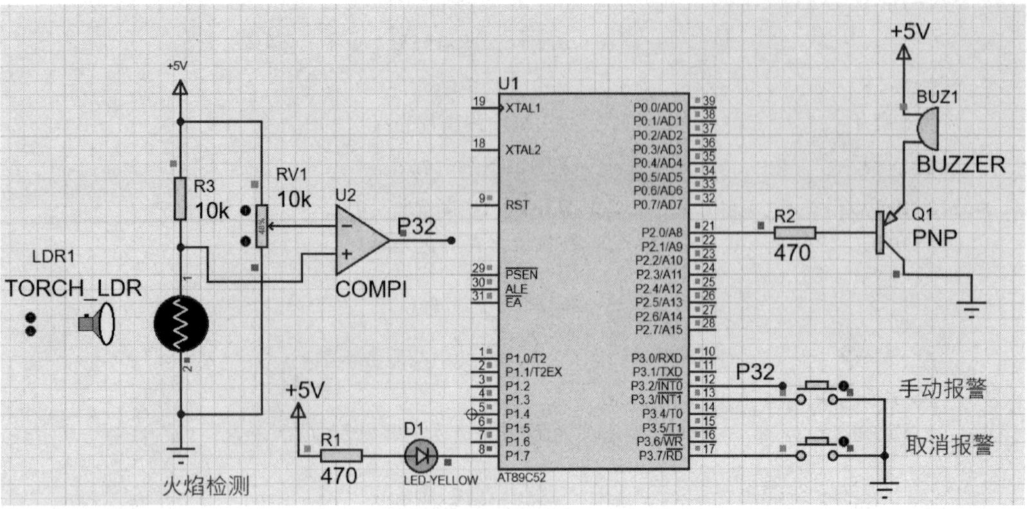

图 6.11　没有火焰信号时仿真的运行效果图

注意：蜂鸣器不响可能是电阻 R2 阻值选得过大，蜂鸣器的工作电压过高，或者错选了 DEVICE 类型蜂鸣器等原因。

习　　题

设单片机晶振频率为 12 MHz，使用中断系统使主程序 P0 口进行花样显示，显示规律为：P0 连接 8 个 LED，依次左移闪亮；当按下 INT1 按钮时，8 个 LED 依次右移闪亮；按下 INT0 时，8 个 LED 闪烁 5 次，INT0 优先。

7 串行通信

7.1 串行通信方式

7.1.1 通信方式

在单片机应用系统中，经常需要单片机与其他单片机、PC或外部设备进行数据通信。CPU与外部设备的基本通信方式有并行通信和串行通信两种方式。

① 并行通信，数据的各位同时进行传送[见图7.1(a)]。其特点是传送速度快、效率高。但因数据有多少位就需要有多少根传输线，当数据位数较多和传送距离较远时，就会导致通信线路成本提高，因此它适合于短距离传输。

② 串行通信，数据一位一位地按顺序进行传送[见图7.1(b)]。其特点是只需要一对传输线就可以实现通信。当传输距离较远时，它可以显著减少传输线，降低通信成本，但是串行传送的速度较慢，不适合高速通信。由于CPU工作速度的不断提高和串行通信的经济实用性，以及单片机芯片引脚的限制，串行通信在计算机应用中得到广泛应用。

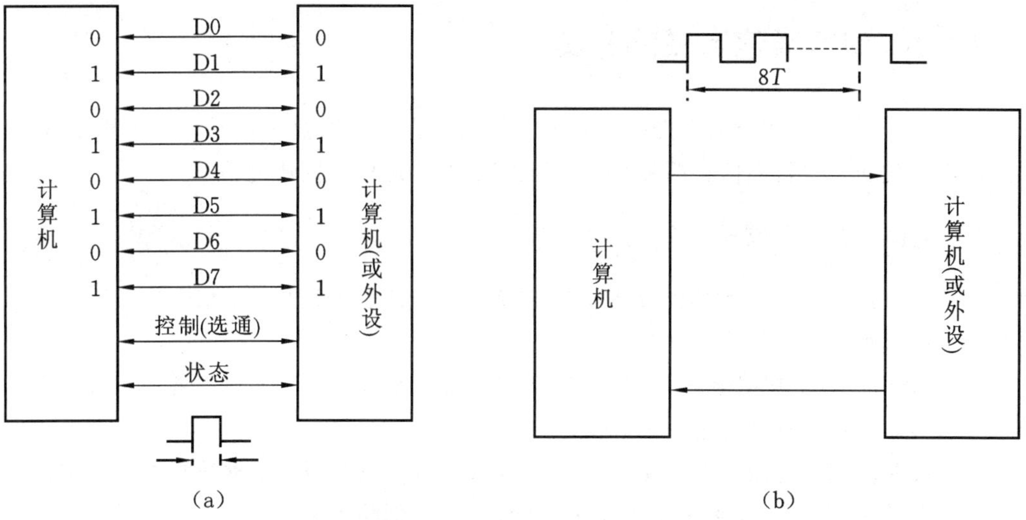

图7.1 并行通信与串行通信

(a) 并行通信；(b) 串行通信

7.1.2 串行通信的制式

在串行通信中，数据是在两个站之间进行传送的。按照数据传送方向，串行通信可分为单工(simplex)、半双工(half duplex)和全双工(full duplex) 3 种制式，如图 7.2 所示。

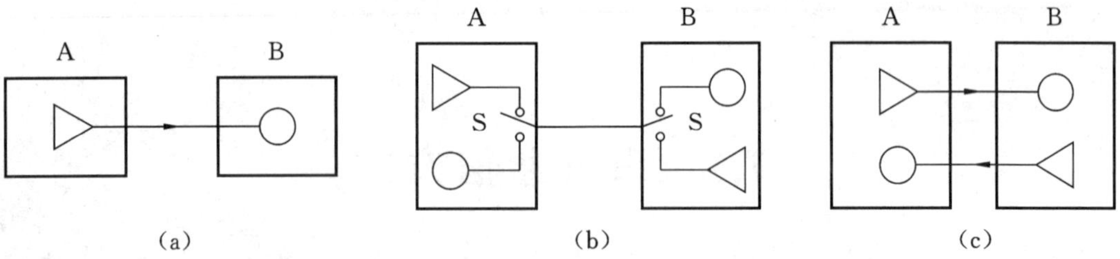

图 7.2 串行通信的制式

(a) 单工制式；(b) 半双工制式；(c) 全双工制式

在单工制式下，通信线的一端为发送器，一端为接收器，数据只能按照一个固定的方向传送，即一方只能发送，另一方只能接收，如图 7.2(a)所示。

在半双工制式下，系统的每个通信设备都由一个发送器和一个接收器组成，如图 7.2(b)所示。因而数据能从 A 站传送到 B 站，也可以从 B 站传送到 A 站，但是不能同时在两个方向上传送，即同一时刻，只能一端发送、一端接收。一般由软件方式切换。

在全双工制式下，系统的每端都有发送器和接收器，可以同时发送和接收，即数据可以在两个方向上同时传送，如图 7.2(c)所示。

在实际应用中，尽管多数串行通信接口电路具有全双工功能，但一般情况下，还是工作在半双工制式下，这是因为其用法简单、实用。

7.1.3 串行通信方式的分类

在计算机系统中，串行通信是指计算机主机与外设之间以及主机系统与主机系统之间数据的串行传送。串行通信有两种基本通信方式：异步通信和同步通信。

7.1.3.1 异步通信

在异步通信中，数据通常以字符(或字节)为单位组成数据帧传送，如图 7.3 所示。

每一帧数据包括以下几个部分。

(1) 起始位：位于数据帧开头，占一位，始终为低电平(0)，标志传送数据的开始，用于向接收设备表示发送端开始发送一帧数据。

(2) 数据位：要传送的字符(或字节)，紧跟在起始位之后，用户根据情况可取 5 位、6 位、7 位或 8 位，若所传数据为 ASCII 字符，则常取 7 位，由低位到高位依次前后传送。

(3) 奇偶校验位：位于数据位之后，仅占一位，用于校验串行发送数据的正确性，可根据需要采用奇校验或者偶校验。

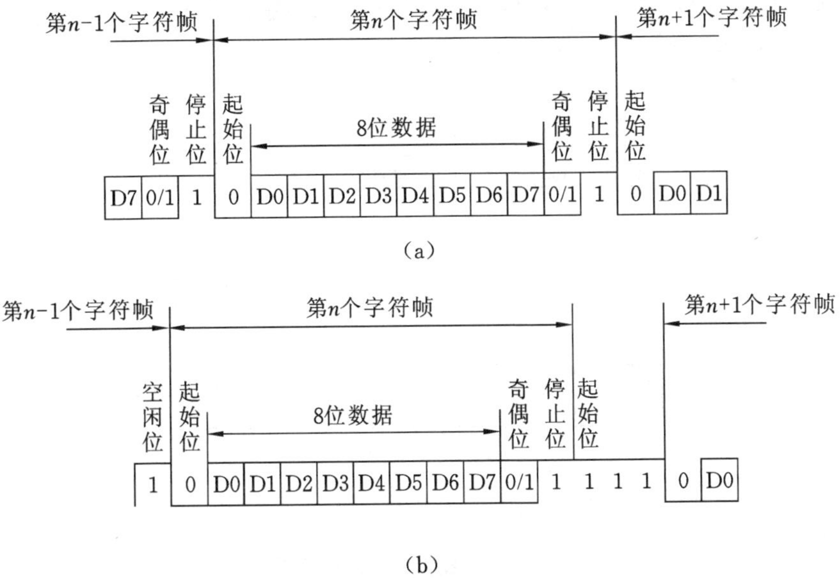

图 7.3 异步通信的字符帧格式

(a) 无空闲位字符帧;(b) 有空闲位字符帧

(4) 停止位:位于数据帧末尾,占一位、一位半(这里一位对应于一定的发送时间,故有半位)或两位,为高电平 1,用于向接收端表示一帧数据已发送完毕。

在串行通信中,有时为了使收发双方有一定的操作间隙,可以根据需要在相邻数据帧之间插入若干空闲位,空闲位和停止位一样也是高电平,表示线路处于等待状态。存在空闲位是异步通信的特征之一。

有了以上数据帧的格式规定,发送端和接收端就可以连续协调地传送数据,也就是说,接收端通过数据帧获取发送端何时开始发送数据和何时结束发送数据的信息。平时,传输线为高电平 1,每当接收端检测到传输线上发送位为低电平 0 时,表示发送端开始发送数据;每当接收端接收到数据帧中的停止位时就表示一帧数据已发送完毕。发送端和接收端可以有各自的时钟来控制数据的发送和接收,这两个时钟源彼此独立,可以互不同步。

异步通信传送数据的速率受到限制,一般为 50～9600 bit/s。但异步通信不需要传送同步脉冲,字符帧的长度不受限制,对硬件要求较低,因而在数据传送量不大、要求传送速率不高的远距离通信场合得到了广泛应用。

7.1.3.2 同步通信

在同步通信中,每个数据块传送开始时,采用一个或两个同步字符作为起始标志,数据在同步字符之后,个数不受限制,由所需传送的数据块长度确定,其格式如图 7.4 所示。

同步通信中的同步字符可以使用统一标准格式,此时单个同步字符常采用 ASCII 码中规定的 SYN(即 16H)代码,双同步字符一般采用国际通用标准代码 EB90H。

同步通信一次可以连续传送几个数据,每个数据不需起始位和停止位,数据之间不留间隙,因而数据传输速率高于异步通信,通常可达 56000 bit/s。但同步通信要求用准确的时钟来实现发送端与接收端之间的严格同步，为了保证数据传输正确无误，发送方除了发送数据外，还要同时把时钟传送到接收端。同步通信常用于传送数据量大、传送速率要求较高的场合。

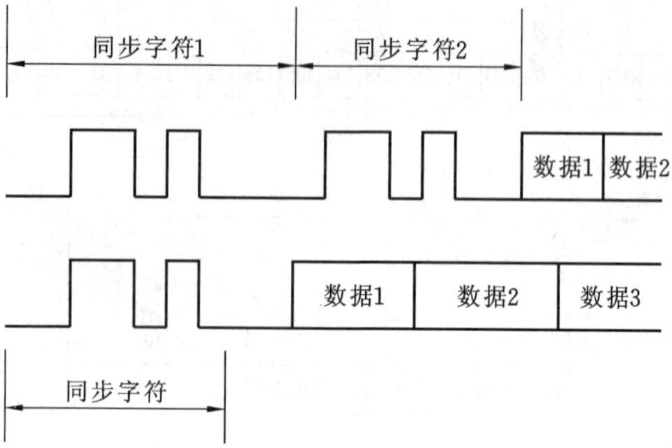

图 7.4　同步传送的数据格式

7.1.4　串行通信的传输速率与通信距离

串行通信数据线上的数据按位传送，每位信号持续的时间是由数据传送速率决定的。在串行通信中用波特率(Baud Rate)作为数据传送速率的单位。

波特率：单位时间内传送的信息量，以每秒传送的二进制代码的位数表示，即 1 波特＝1 位/秒，单位是 bps(位/秒)。在异步串行通信中，发送设备与接收设备要保持相同的传送波特率；在同一次传送过程中，一帧信息的起始位、数据位、校验位和停止位，也必须保持一致，这样才能成功地发送数据。

目前，单片机与其他数字设备之间常采用的波特率为 2400 bps、4800 bps、9600 bps、19200 bps、38400 bps、57600 bps 等。单片机波特率的实现与主频有关，随着主频的不断提高，串行口的速率也在提高。

若两个单片机通信距离很近，就可以将两个串行口直接用导线连接，但是必须共地。如果通信距离超过 1 m，应该使用串行通信接口，最常用的是 RS-232 通信接口，最大传输距离为 12 m。如果传输距离大于 12 m，小于 1200 m，可以采用 RS-485 通信接口。当需要传输距离更远时，还需加中继器或调制器。

7.1.5　串行通信常用的标准接口

在串行通信时，要求通信双方都采用一个标准接口，使不同的设备可以方便地连接起来进行通信。51 系列单片机与其他 51 系列单片机或 PC 进行串行通信时，单片机串行接口的信号的电平是 TTL 型，抗干扰能力差，传输距离短。为了提高串行通信的可靠性，延长通信距离，工程设计人员一般采用标准接口，如 RS-232、RS-422A、RS-485 等。这 3 种接口标准都是由美国电子工业协会(Electronic Industry Association,EIA)制定并发布的。随着计算机硬件、软件技术及集成电路技术的迅速发展,工业控制系统已成为计算机技术应用领域中最具活力的一个分支,并取得了巨大进步。由于对系统可靠性和灵活性的高要求,控制器局部网 CAN 总线也应运而生。

(1) RS-232 接口

RS-232 接口是最常用的一种串行通信接口,它被广泛用于计算机串行接口外设连接。与 FTL 以高低电平表示逻辑状态的规定不同,RS-232 接口是用正负电压来表示逻辑状态,因此,为了能够同计算机接口或终端的 TFL 器件连接,必须在 RS-232 与 TTL 电路之间进行电平和逻辑关系的变换。实现这种变换的方法可用分立元件,也可用集成电路芯片。目前较为广泛地使用集成电路转换器件,其中 MAX232 芯片可完成 TTL→EIA 双向电平转换。

RS-232 接口使用一根信号线和一根信号返回线而构成共地的传输形式,容易产生共模干扰,抗噪声干扰性弱;传输速率较低,在异步传输时,波特率为 20 Kbps;传输距离有限,最大传输距离为 15 m 左右;可以实现点对点的通信方式,但不能实现联网功能。因此,在要求通信距离为几十米到上千米时,广泛采用 RS-485 串行总线,常用的 RS-232 接口如图 7.5 所示。

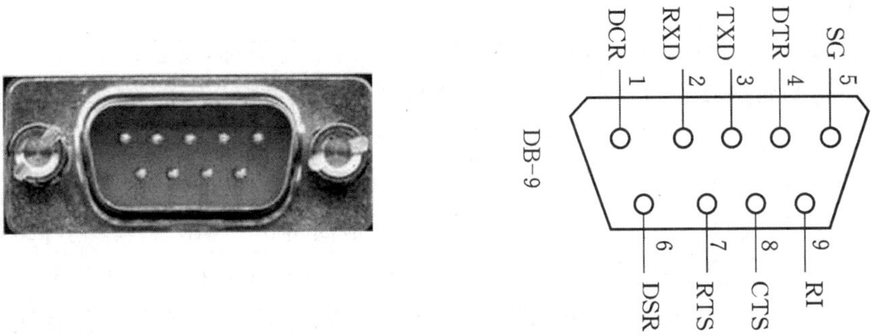

图 7.5 RS-232(9 针)接口

(2) RS-485 接口

RS-485 接口采用差分信号负逻辑,+2~+6 V 表示"0",-6 V~-2 V 表示"1",一般采用主从通信方式通信,即一个主机带多个从机。通信网络现在多采用两线制接线方式,为总线式拓扑结构,在很多情况下,只是简单地用一对双绞线将各个接口的"A"、"B"端连接起来,在同一总线上最多可以挂接 32 个结点。

RS-485 接口可以采用半双工工作方式,如图 7.6 右图所示,也可以采用全双工工作方式,如图 7.6 左图所示。当采用半双工制式工作时,任何时候只能有一点处于发送状态,因此,发送电路须由使能信号加以控制。RS-485 总线采用平衡发送和差分接收,因此具有抑制共模干扰的能力。加上总线收发器具有高灵敏度,能检测低至 200 mV 的电压,故传输信号能在千米以外得到恢复。

RS-485 理论上的最大传输速率为 10 Mb/s(可传送 15 m),最大传输距离为 1200 m(传输速率 100 Kb/s),但在实际应用中传输的距离要比 1200 m 短,具体能传输多远视周围环境而定。在传输过程中可以采用增加中继的方法对信号进行放大，最多可以加 8 个中继，最大传输距离可以达到 9.6 km。如果需要更长距离传输，可以在收发两端各加一个光电转换器，采用光纤为传播介质，多模光纤的传输距离是 5～10 km，而采用单模光纤可达 50 km 的传播距离。

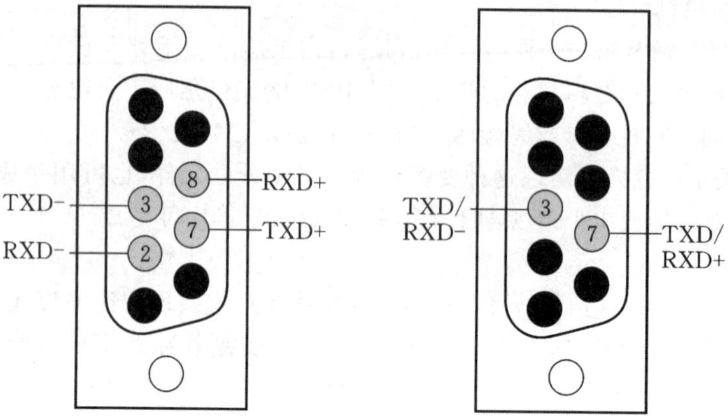

图 7.6　使用 DB-9 连接器的 RS-485 接口图

（3）CAN 总线

CAN(Controller Area Network)是控制器局域网络的简称，是德国 BOSCH 公司从 20 世纪 80 年代初为解决现代汽车中众多的控制与测试仪器之间的数据交换问题而开发的一种串行数据通信协议，并最终成为国际标准(ISO11898)。它是一种有效支持分布式控制或实时控制的串行通信网络，是国际上应用最广泛的现场总线之一。它是一种多主总线，通信介质可以是双绞线、同轴电缆或光导纤维，通信速率最高可达 1 Mb/s。较之许多 RS-485 基于 R 线构建的分布式控制系统而言，基于 CAN 总线的分布式控制系统具有明显的优越性。

首先，CAN 控制器工作于多种方式，网络中的各结点都可根据总线访问优先权(取决于报文标识符)采用无损结构的逐位仲裁的方式竞争向总线发送数据，且 CAN 协议废除了站地址编码，而代之以对通信数据进行编码，这可使不同的结点同时接收到相同的数据，这些特点使得 CAN 总线构成的网络各结点之间的数据通信实时性强，并且容易构成冗余结构，提高系统的可靠性和系统的灵活性。而利用 RS-485 只能构成主从式结构系统，通信方式也只能以主站轮询的方式进行，系统的实时性、可靠性较差。

CAN 总线通过 CAN 收发器接口芯片 82C250 的两个输出端 CANH 和 CANL 与物理总线相连，而 CANH 端的状态只能是高电平或悬浮状态，CANL 端只能是低电平或悬浮状态。这就保证不会再出现在 RS-485 网络中的现象，即当系统有错误，出现多结点同时向总线发送数据时，导致总线呈现短路，从而损坏某些结点的现象。而且 CAN 结点在错误严重的情况下具有自动关闭输出功能，以使总线上其他结点的操作不受影响，从而保证不会出现在网络中因个别结点出现问题，使得总线处于“死锁”状态。而且，CAN 具有的完善的通信协议可由 CAN 控制器芯片及其接口芯片来实现，从而大大降低系统开发难度，缩短了开发周期，这些是仅有电气协议的 RS-485 所无法比拟的。

与其他现场总线比较而言，CAN 总线具有通信速率高、容易实现，以及性价比高等特点，被广泛地应用于工业自动化、船舶、医疗设备、工业设备等领域。现场总线是当今自动化领域技术发展的热点之一，被誉为自动化领域的计算机局域网。它的出现为分布式控制系统实现各结点之间实时、可靠的数据通信提供了强有力的技术支持。

7.1.6 串行通信的差错校验

在串行通信中数据按位在数据线上传输，如果距离较远，由于信号畸变、线路干扰及设备质量等问题很容易出现传输错误，所以串行通信中一项很重要的技术就是差错控制技术，它包括对传送的数据进行校验，并在检验出错误时能够校正。目前常用的方法有奇偶校验、校验和校验及循环冗余码校验等。

(1) 奇偶校验

这是一种简单的校验方法，用于对一个字符的传送过程进行校验，分奇校验和偶校验。用这种校验方法，发送时在每一个字符的最高位之后，都附加一个奇偶校验位。如果是奇校验，它要保证整个字符(包括奇偶校验位)中的“1”的位数为奇数。如果是偶校验，“1”的位数为偶数。接收时，按照发送所确定的校验方法，对接收到的每一个字符进行校验，若二者不一致，便说明数据传送出了差错。

奇偶校验法只能检查出所传字符的一位错误，对两位或两位以上同时出错的情况就不能检测出来，是一种在串行通信中的有限的差错检测方法。

(2) 校验和校验

校验和的检验方法是对数据块进行校验，而不是对单个字符校验。在数据发送时，发送方对所发数据块简单求和，产生一个单字节的校验字符(校验和)，附加到数据块结尾。接收方对接收到的数据块(除校验字节外)也作算术求和，将所得的结果与接收到的校验和进行比较，如果两者不同，则说明接收有错。

(3) 循环冗余码校验

循环冗余码校验(Cyclic Redundancy Check，CRC)是通过某种数学运算实现有效信息与校验位之间的循环校验，常用于对磁盘信息的传输、存储区的完整性校验等。这种校验方法纠错能力强，广泛应用于同步通信中。

7.2 串行口的功能与结构

7.2.1 串行口的内部结构

51 单片机内部有一个可编程的全双工串行通信接口，可以作为通用异步接收/发送器(Universal Asychronous Receiver/Transmitter，UART)，也可作为同步移位寄存器。它的数据帧格式可为 8 位、10 位和 11 位，可设置多种不同的波特率，通过引脚 RXD(P3.0)和 TXD(P3.1)与外界进行通信。单片机中与串行通信相关的结构组成如图 7.7 所示。

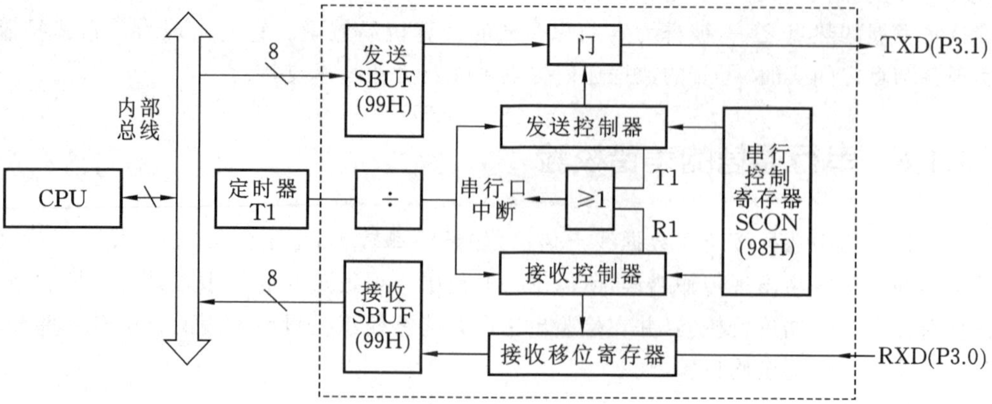

图 7.7 单片机中与串行通信相关的结构组成

图 7.7 中，虚线框部分为串行口结构，其内包括两个数据缓冲器 SBUF、串行控制寄存器 SCON、接收移位寄存器、发送控制器和接收控制器。除此之外，该模块还与定时器 T1 和单片机内部总线相关。

7.2.2 数据传送过程

两个数据缓冲器 SBUF 在物理上是相互独立的，一个用于发送数据（$SBUF_{发}$）、一个用于接收数据（$SBUF_{收}$）。但 SBUF 只能写入数据，不能读出数据，$SBUF_{收}$只能读出数据，不能写入数据。所以两个 SBUF 可共用一个地址（99H），通过读/写指令区别是对哪个 SBUF 的操作。

发送控制器的作用是在门电路和定时器 T1 的配合下，将 $SBUF_{发}$中的并行数据转为串行数据，并自动添加起始位、可编程位、停止位。这一过程结束后可使发送中断请求标志位 TI 自动置 1，用以通知 CPU 已将 SBUF 中的数据输出到了 TXD 引脚。

接收控制器的作用是在接收移位寄存器和定时器 T1 的配合下，使来自 RXD 引脚的串行数据转为并行数据，并自动过滤掉起始位、可编程位、停止位。这一过程结束后，可使接收中断请求标志位 RI 自动置 1，用以通知 CPU 接收的数据已存入 $SBUF_{收}$。

从数据发送和接收过程看出，发送的数据从 SBUF 直接送出，接收的数据则经过接收移位寄存器后才到达 $SBUF_{收}$。当接收数据进入 $SBUF_{收}$后，接收端还可以通过接收移位寄存器接收下一帧数据。由此可见，发送端为单缓冲结构，接收端为双缓冲结构，这样可以避免在第 2 帧接收数据到来时，CPU 因未及时读取第 1 帧数据而引起两帧数据重叠的错误。

定时器 T1 的作用是产生用以收发过程中节拍控制的通信时钟（方波脉冲），如图 7.8 所示。其中，发送数据时，通信时钟的下降沿对应于数据移位输出[见图 7.8(a)]；接收数据时，通信时钟的上升沿对应于数据位采样[见图 7.8(b)]。通信时钟频率（波特率）由定时器的控制寄存器管理。

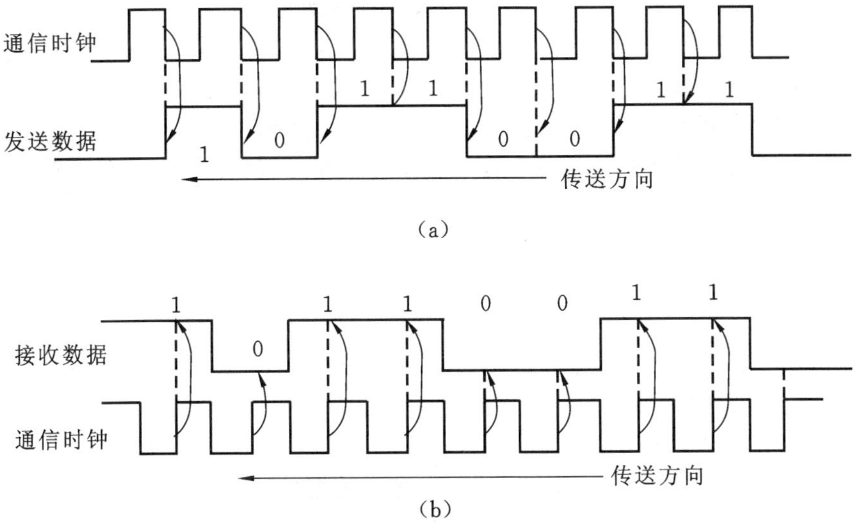

图 7.8 通信时钟脉冲

(a) 发送数据时;(b) 接收数据时

7.3 串行口的控制寄存器

51 单片机的串行口是可编程接口,通过对两个特殊功能寄存器 SCON 和 PCON 进行编程,可控制串行口的工作方式和波特率。

7.3.1 串行口控制寄存器 SCON

SCON 是 51 单片机的一个特殊功能寄存器(SFR),串行数据通信的方式选择、接收和发送控制以及串行口的状态标志都由专用寄存器 SCON 控制和指示。SCON 用于控制串行口的工作方式,同时还包含要发送或接收到的第 9 位数据位以及串行口中断标志位。该寄存器的字节地址为 98H,可进行位寻址,其各位的定义如表 7.1 所示。

表 7.1 串行口控制寄存器 SCON 位定义

D7	D6	D5	D4	D3	D2	D1	D0
SM0	SM1	SM2	REN	TB8	RB8	TI	RI

(1) SM0、SM1:由软件置位或者清零,用于选择串行口的工作方式,两个选择位对应 4 种工作方式。

(2) SM2:多机通信接收数据控制位。在方式 2 和方式 3 中,在接收数据时,如果SM2=1,当接收到的第 9 位数据 RB8 为 0 时,不启动接收标志位 RI(即 RI=0),将接收到的前 8 位数据丢弃。当 RB8 为 1 时,置位 RI 产生中断请求,并将接收到的前 8 位数据送入 SUBF 中。如果 SM2=0,接收总能实现。在方式 0 时,SM2 必须为 0。

(3) REN:允许串行接收控制位。若 REN=0,则禁止接收;若 REN=1,则允许接收。该位由软件置位或清零。

(4) TB8:发送数据的 D8 位。在方式 2 和方式 3 时,TB8 为所要求的第 9 位数据。在多机通信中,以 TB8 位的状态表示主机发送的是地址还是数据。若 TB8=0,主机发送的是数据,若 TB8=1,主机发送的则为地址。也可用作数据的奇偶校验位。该位由软件进行置位或清零。

(5) RB8:接收数据的 D8 位。在方式 2 和方式 3 时,接收到的第 9 位数据可作为奇偶校验位或地址帧或数据帧的标志。在方式 1 时,若 SM2=0,则 RB8 是接收到的停止位。在方式 0 时,不使用 RB8 位。

(6) TI:发送中断标志位。在方式 0 时,当发送的数据第 8 位结束后,或在其他方式发送停止位后,内部硬件使 TI 置位,向 CPU 请求中断。在 CPU 响应中断后,必须用软件清零。此外,TI 也可供查询使用。

(7) RI:接收中断标志位。在方式 0 时,当接收数据的第 8 位结束后,或在其他的方式接收到停止位后,内部硬件使 RI 置位,向 CPU 请求中断。同样,在 CPU 响应中断后,必须用软件清零。RI 也可供查询使用。

7.3.2 电源控制寄存器 PCON

电源控制寄存器 PCON,字节地址是 97H,其位定义如表 7.2 所示。

表 7.2 电源控制寄存器 PCON 位定义

D7	D6	D5	D4	D3	D2	D1	D0
SMOD	—	—	—	GF1	GF0	PD	IDL

PCON 的最高位 SMOD 是串行口波特率控制位。当 SMOD=1 时,波特率增大二倍。其他各位与串行口无关。

7.4 串行口的工作方式

51 单片机串行口有方式 0、方式 1、方式 2 和方式 3 四种工作方式,如表 7.3 所示。方式 0 主要用于扩展并行输入/输出口,方式 1、方式 2 和方式 3 主要用于串行通信。

表 7.3 串行口工作方式

SM0	SM1	工作方式	功能	波特率
0	0	方式 0	8 位移位寄存器方式(用于并行 I/O 口扩展)	$f_{osc}/12$
0	1	方式 1	10 位通用异步接收器/发送器	波特率可变
1	0	方式 2	11 位通用异步接收器/发送器	$f_{osc}/32$ 或 $f_{osc}/64$
1	1	方式 3	11 位通用异步接收器/发送器	波特率可变

7.4.1 方式0

方式0为同步移位寄存器输入/输出方式，常用于扩展并行I/O口。串行数据通过RXD输入或输出，同时通过TXD输出同步移位脉冲，作为外部设备的同步信号。在该方式中，收/发的数据帧格式如图7.9(a)所示，一帧数据为8位，低位在前，高位在后，无起始位、奇偶校验位及停止位，波特率固定为$f_{osc}/12$。

(1) 发送过程

当CPU执行一条将数据写入发送缓冲器SBUF的指令后，串行口将SBUF中的8位数据从RXD端一位一位地输出。数据发送完毕后由硬件将TI置位，发送下一个数据之前应先用软件将TI清零。

(2) 接收过程

用软件使REN=1(同时RI=0)就会启动一次接收过程。外部数据一位一位地从RXD引脚输入接收SBUF中，接收完8位数据后由硬件置位RI。用户可以通过中断或查询方式将数据读入累加器。接收下一个数据之前应先用软件将RI清零。

7.4.2 方式1

方式1为波特率可变的10位异步通信方式，由TXD端发送数据，RXD端接收数据。收发帧数据的格式为1位起始位、8位数据位、1位停止位，共10位，如图7.9(b)所示。在接收时，停止位进入RB8。

(1) 发送过程

当CPU执行一条将数据写入SBUF的指令时，就启动发送过程。当发送完一帧数据时，由硬件将发送中断标志位TI置位。

(2) 接收过程

当用软件使REN=1时，接收器开始对RXD引脚进行采样，采样脉冲频率是所选波特率的16倍。当检测到RXD引脚上出现从“1”到“0”的跳变时，就启动接收器接收数据。当一帧数据接收完毕后，必须同时满足以下两个条件：①RI=0；②SM2=0或接收到的停止位为1，这次接收才真正有效，将8位数据送入SBUF，停止位送RB8，置位RI(向CPU发出中断请求)。否则，这次接收到的数据将因不能装入SBUF而丢失。

7.4.3 方式2和方式3

方式2和方式3都是11位异步通信，操作方式完全一样，只有波特率不同，适用于多机通信。在方式2或方式3下，数据由TXD端发送，RXD端接收。收发一帧数据为11位：1位起始位(低电平)、8位数据位、1位可编程的第9位(D8：用于奇偶校验或地址/数据选择，发送时为TB8，接收时送入RB8)、1位停止位(高电平)，如图7.9(c)所示。

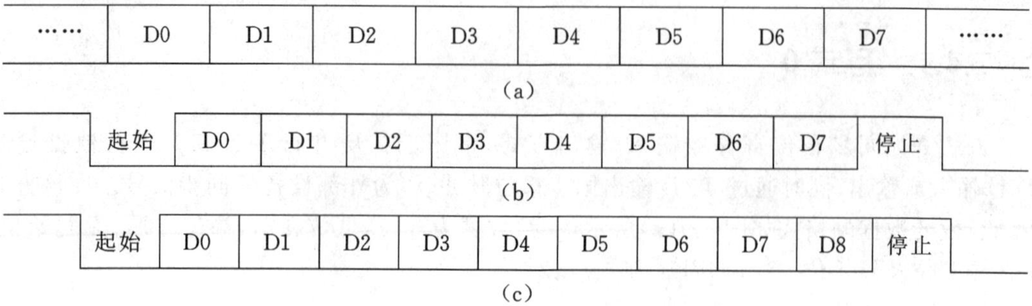

图 7.9　串行口 4 种工作方式的数据帧格式

(a) 方式 0 数据帧格式；(b) 方式 1 数据帧格式；(c) 方式 2 和方式 3 数据帧格式

7.5　波特率的确定

在串行通信中，收发双方发送或接收的波特率必须一致。通过软件对 51 单片机串行口可设定 4 种工作方式。其中方式 0 和方式 2 的波特率是固定的；方式 1 和方式 3 的波特率是可变的，由定时器 T1 的溢出率来确定（定时器 T1 的溢出率就是 T1 每秒溢出的次数）。

7.5.1　波特率的定义

波特率的定义：串行口每秒钟发送（或接收）的位数称为波特率。设发送一位所需要的时间为 T，则波特率为 $1/T$。

51 单片机的串行口以方式 1 或方式 3 工作时，波特率和定时器 T1 的溢出率有关。

对于定时器的不同工作方式，得到的波特率的范围是不一样的，这是由定时/计数器 T1 在不同工作方式下计数位数的不同所决定的。

7.5.2　定时器 T1 产生波特率的计算

(1) 串行口工作在方式 0 时，波特率固定为时钟频率 f_{osc} 的 1/12，且不受 SMOD 位的值的影响。若 $f_{osc}=12$ MHz，波特率为 $f_{osc}/12$ 即 1 Mb/s。波特率与串行口的工作方式有关。

(2) 串行口工作在方式 2 时，波特率与 SMOD 值有关。

$$\text{方式 2 波特率}=\frac{2^{SMOD}}{64}\times f_{osc}$$

若 $f_{osc}=12$ MHz，$SMOD=0$，波特率 $=187.5$ Kb/s；$SMOD=1$，波特率 $=375$ Kb/s。

(3) 串行口工作在方式 1 或方式 3 时，常用定时器 T1 作为波特率发生器。T1 的溢出率和 SMOD 的值共同决定波特率，其关系式为：

$$\text{波特率}=\frac{2^{SMOD}}{32}\times \text{定时器 T1 的溢出率} \tag{7.1}$$

在实际设定波特率时，T1 常设置为方式 2 定时（自动装初值），即 TL1 作 8 位计数器，TH1 存放备用初值。这种方式不仅可使操作方便，也可避免因软件重装初值而带来的定时误差。

设定时器 T1(方式 2)初值为 X,则有:

$$定时器\ T1\ 的溢出率=\frac{计数速率}{256-X}=\frac{f_{osc}/12}{256-X} \tag{7.2}$$

将式(7.1)代入式(7.2),则有

$$波特率=\frac{2^{SMOD}}{32}\times\frac{f_{osc}}{12(256-X)} \tag{7.3}$$

由式(7.3)可见,这种方式波特率随 f_{osc}、$SMOD$ 以及初值 X 而变化。

在实际使用时,经常根据已知波特率和时钟频率来计算定时器 T1 的初值 X。为避免繁杂的初值计算,常用的波特率和初值 X 间的关系可列成表 7.4,以供查用。

表 7.4　用定时器 T1 产生的常用波特率

波特率	f_{osc}	SMOD 位	定时器 T1		
			$C/\overline{T}$	工作方式	初值 X
串口方式 0:1 M	12 MHz	×	×	×	×
串口方式 0:0.5 M	6 MHz	×	×	×	×
串口方式 2:375000	12 MHz	1	×	×	×
串口方式 2:187500	6 MHz	1	×	×	×
串口方式 1 或 3:62500	12 MHz	1	0	2	FFH
19200	11.0592 MHz	1	0	2	FDH
9600	11.0592 MHz	0	0	2	FDH
4800	11.0592 MHz	0	0	2	FAH
2400	11.0592 MHz	0	0	2	F4H
1200	11.0592 MHz	0	0	2	E8H
137500	11.0592 MHz	0	0	2	1DH
110	12 MHz	0	0	1	FEEBN
19200	6 MHz	1	0	2	FEH
9600	6 MHz	1	0	2	FDH
4800	6 MHz	0	0	2	FDH
2400	6 MHz	0	0	2	FAH
1200	6 MHz	0	0	2	F4H
600	6 MHz	0	0	2	E8H
110	6 MHz	0	0	2	72H
55	6 MHz	0	0	1	FEEBN

表 7.4 有两点需要注意:

(1) 在使用的时钟振荡频率为 12 MHz 或 6 MHz 时,表中初值 X 和相应的波特率之间有一定误差。例如,FDH 的对应的理论值是 10416 波特(时钟振荡频率为 6 MHz 时),与 9600 波特相差 816 波特,消除误差可以通过调整时钟振荡频率 f_{osc} 实现。例如采用的时钟振荡频率为 11.0592 MHz。

(2) 如果串行通信选用很低的波特率,例如,波特率选为 55,可将定时器 T1 设置为方式 1 定时。但在这种情况下,T1 溢出时,需要在中断服务程序中重新装入初值。中断响应时间和执行指令时间会使波特率产生一定的误差,可用改变初值的方法加以调整。

【例 7.1】 若 8031 单片机的时钟振荡频率为 11.0592 MHz,选用 T1 的方式 2 定时作为波特率发生器,波特率为 2400 b/s,求初值。

设 T1 为方式 2 定时,选 $SMOD=0$。

将已知条件代入式(7.3)中:

$$\text{波特率}=\frac{2^{SMOD}}{32}\times\frac{f_{osc}}{12(256-X)}=2400$$

从中解得:$X=244=\text{F4H}$,只要把 F4H 装入 TH1 和 TL1,则 T1 发出的波特率为 2400 b/s。

上述结果也可直接从表 7.4 中查到。

这里时钟振荡频率选为 11.0592 MHz,就可使初值为整数,从而产生精确的波特率。

7.6 双机通信

7.6.1 串行口的初始化过程

串行口工作之前,应对其进行初始化,主要是确定串行口的控制方式(编程 SCON)、确定定时/计数器 1 的工作方式(编程 TMOD)、波特率设置(计算 T1 的初值,装载 TH1、TL1)、确定串行口工作于中断方式或者查询方式、中断控制设置(编程 IE、IP)、启动定时/计数器 1 等。

7.6.1.1 确定串行口的控制方式(编程 SCON)

串行口的控制方式主要包括串行口的工作方式、是否多机通信、是否是允许接收、第 9 位数据的处理(如发送地址第 9 位数据 TB8 必须为 1)等。

7.6.1.2 确定定时/计数器 1 的工作方式(编程 TMOD)

根据串行口的工作方式确定定时/计数器 1 的工作方式。串行口工作于方式 0 和方式 2 时,波特率基本固定,不需要定时/计数器 1;串行口工作于方式 1 和方式 3 时,一般使用 T1 作波特率发生器,定时/计数器工作在方式 2,是一个自动重装初值的 8 位定时/计数器。

7.6.1.3 波特率设置(计算 T1 的初值,装载 TH1、TL1)

串行口工作于方式 1 和方式 3,使用 T1 作波特率发生器时,首先需要设定波特率。波特率设定后,需要根据 SMOD 设置的情况,计算定时/计数器 T1 的计数初值 N,并写入定时/计数器 T1 的 TH1 和 TL1 中。

7.6.1.4 确定串行口工作于中断方式或者查询方式

由于中断方式和查询方式的工作效率、编程方法等都是不同的,都有其独特的应用场合，因此在编程前首先要确定串行口是工作于中断方式，还是查询方式，并根据不同的方式，编制相对应的程序。

7.6.1.5 中断控制设置（编程 IE、IP）

串行口在中断方式工作时，要进行根据中断源的使用情况，进行中断允许设置（编程 IE），以及中断优先级设置（编程 IP）。

7.6.1.6 启动定时/计数器 1

编程 TCON 中的 TR1，即 TR1 置位或使 TR1＝1。

7.6.2 项目十六：两个单片机串行通信应用系统设计

7.6.2.1 系统设计要求

在控制系统中有 A、B 两个单片机，首先将 P1 口拨码开关数据载入 SBUF，然后经由 TXD 将数据传送给 B 单片机，B 单片机将接收数据存入 SBUF，再经由 SBUF 载入累加器，并输出至 P1 口，点亮相应端口的 LED。两个单片机串行通信原理如图 7.10 所示。

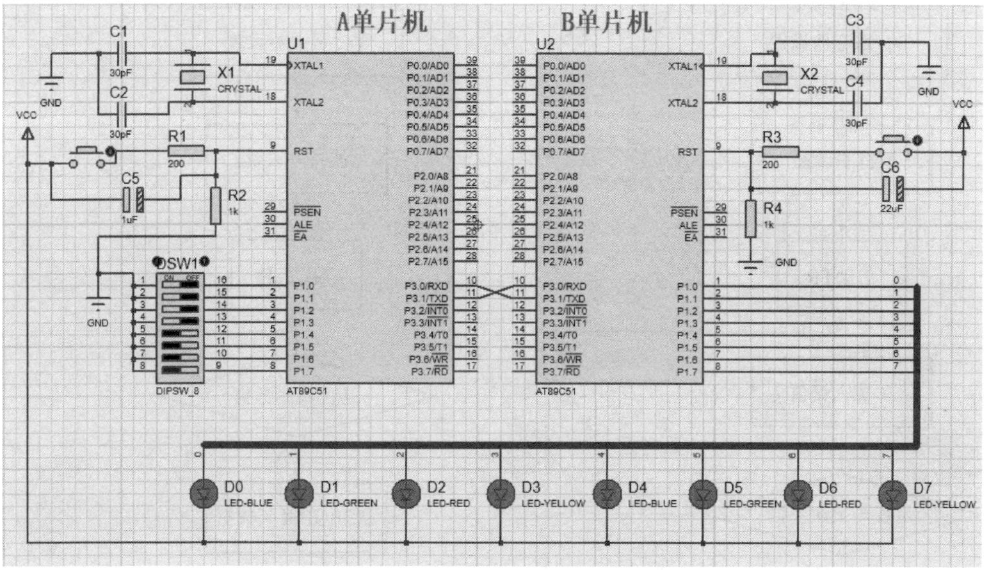

图 7.10 两个单片机串行通信原理图

7.6.2.2 系统设计分析

单片机的最小系统（2 个）＋八盏灯（单片机 2：P1 口）＋拨码开关（单片机 1：P1 口）。首先确定串口控制（编程 SCON）的值。A 单片机工作于方式 1，只能发送（P1 口指拨码开关数据，8 位），不能接收，SCON＝01000000B＝40H。B 单片机工作于方式 1，允许接收，SCON＝01010000B＝50H；然后确定定时/计数器 1 的工作方式（编程 TMOD）。51 系列单片机串行口通信时，一般使用 T1 作波特率发生器，定时器工作在方式 2，是一个自动重装初值的 8

位定时器,可确定 TMOD=00100000=20H;计算 T1 的初值,装载 TH1、TL1。由于是两个单片机之间的通信,初值可任意选取,只要两个单片机一致即可。

确定串行口工作于中断方式或者查询方式,并根据不同的方式,编制相对应的程序;串行口工作在中断方式时,要进行中断设置(编程 IE、IP),工作在查询方式时,则不需要进行中断设置。

拨码开关数据处理,可放入某一寄存器或某一地址。

7.6.2.3 系统原理图设计

系统所需元器件为单片机 AT89C51、瓷片电容 CAP 30 pF、晶振 CRYSTAL 12 MHz、电解电容 CAP-ELEC、按钮 BUTTON、电阻 RES、发光二极管 YELLOW、发光二极管 RED、发光二极管 GREEN、发光二极管 BLUE、指拨开关 DIPSW_8。

7.6.2.4 系统程序设计

两个单片机串行通信程序流程图如图 7.11 所示。

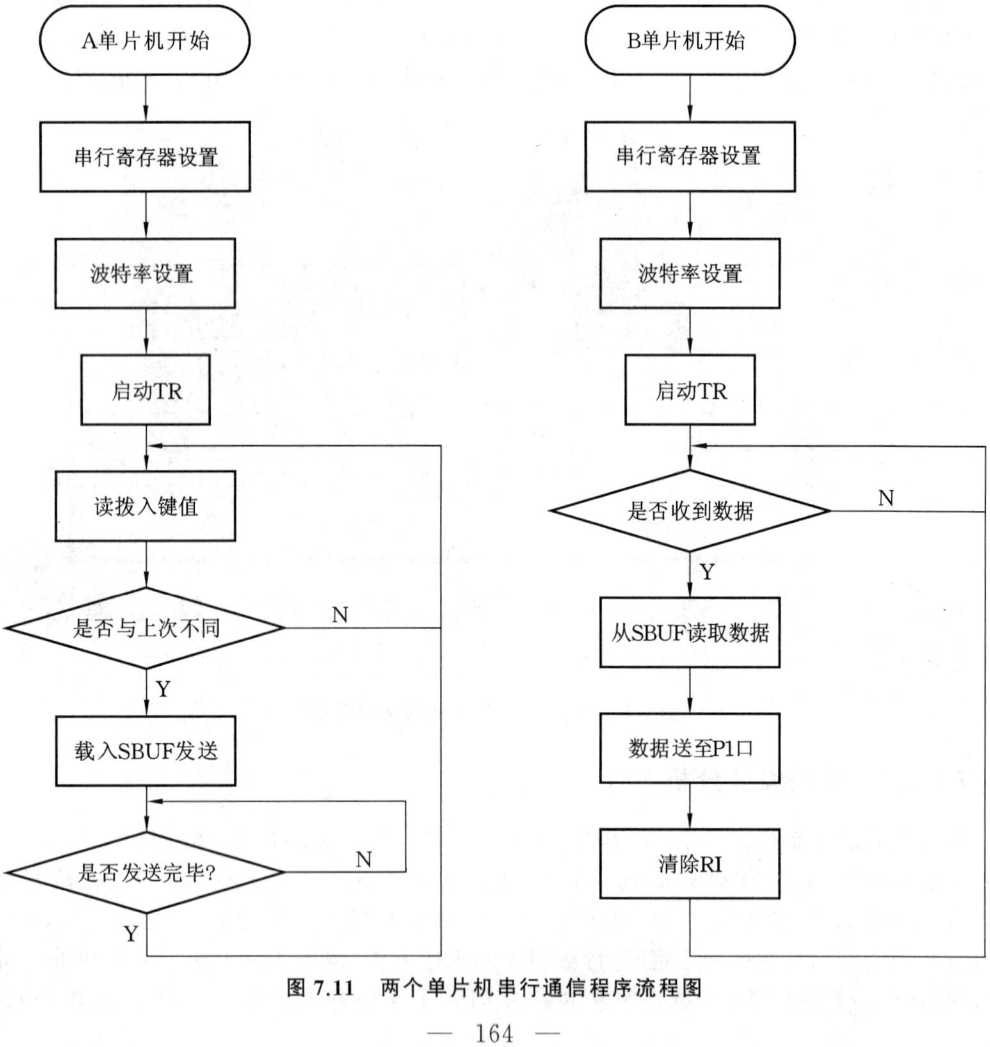

图 7.11 两个单片机串行通信程序流程图

7.6.2.5 系统源程序设计

C 语言源程序如下：

A 单片机的程序：

程序 18

```
# include <reg51.h>
# define uint unsigned int
# define uchar unsigned char
void main (void)
{
    uchar i=0;
    scon=0x40;
    TMOD=0x20;
    TH1=0xFA;
    TL1=0xFA;
    TR1=1;
    while(1)
    {
        while(P1==i); //查询是否有变化
        i=P1;
        SBUF=i;
        while(TI==0);
        TI=0;
    }
}
```

B 单片机的程序：

```
# include <reg51.h>
# define uint unsigned int
# define uchar unsigned char
void main (void)
{
    uchar i=0;
    scon=0x50;
    TMOD=0x20;
    TH1=0xFA;
    TL1=0xFA;
    TR1=1;
    while(1)
```

```
        {
            while(RI==0);//查询是否接收完毕
            RI=0;
            i=SBUF;
            P1=i;
        }
    }
```

7.6.2.6 仿真调试

在 Keil 中创建“shuangjitongxin1”项目，并输入 A 单片机的程序，程序调试成功后，输出“shuangjitongxin1.HEX”文件，然后创建“shuangjitongxin2”项目，并输入 B 单片机的程序，程序调试成功后，输出“shuangjitongxin2.HEX”文件。

打开按照两个单片机串行通信原理图绘制完成的“shuangjitongxin.pdsprj”文件，将“shuangjitongxin1.HEX”文件导入 A 单片机中，“shuangjitongxin2.HEX”文件导入 B 单片机中。点击 Proteus 软件的 ▶ 按钮进入程序调试状态，拨动 A 单片机的输入开关 DIPSW，改变开关状态，B 单片机显示相应的 LED。

7.6.3 项目十七：单片机与计算机的串行通信

7.6.3.1 系统设计要求

采用 51 单片机作为主控芯片，采用串口调试助手进行仿真测试，采用数码管显示电脑下发的字符，可通过按键控制字符上传指令。

7.6.3.2 系统设计分析

系统包括单片机的最小系统，共阴极数码管，RS-232 串行口，发送字符控制按键。首先确定串口控制(编程 SCON)的值，之后确定串行口工作于中断方式或者查询方式，并根据不同的方式，编制相对应的程序；串行口工作在中断方式时，要进行中断设置(编程 IE、IP)，工作在查询方式时，则不需要进行中断设置。按下按键开始发送字符。

7.6.3.3 系统原理图设计

系统所需元器件为单片机 AT89C51、瓷片电容 CAP 30 pF、晶振 CRYSTAL 12 MHz、电解电容 CAP-ELEC、按钮 BUTTON、电阻 RES、排阻 RESPACK-8、MAX232 芯片 MAX232，RS-232 端口 COMPIM。单片机与计算机通信的原理图如图 7.12 所示。

7.6.3.4 系统程序设计

单片机与计算机串行通信的流程图如图 7.13 所示。

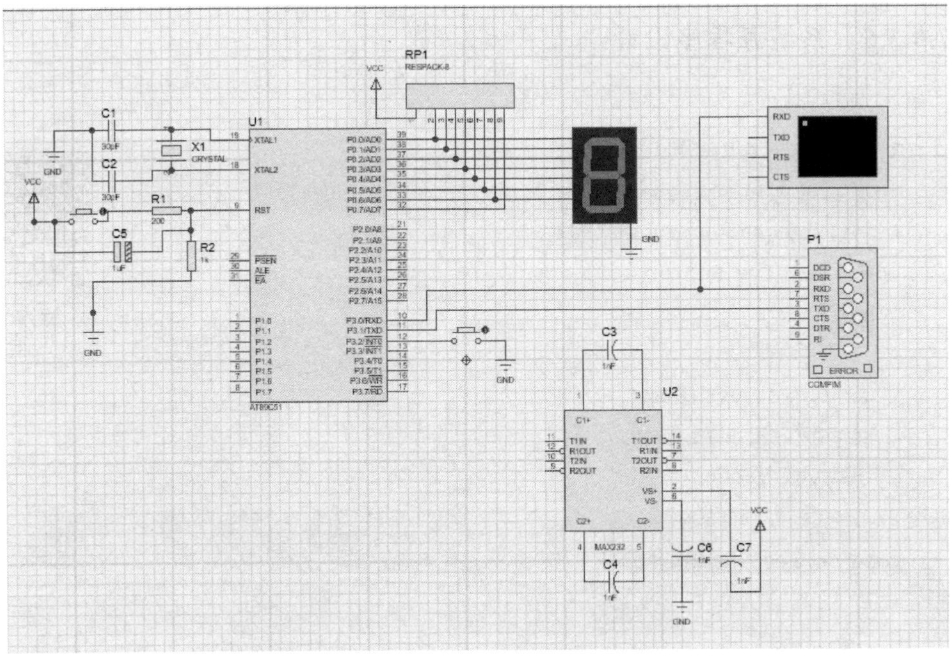

图 7.12　单片机与计算机串行通信原理图

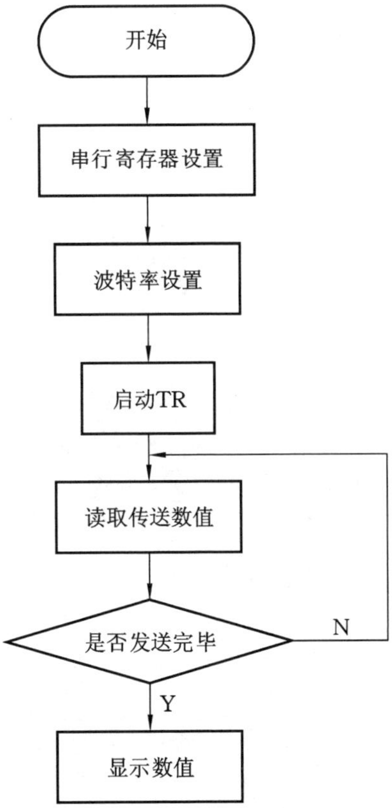

图 7.13　单片机与计算机串行通信程序流程图

7.6.3.5 系统源程序设计

C 语言源程序如下：

程序 19

```
# include <reg51.h>
# define uint unsigned int
# define uchar unsigned char
uchar Receive_Buffer[101];
uchar code DSY_CODE[ ]=
{
   0x3f,0x06,0x5b,0x4f,
   0x66,0x6d,0x7d,0x07,
   0x7f,0x6f,0x00
}
void Delay(uint x)
{
    uchar i;
    while(x--)
    {
        for(i=0; i<120; i++);
    }
}
void main (void)
{
    uchar i=0;
    P0=0x00;
    Receive_Buffer[0]=i;
    SCON=0x50;
    TMOD=0x20;
    PCON=0x00;
    TH1=0xfd;
    TL1=0xfd;
    EA=1;
    EX0=1;
    IT0=1;
    ES=1;
    IP=0x01;
    TR1=1;
    while(1)
```

```
        {
            for(i=0;i<100;i++)
            {
                if(Receive_Buffer[i]==-1)
                break;
                P0=DSY_CODE[Receive_Buffer[i]];
                Delay(200);
            }
            Delay(200);
        }
    }
```

7.6.3.6 仿真设计

在 Keil 中创建“PCTONGXIN”项目，并输入 A 单片机的程序，程序调试成功后，输出“PCTONGXIN.HEX”文件。

打开按照单片机与计算机通信原理图绘制完成的“PCTONGXIN.pdsprj”文件，将“PCTONGXIN.HEX”文件导入单片机中。点击 Proteus 软件的 ▶ 按钮进入程序调试状态，观察仿真效果。

习　　题

(1) 设计要求：设晶振为 12 MHz，将拨码开关数据串行输入到 74LS164，并行输出到两个 LED 数码管进行相应的数码显示。

(2) 试用 8051 串行口方式 0 扩展并行输出口，控制 16 个发光二极管自右向左以一定速度流发光，设计仿真电路，编写控制程序，进行仿真调试。

(3) 试用 8051 串行口扩展 8 位并行输入口(数据)，并将输入的数据通过 P0 端口控制 7 段 LED 显示，设计仿真电路，编写控制程序，进行仿真调试。

(4) 试用 8051 串行口扩展 8 位并行输入口(数据)，并通过串行口扩展并行输出口，控制段码 LED 显示输入的数据，设计仿真电路，编写控制程序，进行仿真调试。

(5) 8051 以方式 3 进行串行通信，假定波特率为 1200 bit/s，第 9 位作奇偶校验位，以查询方式接收，请编写程序。

8　单片机的 A/D、D/A 转换接口设计

8.1　A/D 转换器系统设计

A/D 转换器(ADC)把模拟量转换成数字量,单片机才能进行数据处理。随着超大规模集成电路技术的飞速发展,大量结构不同、性能各异的 A/D 转换芯片应运而生。

8.1.1　A/D 转换器原理

目前单片 ADC 芯片较多,对设计者来说,只需合理地选择芯片即可。现在部分的单片机片内也集成了 A/D 转换器,位数为 8 位、10 位或 12 位,且转换速度也很快,但是在片内 A/D 转换器不能满足需求的情况下,还是需要外扩。因此,作为外部扩展 A/D 转换器的基本方法,还是应当掌握。

尽管 A/D 转换器的种类很多,但目前广泛应用在单片机应用系统中的主要有逐次比较型转换器和双积分型转换器,此外Σ-△式转换器也逐渐得到重视和应用。

逐次比较型 A/D 转换器在精度、速度和价格上都适中,是最常用的 A/D 转换器。双积分型 A/D 转换器具有精度高、抗干扰性好、价格低廉等优点,与逐次比较型 A/D 转换器相比,转换速度较慢,近年来在单片机应用领域中已得到广泛应用。Σ-△式 ADC 具有双积分型与逐次比较型 ADC 的双重优点。它对工业现场的串模干扰具有较强的抑制能力,不亚于双积分型 ADC,它比双积分型 ADC 有更高的转换速度,与逐次比较型 ADC 相比有较高的信噪比,分辨率高,线性度好。由于上述优点,Σ-△式 ADC 也逐渐得到重视,已有多种Σ-△式 A/D 芯片可供用户选用。

A/D 转换器按照输出数字量的有效位数分为 4 位、8 位、10 位、12 位、14 位、16 位并行输出以及 BCD 码输出等多种类型。目前,除了并行的 A/D 转换器外,带有同步 SPI 串行接口的 A/D 转换器的使用也逐渐增多。串行接口的 A/D 转换器具有占用单片机的端口线少、使用方便、接口简单等优点,已经得到广泛的使用。较为典型的串行 A/D 转换器为美国 TI 公司的 TLC549(8 位)、TLC1549(10 位)以及 TLC1543(10 位)和 TLC2543(12 位)等。

A/D 转换器按照转换速度可大致分为超高速(转换时间≤1 ns)、高速(转换时间≤1 μs)、中速(转换时间≤1 ms)、低速(转换时间≤1 s)等几种不同转换速度的芯片。目前许多新型的 A/D 转换器已将多路转换开关、时钟电路、基准电压源、二-十进制译码器和转换电路集成在一个芯片内,为用户提供了极大方便。

8.1.2 A/D 转换器的主要技术指标

8.1.2.1 转换时间或转换速率

转换时间是指 A/D 转换器完成一次转换所需要的时间。转换时间的倒数为转换速率。

8.1.2.2 分辨率

分辨率是衡量 A/D 转换器能够分辨出输入模拟量最小变化程度的技术指标。分辨率取决于 A/D 转换器的位数,所以习惯上用输出的二进制位数表示。例如某型号 A/D 转换器的满量程输入电压为 5 V,可输出 12 位二进制数,即用 22 个数进行量化,分辨能力为 1 LSB,即 $5\ V/2^{12}=1.22\ mV$,其分辨率为 12 位,或能分辨出输入电压 1.22 mV 的变化。但是对于双积分型 BCD 码输出的 A/D 转换器 MC14433,其满量程转换电压为 2 V 挡时,其输出的十进制数范围为 0000～1999,能分辨出 1 mV 的变化。如果把分辨率换算成二进制位数表示,3 个一位的 A/D 转换器(千位仅有 0 和 1 两个十进制数字,称其为半位,而百、十、个位均可能有 10 个十进制数字 0～9 出现,为完整的位,所以称其为三位半),其分辨率大约为 11 位,因为 1999 最接近于 $2^{11}=2048$。

量化过程引起的误差称为量化误差。量化误差是由于有限位数字量对模拟量进行量化而引起的误差。量化误差理论上规定为一个单位分辨率的 $\pm 1/2$ LSB,提高 A/D 转换器的位数既可提高分辨率,又能够减少量化误差。

8.1.2.3 转换精度

转换精度定义为一个实际 A/D 转换器与一个理想 A/D 转换器在量化值上的差值,可用绝对误差或相对误差表示。

要注意一个问题,两片具有相同位数的 A/D 转换器,它们的转换精度未必相同。

8.1.3 A/D 转换器芯片 ADC0808

8.1.3.1 ADC0808 芯片引脚

ADC0808 是一种逐次比较型 8 路模拟输入、8 位数字量并行输出的 A/D 转换器。ADC0808 由一个 8 路通道选择开关、一个通道地址锁存与译码器、一个 A/D 转换器和一个三态输出锁存器组成。通道地址锁存与译码器可以分时选择 8 路通道的其中一路。8 路选择开关可以选通 8 个模拟通道,允许 8 路模拟量分时输入,公用 A/D 转换器进行转换。三态输出锁存器用于锁定 A/D 转换完的数据,当 OE 为高电平时,才可以从三态输出锁存器取走转换完的数据。其引脚图如图 8.1 所示。

ADC0808/ADC0809 芯片共有 28 只引脚,双列直插式封装,各引脚的功能如下:

IN0～IN7 为 8 路模拟信号输入端。

D0～D7 为 8 位数字量输出端。

ADDA、ADDB、ADDC 端控制 8 路模拟输入通道的切换，分别与单片机的 3 条地址线相连。

ALE 为 ADC0808 芯片接收 ADDA、ADDB、ADDC 编码时的锁存控制信号。

OE 为转换结果输出允许端。

START 为启动信号输入端。

CLOCK 为时钟信号输入端，ADC0808 的 CLOCK 信号必须外加。

EOC 为转换结束信号。当 A/D 转换开始时，该引脚为低电平，当 A/D 转换结束时，该引脚为高电平。

$V_{REF(+)}$、$V_{REF(-)}$ 为基准电压输入端。

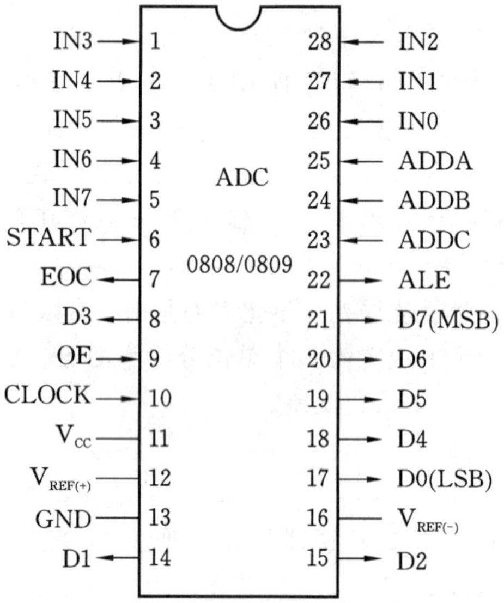

图 8.1 ADC0808/ADC0809 **芯片引脚排列**

8.1.3.2 ADC0808 芯片的内部结构

ADC0808/ADC0809 芯片的内部结构如图 8.2 所示。ADC0808 芯片采用逐次比较的方法完成 A/D 转换，由单一的＋5 V 电源供电。片内带有锁存功能的 8 路选 1 的模拟开关，由加到 C、B、A 引脚上的编码来确定所选的通道。ADC0808 芯片完成一次转换需 100 μs（此时加在 CLOCK 引脚的时钟频率为 640 MHz，即转换时间与加在 CLOCK 引脚的时钟频率有关），它具有 TTL 三态输出锁存缓冲器，可直接连到 AT89S52 单片机的数据总线上。通过适当的外接电路，ADC0808/ADC0809 芯片可以对 0～5 V 的模拟信号进行转换。

ADC0808 芯片对称的基准电路应用如图 8.3 所示。

8.1.3.3 输入模拟电压与输出数字量的关系

ADC0808 芯片的输入模拟电压与转换输出结果的数字量的关系如下

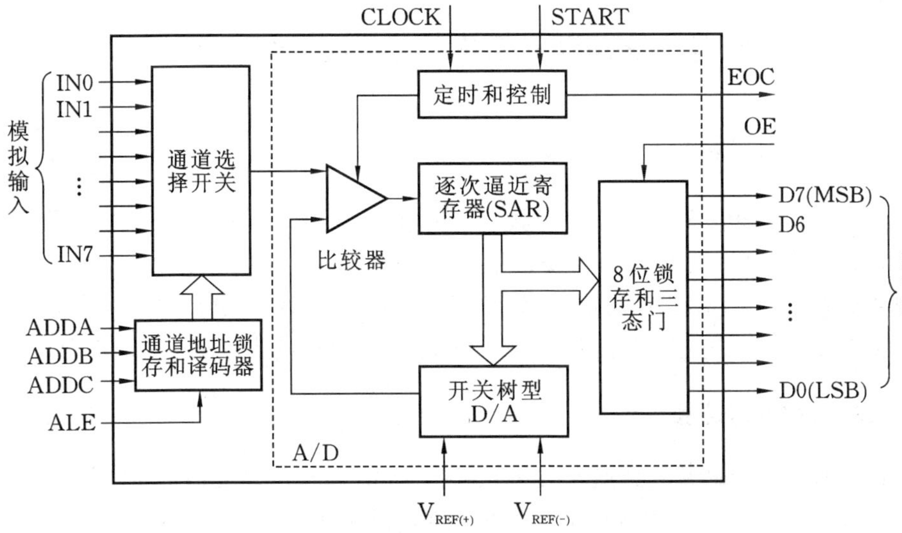

图 8.2 ADC 芯片的内部结构框图

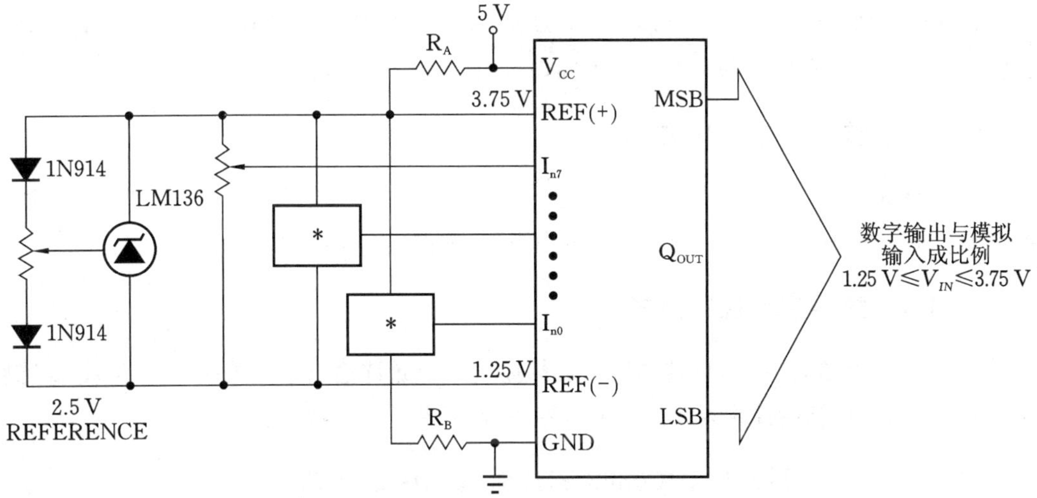

图 8.3 ADC0808 芯片对称的基准电路应用

$$V_{IN}=\frac{[V_R(+)-V_R(-)]}{256}N+V_R(-) \tag{8.1}$$

其中：V_{IN} 处于 $V_R(+)\sim V_R(-)$ 之间，N 为十进制数。通常情况下 $V_R(+)$ 接 +5 V，$V_R(-)$ 接地，即模拟输入电压范围为 0～+5 V。

此时，输入模拟电压与转换输出结果的数字量的关系如下

$$V_{IN}=\frac{V_R(+)}{256}N \tag{8.2}$$

8.1.4 单片机与 ADC0808 芯片的接口设计

8.1.4.1 数字量输出线的连接

对于内部有三态锁存器的 ADC 可直接与单片机相连,如 ADC0808/0809、AD574;对于内部没有三态锁存器的 ADC,一般通过锁存器或并行 I/O 口与单片机相连。

在某些情况下,为了增强控制功能,对于那些内部带三态锁存器的 ADC,也常采用并行 I/O 口与单片机相连。随着位数的不同,A/D 转换器与单片机的连接方法也不同。

8.1.4.2 时钟的连接

时钟的频率是决定芯片转换速度的基准,整个 A/D 转换的过程都是在时钟的作用下完成的。A/D 转换时钟一般有芯片内部提供和外部提供两种类型。

8.1.4.3 A/D 转换器的启动方式

A/D 转换器开始转换时必须加一个启动转换信号,该信号由单片机提供。不同型号的 A/D 转换器对于启动转换信号要求也不同,一般分为脉冲启动和电平启动两种方式。

8.1.4.4 转换结束处理方式

当 A/D 转换结束时,A/D 转换器输出一个转换结束标志信号,通知单片机读取转换结果。单片机检查判断转换结束的方法分为中断法、查询法和延时等待法。

8.1.4.5 数据输出控制方式

在 A/D 转换结束后,A/D 转换器一般都提供一个允许输出信号控制端。当 A/D 转换器允许输出信号控制端接收到允许输出信号后,可以向外输出数据。

8.1.4.6 单片机控制 ADC0808 芯片查询和中断方式

查询方式控制过程:首先用指令选择 ADC0808 芯片的一个模拟输入通道,当执行指令"MOVX @ DPTR,A "时,单片机的 WR 信号有效,从而产生一个启动脉冲。信号加到 ADC0808 芯片的 START 脚,开始对选中通道进行 A/D 转换。同时不断对 ADC0808 芯片的 EOC 脚的电平进行查询,如 EOC 脚为高电平,则表明 A/D 转换已经结束,然后单片机执行指令"MOVX A,@ DPTR",发出读控制 RD 信号,控制 OE 端为高电平,把转换完毕的数字量读入到单片机中。

V_R(+)、V_R(−)是提供给 A/D 转换器在转换时所需要的基准电压。基准电压要单独用高精度稳压电源供给,其电压的变化要小于 1 LSB。否则当被变换的输入电压不变,而基准电压的变化大于 1 LSB,也会引起 A/D 转换器输出至少 1 LSB 数字量的变化。

由于 ADC0808 芯片片内无时钟,可利用 AT89S52 单片机提供的地址锁存允许信号

ALE 经 D 触发器二分频后获得，ALE 引脚的频率是 AT89S52 单片机时钟频率的 1/6(但要注意，当执行访问外部数据存储器的"MOVX"类指令时，将会少一个 ALE 脉冲)。如果单片机时钟频率采用 6 MHz，则 ALE 引脚的输出频率为 1 MHz，经二分频后为 500 kHz，恰好符合 ADC0808 芯片对时钟频率的要求。当然，也可采用独立的时钟源直接加到 ADC0808 芯片的 CLOCK 脚上。

由于 ADC0808 芯片具有三态输出锁存器，其 8 位数据输出引脚 D0～D7 可直接与单片机的 P0 口相连。地址译码引脚 C、B、A 分别与地址总线的低三位 A2、A1、A0 相连，以选择 IN0～IN7 中的一个通道进行转换。

在启动 A/D 转换时，单片机的写信号 WR 和 P2.7 控制 ADC 的地址锁存和转换启动，由于 ALE 和 START 连在一起，因此 ADC0808 芯片在锁存通道地址的同时，启动并进行转换。在读取转换结果时，用低电平的读信号 RD 和 P2.7 引脚经一级或非门后产生的正脉冲作为 OE 信号，用来打开三态输出锁存器。

中断控制方式控制过程：首先用指令选择 ADC0808 芯片的一个模拟输入通道，当执行"MOVX @ DPTR,A "时，单片机的 WR 信号有效，在启动信号送到 ADC 之后，单片机执行其他程序。ADC0808 芯片转换结束时，通过 EOC 脚向单片机发出中断请求信号，单片机响应该中断请求，进入中断服务程序读入转换完毕的数字量。中断控制方式效率高，所以特别适合于转换时间较长的 ADC。

8.1.5 项目十八：基于 ADC0808 的数字电压表仿真

8.1.5.1 系统设计要求

使用 ADC0808 设计一个数字电压表，数码管显示范围为 0～255，利用可变电阻模拟电压输入。

8.1.5.2 系统设计分析

单片机的最小系统＋4 位数码管＋ADC0808＋模拟电压变化的可变电阻 POT-LIN。数字电压表的数字显示位数一般为 3 位，选择 7SEG-MPX4-CC-BLUE 数码管即可。由于数字电压表只需要一路输入，ADC0808 模拟输入通道地址选择线 ADDA、ADDB、ADDC 可均接地，选 INO 输入，地址锁存线 ALE 与 START 相连，ADC0808 启动时即把地址锁定。单片机选择引脚与 ADC0808 的控制引脚(CLOCK、START、EOC、OE)和 8 路数字量输出端 OUT1～OUT8 分别相连。

为使程序设计简单，可采用查询方式编程。ADC0808 向外输出的数据为 8 位数字信号。如何把 8 位数字信号转换成可供数字电压表显示的 3 位数、电压表的实际量程等，需要在程序设计时进行考虑。

8.1.5.3 系统原理图设计

系统所需元器件为 AT89C51、CRYSTAL 12 MHz、CAP、CAP-ELEC、RES、ADC0808、

7SEG-MPX4-CC-BLUE、RESPACK-8、可变电阻 POT-LIN、BUTTON。数字电压表原理图如图 8.4 所示。

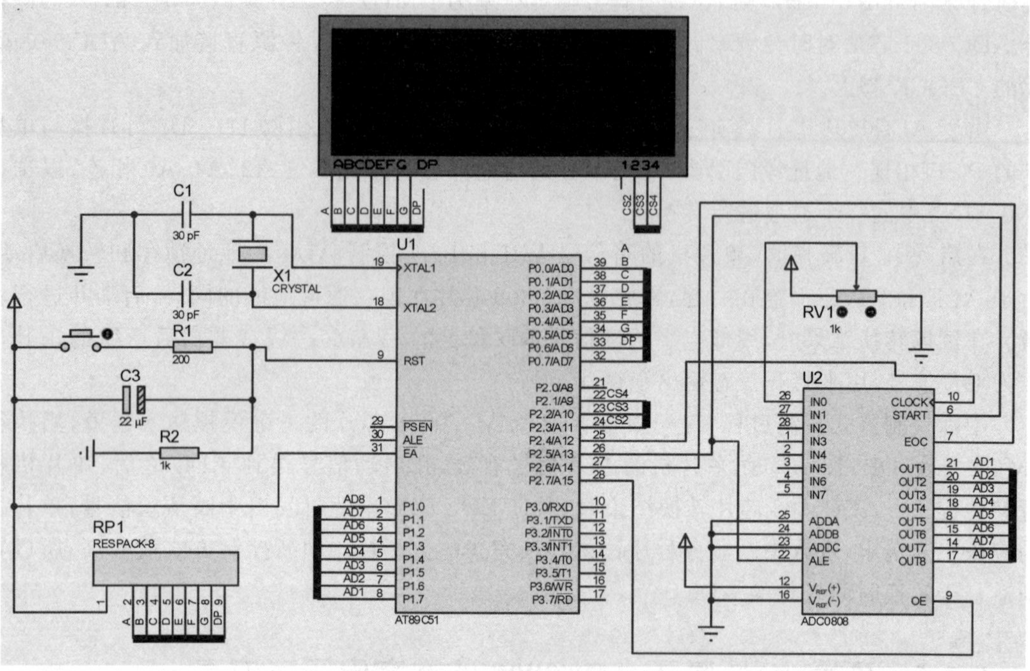

图 8.4　数字电压表原理图

8.1.5.4　系统程序流程图设计

略。

8.1.5.5　系统源程序设计

程序 20

```
# include"reg51.h"
# define uint unsigned int
# define uchar unsigned char
sbit START=P2^5;
sbit EOC=P2^6;
sbit OE=P2^7;
sbit CLOCK=P2^4;
sbit P21=P2^1;                          //个位
sbit P22=P2^2;                          //十位
sbit P23=P2^3;                          //百位
uchar code tab[ ]={0X3F,0X06,0X5B,0X4F,0X66,0X6D,0X7D,0X07,0X7F,0X6F};
void int1(void) interrupt 1 using 1
{
    CLOCK=～CLOCK;
```

```
}
void main(void)
{
    uchar DATE;                          //转换后的数据
    uchar BZLC=220;                      //标准电压量程,可修改
    double DDATE;                        //把转换后的数据再转换成标准量程
    uchar BW,SW,GW;
    uchar i;
    TMOD=0X02;                           //定时器0工作方式2
    TH0=246;
    TL0=246;
    IE=0X82;
    TR0=1;
    while(1)
    {
        START=1;
        START=0;
        for(i=0;i<20;i++);
        while(EOC==0)                    //EOC=1 转换结束
        OE=1;                            //允许输出
        DATE=P1;
        OE=0;
        DDATE=DATE;                      //标准量程转换
        DDATE=(DDATE/255)*BZLC;          //利用线性系统的转换方式
        DATE=DDATE;
        BW=DATE/100;                     //百、十、个位处理
        SW=(DATE-BW*100)/10;
        GW=DATE-BW*100-SW*10;
        if(BW)
        {
            P23=0;
            P0=tab[BW];
            for(i=0;i<25;i++);
            P23=1;
        }
     else
     {
        P23=0;
        P0=0x00;
        for(i=0;i<25;i++);
```

```
        P23=1;
    }
    if(BW==0)
    {
        if(SW)
        {
            P22=0;
            P0=tab[SW];
            for(i=0;i<25;i++);
            P22=1;
        }
    }
    else
    {
            P22=0;
            P0=0x00;
            for(i=0;i<25;i++);
            P22=1;
        }
    }
    else
    {
            P22=0;
            P0=tab[SW];
            for(i=0;i<25;i++);
            P22=1;
    }
    P21=0;
    P0=tab[GW];
    for(i=0;i<25;i++);
    P21=1;
    }
    }
```

8.1.5.6 在 Keil 中仿真调试

创建“数字电压表”项目，选择单片机型号为 AT89C51，输入源程序，保存为“数字电压表.ASM”或“数字电压表.C”。将源程序添加到项目中，编译源程序，创建“数字电压表.HEX”。

8.1.5.7 在 Proteus 中仿真调试

打开“数字电压表.DSN”，双击单片机，选择程序“数字电压表.HEX”，单击按钮进入程序运行状态，调动可变电阻，可在数码管中看到相应的电压值的变化情况。

8.2 D/A 转换器系统设计

单片机只能输出数字量，但是对于某些控制场合，常常需要输出模拟量，例如直流电动机的转速控制。下面介绍单片机如何扩展 DAC 。

目前集成化的 DAC 芯片种类繁多，设计者只需要合理选用芯片，了解它们的性能、引脚外特性以及与单片机的接口设计方法即可。由于现在部分单片机芯片中集成了 DAC，位数一般在 10 位左右，且转换速度也很快，所以单片的 DAC 开始向高的位数和高转换速度上转变。而低端的并行 8 位 DAC，开始面临被淘汰的危险，但是在实验室或涉及某些工业控制方面的应用，低端 8 位 DAC 以其优异的性价比还是具有较大的应用空间。

数字量是用二进制代码按数位组合起来表示的，对于有权码，每位代码都有一定的权。为了将数字量转换成模拟量，必须将每 1 位的代码按其权的大小转换成相应的模拟量，然后将这些模拟量相加，即可得到与数字量成正比的总模拟量，从而实现数/模转换，这就是构成 D/A 转换器的基本思路。

8.2.1 D/A 转换器主要技术指标

D/A 转换器有两种输出形式：电压输出和电流输出。电流输出的 D/A 转换器在输出端加一个运算放大器构成 I-V 转换电路，即可转换为电压输出。

单片机与 D/A 转换器的连接早期多采用 8 位的并行传输的接口，现在除了并行接口外，带有串行口的 D/A 转换器品种也不断增多，目前多采用 SPI 串行接口。在选择单片 D/A 转换器时，要根据系统结构考虑单片机与 D/A 转换器的接口形式。

D/A 转换器需要关注如下指标：

(1) 分辨率

分辨率指单片机输入给 D/A 转换器的单位数字量的变化所引起的模拟量输出的变化，通常定义为输出满刻度值与 2^n（n 为 D/A 转换器的二进制位数）之比，习惯上用输入数字量的位数表示。显然，二进制位数分辨率越高，即 D/A 转换器输出对输入数字量变化的敏感程度越高。8 位的 D/A 转换器，若满量程输出为 10 V，根据分辨率定义，则分辨率为 10 V/2^n，结果为 10 V/256＝39.1 mV，即输入的二进制数最低位数字量引起的输出模拟电压变化为 39.1 mV，该值占满量程的 0.391％，常用符号 1 LSB 表示。

同理：

10 位 D/A 转换，1 LSB＝9.77 mV＝0.1％满量程

12 位 D/A 转换，1 LSB＝2.44 mV＝0.024％满量程

16 位 D/A 转换，1 LSB＝0.153 mV＝0.00153％满量程

使用时，应根据对 D/A 转换器分辨率的需要来选定 D/A 转换器的位数。

(2) 建立时间

建立时间是描述 D/A 转换器转换速度的参数，用于表明转换时间长短。其值为从输入数字量到输出达到终值误差±(1/2) LSB（最低有效位）时所需的时间。电流输出的转换时

间较短，而电压输出的转换器由于要加上完成 *I-V* 转换的时间，因此建立时间要长一些。快速 D/A 转换器的建立时间可控制在 1 μs 以下。

(3) 转换精度

理想情况下，转换精度与分辨率基本一致，位数越多精度越高。但由于电源电压、基准电压、电阻、制造工艺等各种因素存在误差，严格地讲，转换精度与分辨率并不完全一致。两个相同位数的不同 DAC 分辨率相同，但转换精度会有所不同。例如，由于制作工艺上的差异，某种型号的 8 位 DAC 精度为±0.19%，而另一种型号的 8 位 DAC 精度为±0.05%。

8.2.2 D/A 转换器芯片 DAC0832

美国国家半导体公司的 DAC0832 芯片是具有两级输入数据寄存器的 8 位 DAC，它能直接与 AT89S52 单片机连接。DAC0832 是常用的 8 位电流输出型并行低速数/模转换集成芯片，由 8 位输入锁存器、8 位 DAC 寄存器、8 位 D/A 转换电路及转换控制电路构成，与微处理器完全兼容，具有价格低廉、接口简单、转换控制容易等优点，在单片机应用系统中得到广泛的应用。

8.2.2.1 DAC0832 芯片简介

DAC0832 芯片的主要特性如下：

(1) 分辨率为 8 位。

(2) 电流输出，建立时间为 1 μs。

(3) 可双缓冲输入、单缓冲输入或直接数字输入。

(4) 单一电源供电(5～15 V)。

8.2.2.2 DAC0832 芯片的引脚

DAC0832 芯片的引脚如图 8.5 所示，DAC0832 芯片的典型应用接法如图 8.6 所示。

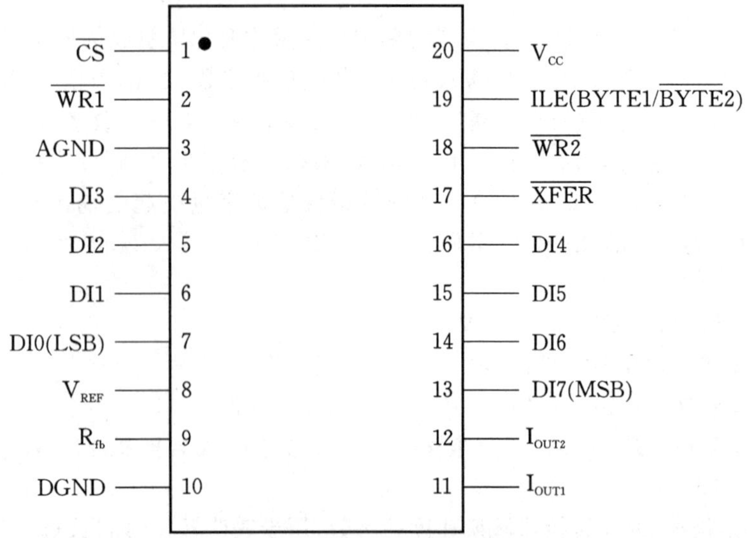

图 8.5 DAC0832 引脚分布图

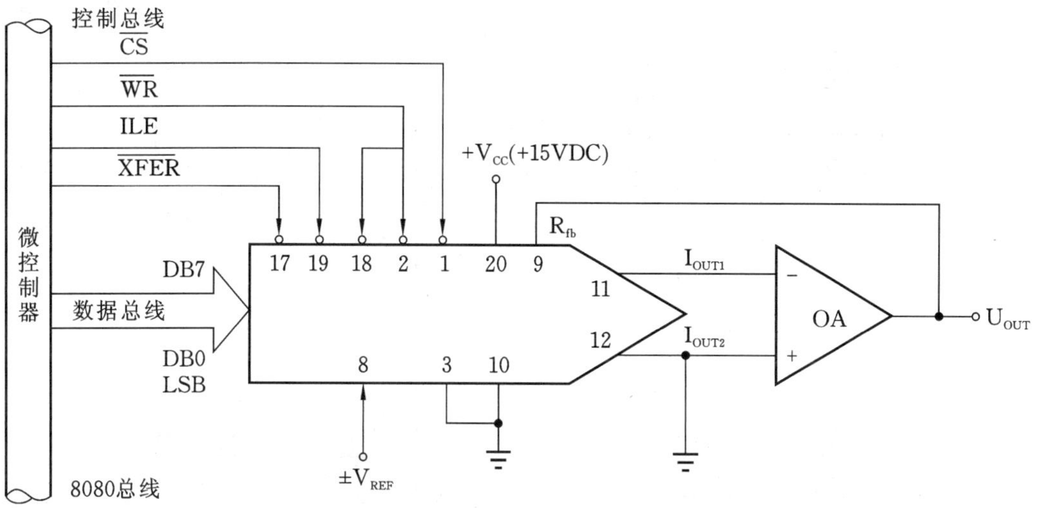

图 8.6 DAC0832 **典型应用接法**

DAC0832 芯片各引脚的功能如下：

(1) DI0～DI7　8 位数字信号输入端，与单片机的数据总线 P0 端口相连，用于接收单片机送来的待转换为模拟量的数字量，DI7 为最高位。

(2) ILE=1，CS=0，WR1=0 时，即 M1=1(LE1=0)，待转换的数字量被锁存到第一级 8 位输入寄存器中。

(3) XFER=0，WR2=0 时，即 M3=1(LE2=0)，待转换的第一级 8 位输入寄存器中数字量被锁存到第二级的 8 位 DAC 寄存器中，并经 8 位 D/A 转换电路转换为电流输出。

(4) I_{OUT1}　D/A 转换器电流输出 1 端，输入数字量全为 1 时，I_{OUT1} 最大，输入数字量全为 0 时，I_{OUT1} 最小。

(5) I_{OUT2}　D/A 转换器电流输出 2 端，$I_{OUT2}+I_{OUT1}$=常数。

(6) R_{fb}　外部反馈信号输入端，内部已有反馈电阻 R_{fb}，根据需要也可外接反馈电阻。

(7) Vcc　电源输入端，在 5～15 V 范围内。

(8) DGND　数字信号地。

(9) AGND　模拟信号地，最好与基准电压(为模拟信号)共地。

DAC0832 芯片内部 8 位输入寄存器用于存放单片机送来的数字量，使输入数字量得到缓冲和锁存，由 LE1=0(M1=1)加以控制；8 位 DAC 寄存器为第二级寄存器，由 LE2=0(M3=1)控制，用于将 8 位输入寄存器输出的数字量锁存，并送入 8 位 D/A 转换电路转换，输出和数字量成正比的模拟电流。因此，DAC0832 芯片通常需要外接 I-V 转换的运算放大器电路，才能得到模拟输出电压。

DAC0832 芯片数据输入可采用双缓冲、单缓冲和直通三种方式。TX-1C 实验板上将 DAC0832 接成直通方式，其外围电路及与单片机的连接如图 8.7 所示。

当 DAC0832 芯片的片选信号、写信号及传送控制信号的引脚全部接地，允许输入锁存信号 ILE 引脚接+5 V 时，DAC0832 芯片处于直通工作方式，数字量一旦输入，就直接进入 DAC 寄存器，进行 D/A 转换。此时若让芯片连续转换的话，只需连续改变数字输入端的数

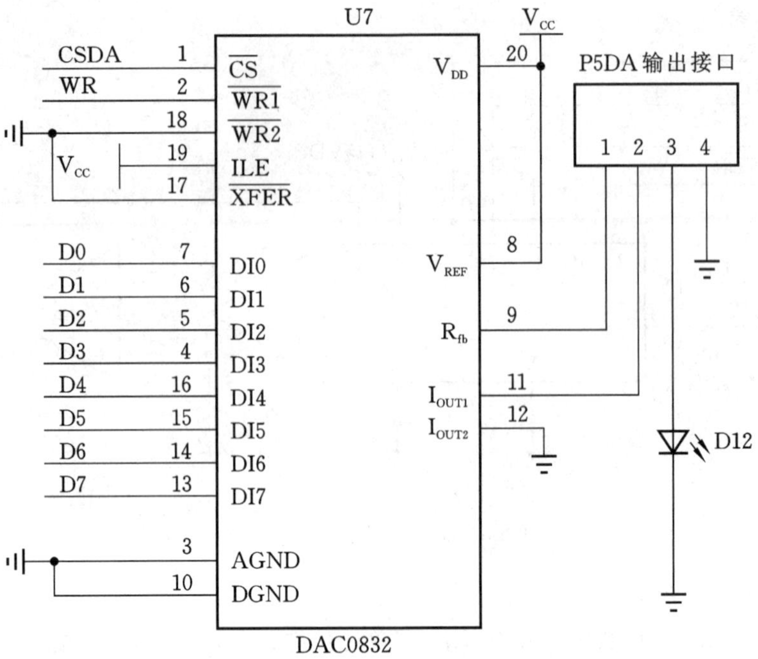

图 8.7 实验板上 DAC0832 外围连接图

字信号即可。

8.2.3 单片机与 8 位 D/A 转换器 0832 的接口设计

DAC0832 进行 D/A 转换，可以采用两种方法对数据进行锁存。注意：LE1、LE2 低电平有效，即当它们为低电平时，输入锁存器和 DAC 寄存器工作在直通状态。

第一种方法：输入锁存器工作在锁存状态，而 DAC 寄存器工作在直通状态。具体来说，就是使 WR2 和 XFER 都为低电平，从而 DAC 寄存器的锁存选通端 LE2 为低电平而直通。同时，使输入锁存器的控制信号 ILE 处于高电平、CS 处于低电平，当 WR1 端输入一个负脉冲时，就可以完成一次转换。

第二种方法：输入锁存器工作在直通状态，而 DAC 寄存器工作在锁存状态。就是使 WR1 和 CS 为低电平，ILE 为高电平，这样输入锁存器的锁存选通端 LE1 为低电平而直通；当 WR2 和 XFER 输入一个负脉冲时，使得 DAC 寄存器工作在锁存状态，提供锁存数据进行转换。

设计单片机与 DAC0832 芯片的接口电路时，常用单缓冲方式或双缓冲方式的单极性输出。

8.2.3.1 单缓冲方式

单缓冲方式是指 DAC0832 芯片内部的两个寄存器有一个处于直通方式，另一个处于受单片机控制的锁存方式。在实际应用中，如果只有一路模拟量输出，或虽是多路模拟量输出但并不要求多路输出同步的情况下，就可采用单缓冲方式。

单缓冲方式下单片机与 DAC0832 芯片的接口电路的单极性模拟电压输出电路中，由于 DAC0832 芯片是 8 位（$2^8=256$）的 D/A 转换器，由基尔霍夫定律列出的方程组可解得 DAC0832 芯片输出电压与输入数字量 B 的关系为

$$V_0=-B\frac{V_{REF}}{256} \tag{8.3}$$

8.2.3.2 双缓冲方式

多路的 D/A 转换要求同步输出时，必须采用双缓冲同步方式。以此种方式工作时，数字量的输入锁存和 D/A 转换输出是分别通过控制两级寄存器分两步完成的。单片机通过控制 LE1 来锁存待转换的数字量，通过控制 LE2 来启动 D/A 转换。因此双缓冲方式下，DAC0832 芯片应该为单片机提供两个 I /O 端口。

8.2.3.3 DAC0832 芯片的双极性电压输出

除了需要 DAC0832 芯片为单极性模拟电压输出外，在有些场合则要求 DAC0832 芯片双极性模拟电压输出，只需改变 DAC0832 芯片的外部连线，即可实现双极性模拟电压输出，下面简单介绍。

在需要用到双极性电压输出的场合下，可以按照图 8.8 所示接线。DAC0832 芯片的 8 位数字量由单片机送来，OA1 和 OA2 均为运算放大器，输出通过 2R 电阻反馈到运算放大器 OA2 的“－”输入端。

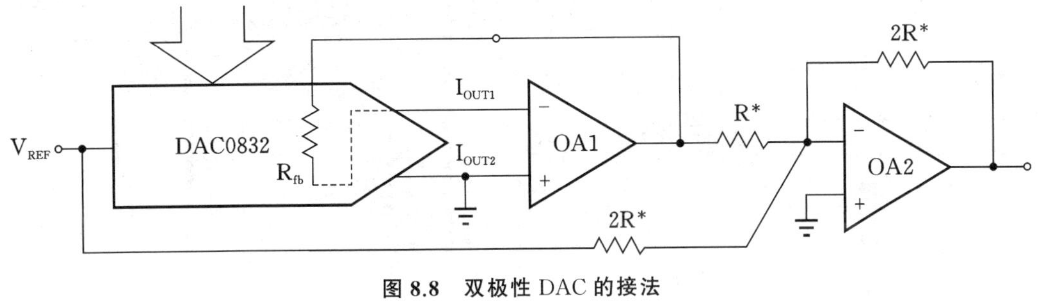

图 8.8 双极性 DAC 的接法

当单片机输出给 DAC0832 芯片的数字量 $B\geqslant128$ 时，即数字量最高位为 1，输出的模拟电压为正；当单片机输出给 DAC0832 芯片的数字量 $B<128$ 时，即数字量最高位为 0，则输出的模拟电压为负。

8.2.4 项目十九：基于 DAC0832 的 D/A 转换器与单片机的接口应用系统设计

8.2.4.1 系统设计要求

用单片机和 DAC0832 单缓冲型工作方式设计一个简易信号发生器，能产生方波、三角

波、锯齿波和正弦波等波形。

8.2.4.2 系统设计分析

单片机的最小系统+DAC0832+运算放大器 LM324。

单缓冲型工作方式主要用于一路 DAC 或多路 DAC 不需要同步的场合，主要是把 DAC0832 的两个寄存器中任一个接成常通状态。ILE 引脚接高电平，写选通信号 WR1、WR2 都和单片机的写信号 WR 连接。片选信号 CS、数据传送信号 XFER 都连接到高位地址线 A15(P2.7)，输入寄存器和 DAC 寄存器的地址都是 7FFFH，因为 CS 和 XFER 都是低电平有效，即 A15 低电平有效，其余地址线 A0～A14 都为高电平时的地址为 DAC0832 的最高地址，即其在系统中的地址为 7FFFH。CPU 对 DAC0832 执行一次写操作，则把数据直接写入 DAC 寄存器，DAC0832 的输出也将随之变化。

8.2.4.3 系统原理图设计

根据设计要求分析，系统所需元器件为 AT89C51、CRYSTAL、CAP、CAP-ELEC、RES、DAC0832、LM324、RESPACK-8、BUTTON。信号发生器原理图如图 8.9 所示。

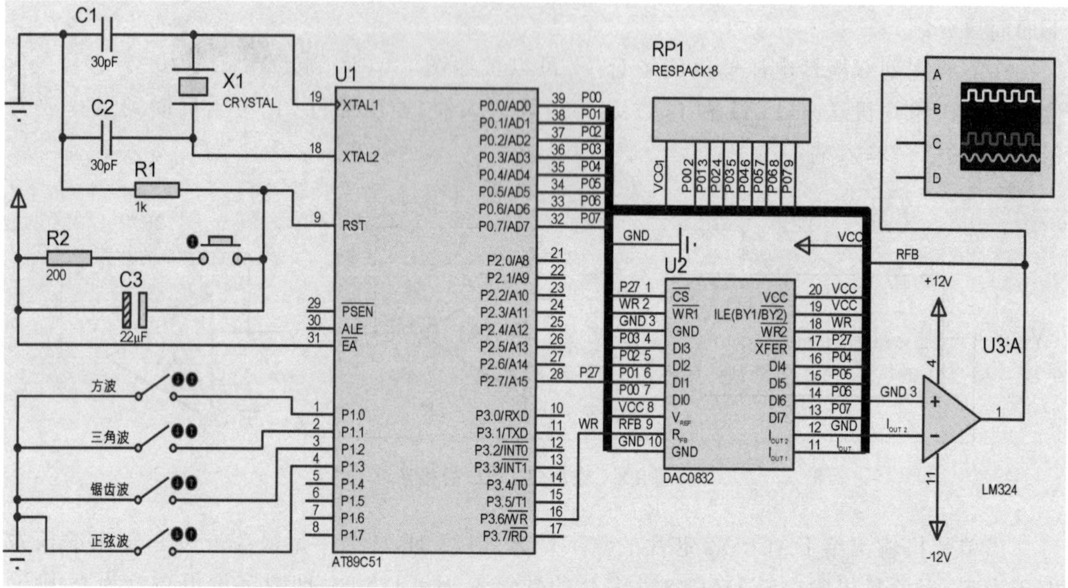

图 8.9 信号发生器原理图

8.2.4.4 系统程序流程图设计

略。

8.2.4.5 系统源程序设计

C 语言源程序如下：

程序 21

```
# include <reg51.h>
# include <absacc.h>
# include <math.h>
# define DAC0832 XBYTE[0x7FFF]     //DAC0832 在系统中的地址为 0x7FFF
code unsigned char Sin[128]={64,67,70,73,76,79,82,85,88,91,94,96,
99,102,104,106,109,111,113,115,117,118,120,121,123,124,125,126,126,127,
127,127,127,127,127,127,126,126,125,124,123,121,120,118,117,115,113,111,109,106,104,102,
99,96,94,91,88,85,82,79,76,73,70,67,64,60,57,54,51,48,45,42,39,36,33,31,28,25,23,21,18,
16,14,12,10,9,7,6,4,3,2,1,1,0,0,0,0,0,0,1,1,2,3,4,6,7,9,10,12,14,16,18,21,23,25,28,31,
33,36,39,42,45,48,51,54,57,60};     //正弦描点
void delay(unsigned int j)          //延时函数
    {
        while(j--);
    }
    void fangbo(void)               //方波
    {
        while(P1==0xfe)
        {
            DAC0832=0xff;
            delay(500);
            DAC0832=0x00;
            delay(500);
        }
    }
  void sanjiao(void)                //三角波
  {
    unsigned int i;
    while(P1==0xfd)
    {
        for(i=0;i<255;i++)
        DAC0832=i;
        for(i=255;i>0;i--)
        DAC0832=i;
        DAC0832=0;
    }
  }
void juchi(void)                    //锯齿波
{
  unsigned int i;
  while(P1==0xfb)
  {
    for(i=0;i<255;i++)
```

```
            DAC0832=i;
        }
    }
    void zhengxian(void)                    //正弦波
    {
        unsigned int i;
        while(P1==0xf7)
        {
            for(i=0;i<128;i++)
            {
                DAC0832=Sin[i];
            }
        }
    }
    void main(void)
    {
        unsigned char a;
        P1=0xFF;
        while(1)
        {
            a=P1;
            switch(a)
            {
                case 0xfe:fangbo();break;
                case 0xfd:sanjiao();break;
                case 0xfb:juchi();break;
                case 0xf7:zhengxian();break;
                default:break;
            }
        }
    }
```

8.2.4.6 在 Keil 中仿真调试

创建“简易信号发生器”项目，选择单片机型号为 AT89C51，输入 C 语言源程序，保存为“简易信号发生器.C”。将源程序“简易信号发生器.C”添加到项目中，编译源程序，创建“简易信号发生器.HEX”。

8.2.4.7 在 Proteus 中仿真调试

打开“简易信号发生器.DSN”，双击单片机，选择程序“简易信号发生器.HEX”，单击按钮进入程序运行状态，分别按下方波、三角波、锯齿波和正弦波波形开关，可在示波器中观察到方波、三角波、锯齿波和正弦波波形信号的变化。

习　题

(1) 数字电压表的设计。设计要求:使用 ADC0809 设计一个数字电压表,以中断方式处理,并将对应的电压值在 1602LCD 上显示出来。

(2) 简易信号发生器的设计。设计要求:使用单片机和 TLC5615 设计一个能产生方波、三角波、锯齿波和正弦波的信号发生器。

9　单片机测控技术及系统设计

单片机测控系统一般包括测控对象及现场、传感器及控制驱动、通信接口等几部分。在生产过程的控制中，从信号检测和输出控制两个方向来看，单片机测控系统通常要处理3种类型的信号：一是表示生产过程运行情况的开关量信号，如各种被控设备的启停状态、接触器的开闭状态、操作面板上的开关状态以及各种物理量的上下限报警信号等；二是反映生产过程工况和驱动现场控制装置的模拟量信号，如模拟量输入的温度、流量、转速、压力、料位等，模拟量输出的连续调节的调节阀、电动执行机构等，它们都是一些随时间连续变化的模拟量；三是纯数字设备要求的数字信号，如与上位机进行通信的RS-232、RS-485串行口，微型打印机等常规外设，某些数字式执行装置（步进电机及数显装置）以及某些数字式检测装置（光电码盘、数字流量计等），此类纯数字信号大都可直接与单片机的数据线或通信接口相连，其标准性和通用性很强，应用十分方便。

与单片机测控系统相关的一些常用接口，如开关量、数字量、LED数码管、LCD液晶显示、键盘、A/D转换器及D/A转换器等常用接口在前面的相关章节已经进行了详细的论述。本章重点论述与单片机测控系统密切相关的智能传感器、直流控制电机、步进控制电机、RS-485多机远程通信器件等相关元器件的结构、工作原理及其应用系统设计等。

9.1　智能传感器及其应用系统设计

9.1.1　智能传感器介绍

传感器也称为感应器，是一种能把物理量或化学量转变成便于利用的电信号的器件，是测量系统中的一种前置部件，它将输入变量转换成可供测量的信号。传感器是一种检测装置，能感受到被测量的信息，并能将检测感受到的信息，按一定规律变换成为电信号或其所需形式的信息输出，以满足信息的传输、处理、存储、显示、记录和控制等要求。它是实现自动检测和自动控制的首要环节。

目前，传感器正从传统的分立式，朝着单片集成化、智能化、网络化、系统化的方向发展。随着微处理器技术的迅猛发展以及测控系统自动化、智能化的发展，传统的传感器已与各种微处理器相结合，并连入网络，形成了带有信息检测、信号处理、逻辑思维等一系列功能的智能传感器。与一般传感器相比，智能传感器具有通过软件技术可实现高精度的信息采集、具备一定的编程自动化能力、功能多样化、成本低等优点。

智能传感器系统是一门现代综合技术，是当今世界正在迅速发展的高新技术，是现代传感器的发展趋势，它涉及机械、控制工程、仿生学、微电子学、计算机科学、生物电子学等多学科领域。智能传感器带有微处理器，具有采集、处理、交换信息的能力，是传感器集成化与微处理器相结合的产物。

智能传感器可广泛用于工业、农业、商业、交通、环境监测、医疗卫生、军事科研、航空航天、现代办公设备和家用电器等领域。例如，智能传感器使机器人具有人类的五官和大脑功能，可感知各种现象，完成各种动作，在机器人领域中有着广阔应用前景。在工业生产中，传统的传感器无法对某些产品质量指标（如黏度、硬度、表面光洁度、成分、颜色及味道等）进行快速直接测量并在线控制，而利用智能传感器可直接测量与产品质量指标有关系的某些量（如温度、压力、流量），利用神经网络或专家系统技术建立的数学模型进行计算，可推断出产品的质量等。

9.1.2 智能传感器的主要功能和特点

9.1.2.1 智能传感器的主要功能

智能传感器的主要功能如下：

(1) 具有自动校零、自动标定、自动校正等功能。

(2) 数据自动采集并具有预处理功能。

(3) 具有自检、自动故障诊断等功能。

(4) 具有自适应量程。

(5) 具有数据存储、记忆和信息处理功能。

(6) 数字化双向通信，能进行符号化输出。

(7) 具有一定的判断决策能力。

9.1.2.2 智能传感器的主要特点

智能传感器具有以下主要特点：

(1) 具有较高的测量精度。

(2) 具有较好的动态响应速度。

(3) 高可靠性和稳定性。

(4) 高信噪比和高分辨率。

(5) 具有自适应能力。

(6) 价格低，性价比高。

9.1.3 智能传感器的实现途径和主要形式

9.1.3.1 智能传感器实现的主要途径

(1) 非集成化的实现

非集成化智能传感器是将传统的经典传感器（采用非集成化工艺制作的传感器，仅具有获取信号的功能)、信号调理电路、带数字总线接口的微处理器组合为一整体而构成的一个智能传感器系统。如模糊传感器,是在经典数值测量的基础上,经过模糊推理和知识合成,以模拟人类自然语言符号描述的形式输出测量结果。显然,模糊传感器的核心部分就是模拟人类自然语言符号的产生及其处理。

(2) 集成化实现

这种智能传感器系统是采用微机加工技术和大规模集成电路工艺技术,利用硅作为基本材料来制作敏感元件、信号调理电路、微处理器单元,并把它们集成在一块芯片上构成的,故又可称为集成智能传感器。其特点是微型化、一体化、精度高、多功能、可阵列化、全数字化、"傻瓜"化。

(3) 混合实现

混合实现是以上两种方式的混合,兼顾成本、工艺和性能考虑。

9.1.3.2 智能传感器的主要形式

(1) 初级形式

初级形式为敏感元件+电路调理,无微处理器。初级形式的组成环节中没有微处理器单元,只有敏感单元与(智能)信号调理电路,两者被封装在一个外壳里。这是智能传感器系统最早出现的商品化形式,也是最广泛使用的形式,也被称为"初级智能传感器"。

(2) 中级形式

中级形式为敏感元件+电路调理+微处理器。中级形式的组成环节中除敏感单元与信号调理电路外,必须含有微处理器单元,即一个完整的传感器系统封装在一个外壳里的形式。

(3) 高级形式

高级形式为高集成度,多维阵列化,具有信息融合功能,有些具有成像和图像处理等功能。高级形式的集成度进一步提高,敏感单元实现多维阵列化,同时配备了更强大的信息处理软件,从而具有更高级的智能化功能的形式。

9.1.4 数字温湿度传感器 SHT1x

9.1.4.1 SHT1x 概述

SHT1x 传感器(包括 SHT10、SHT11 和 SHT15)属于 Sensirion 温湿度传感器家族的贴片封装系列,将传感元件和信号处理电路集成在一块微型电路板上,输出完全标定的数字信号,采用 CMOSens®技术(该项技术亦称为 Sensmitter,它表示传感器 sensor、变送器 transmitter 的有机结合),确保产品具有极高的可靠性与长期稳定性。

SHT1x 传感器包括一个电容性聚合体测湿敏感元件、一个用能隙材料制成的测温件,并在同一芯片上,与 14 位的 A/D 转换器以及串行接口电路实现无缝连接。该装置包括用于测量相对湿度的电容式聚合体传感元件和带隙温度传感器。两者都是无缝耦合到一个 14 位模拟/数字转换器和一个在同一芯片上的串行接口电路。每个 SHT1x 都在一个精密湿度室中单独校准,以冷冻镜湿度计作为参考。这个校准系数被编程到 OTP 存储器中。这些系数在测量过程中在内部用以校准来自传感器的信号。串行接口和内部电压调节使得系统集成变得简单而快速。

SHT1x 传感器具有品质卓越、响应迅速、抗干扰能力强、性价比高等优点，可广泛应用于工农业生产、环境监测、医疗仪器、汽车、消费电子、自动控制等领域。其中，SHT10 主要特点如下：

(1) 高度集成，将温度感测、湿度感测、信号变换、A/D 转换和加热器等功能集成到一个芯片上。

(2) 提供二线数字串行接口 SCK 和 DATA，接口简单，支持 CRC 传输校验，传输可靠性高。

(3) 测量精度可编程调节，内置 A/D 转换器(分辨率为 8～12 位，可以通过对芯片内部寄存器编程来选择)。

(4) 测量精确度高，由于同时集成温湿度传感器，可以提供温度补偿的湿度测量值和高质量的露点计算功能。

(5) 封装尺寸超小(7.62 mm×5.08 mm×2.5 mm)，测量和通信结束后，自动转入低功耗模式。

(6) 高可靠性，采用 CMOS 工艺，测量时可将感测头完全浸于水中。

9.1.4.2 SHT1x 引脚功能

(1) 电源引脚 VDD(脚 4)、GND(脚 1)：SHT1x 的供电电压范围为 2.4～5.5 V，建议供电电压为 3.3 V。在电源引脚(VDD，GND)之间须加一个 100 nF 的电容，用以去耦滤波。微处理器是通过二线串行数字接口与 SHT1x 进行通信的，所以硬件接口设计非常简单。SHT1x 的典型硬件应用电路如图 9.1 所示。

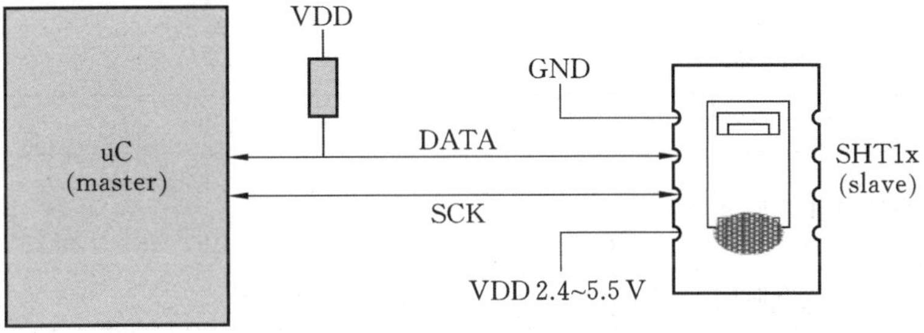

图 9.1 SHT1x 典型应用电路

SHT1x 的串行接口，在传感器信号的读取及电源损耗方面，都进行了优化处理；传感器能按照 I^2C 协议编址，但是，如果 I^2C 总线上没有挂接别的元件，传感器可以连接到 I^2C 线上，但单片机必须按照传感器的协议工作。

(2) 串行时钟输入 SCK：用于微处理器与 SHT1x 之间的通信同步。由于接口含了完全静态逻辑，因而不存在最小 SCK 频率。当工作电压高于 4.5 V 时，SCK 最高频率为 10 MHz，而当工作电压低于 4.5 V 时，SCK 最高频率则为 1 MHz。

(3) DATA：DATA 引脚为三态结构，用于读取传感器数据。当向传感器发送命令时，DATA 在 SCK 上升沿有效且在 SCK 高电平时必须保持稳定。DATA 在 SCK 下降之后改变。为确保通信安全，DATA 的有效时间在 SCK 上升沿之前和下降沿之后应该分别延长，如图 9.2 所示。当从传感器读取数据时，DATA 在 SCK 变低以后有效，且维持到下一个

SCK 的下降沿。为避免信号冲突，微处理器应驱动 DATA 在低电平。需要一个外部的上拉电阻（如 10 kΩ）将信号提拉至高电平。上拉电阻通常已包含在微处理器的 I/O 电路中。

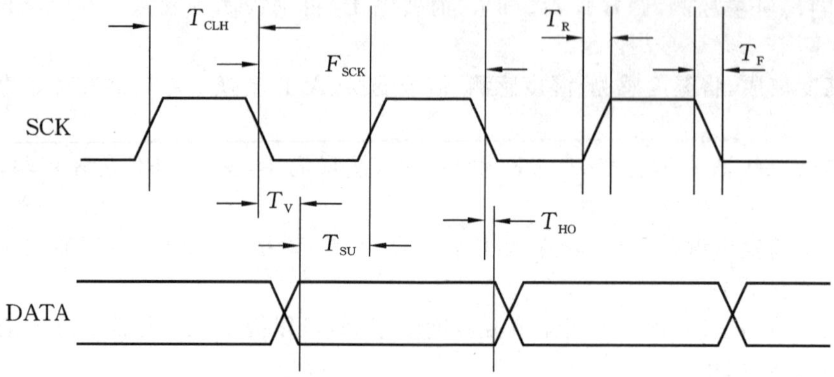

图 9.2　DATA 数据读写时序图

加重的 DATA 线由传感器控制，普通的 DATA 线由单片机控制。有效时间依据 SCK 的时序。数据读取的有效时间为前一个切换的下降沿。

SHT1x I/O 信号特性见表 9.1。

表 9.1　SHT1x I/O 信号特性

	参数	条件	最小	典型	最大	单位
F_{SCK}	SCK 频率	VDD＞4.5 V	0	0.1	5	MHz
		VDD＜4.5 V	0	0.1	1	MHz
T_{SCKX}	SCK 高/低时间	—	100	—	—	ns
T_R/T_F	SCK 上升/下降时间	—	1	200	—	ns
T_{FO}	DATA 下降时间	OL＝5 pF	3.5	10	20	ns
		OL＝100 pF	30	40	200	ns
T_{RO}	DATA 上升时间	—	—	—	—	ns
T_V	DATA 有效时间	—	200	250	—	ns
T_{SU}	DATA 设置时间	—	100	150	—	ns
T_{HO}	DATA 保持时间	—	10	15	—	ns

9.1.4.3　SHT1x 的内部结构和工作原理

SHT1x 温湿度传感器将温度感测、湿度感测、信号变换、A/D 转换和加热器等功能集成到一个芯片上，该芯片包括一个电容性聚合体湿度敏感组件和一个用能隙材料制成的温度敏感组件。这两个敏感组件分别将湿度和温度转换成电信号，该电信号首先进入微弱信号放大器进行放大；然后进入一个 14 位的 A/D 转换器；最后经过二线串行数字接口输出数字信号。SHT1x 温湿度传感器内部结构如图 9.3 所示。

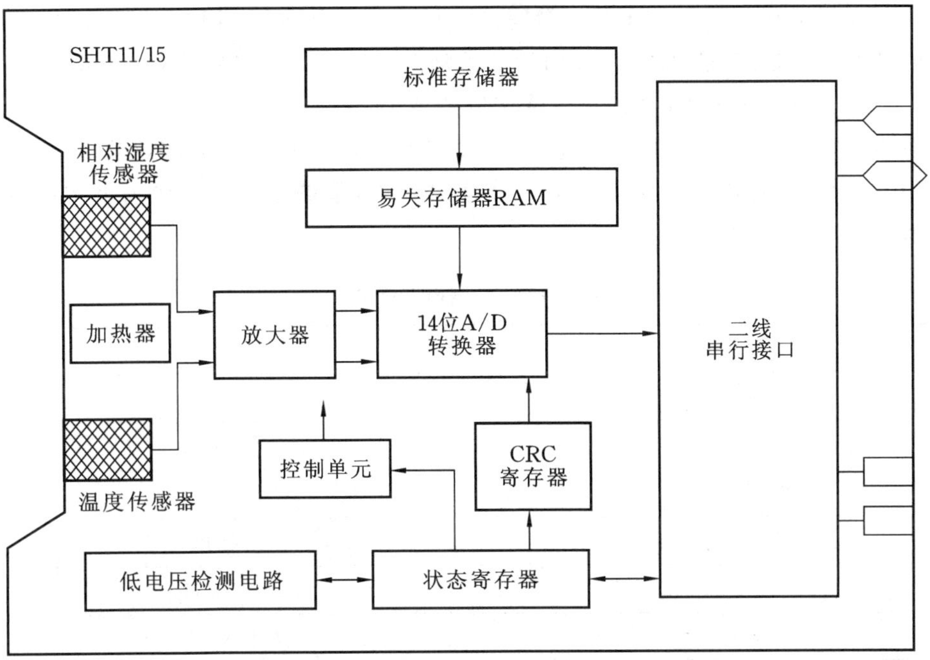

图 9.3 SHT11 型温湿度传感器的内部结构图

SHT1x 在出厂前,都会在恒湿或恒温环境中进行校准,校准系数存储在校准寄存器中;在测量过程中,校准系数会自动校准来自传感器的信号。此外,SHT1x 内部还集成了一个加热组件,加热组件接通后可以将 SHT1x 的温度升高 5 ℃左右,同时功耗也会有所增加。此功能主要为了比较加热前后的温度和湿度值,可以综合验证两个传感器组件的性能。在高湿(>95% RH)环境中,加热传感器可预防传感器结露,同时缩短响应时间,提高精度。

9.1.4.4 SHT1x 传感器的通信

(1) 启动传感器

首先选择供电电压后将传感器通电,上电速率不能低于 1 V/ms。通电后传感器需要 11 ms进入休眠状态,在此之前不允许对传感器发送任何命令。

(2) 发送命令

用一组"启动传输"时序,来完成数据传输的初始化。当 SCK 时钟高电平时 DATA 翻转为低电平,紧接着 SCK 变为低电平,随后是在 SCK 时钟高电平时 DATA 翻转为高电平,SHT11 数据传输时序图如图 9.4 所示。

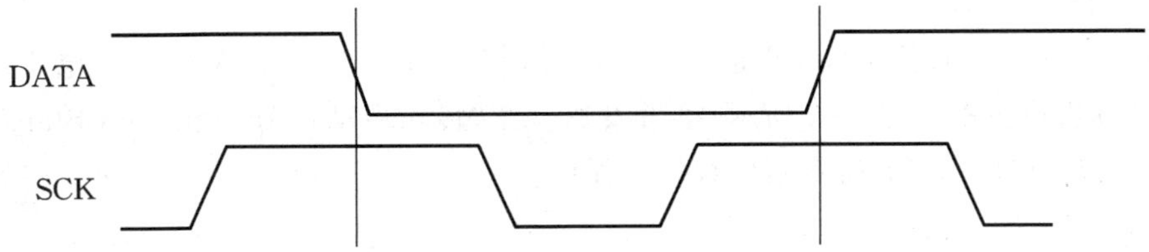

图 9.4 SHT11 数据传输时序图

后续命令包含3个地址位(目前只支持“000”)和5个命令位。SHT1x会以下述方式表示已正确地接收到指令:在第8个SCK时钟的下降沿之后,将DATA下拉为低电平(ACK位)。在第9个SCK时钟的下降沿之后,释放DATA(恢复高电平)。

微处理器与SHT1x的通信协议与通用的I^2C总线协议是不兼容的,因此需要用通用微处理器I/O口模拟该通信时序。微处理器对SHT1x的控制是通过命令代码来实现的,命令代码及其含义如表9.2所示。

表9.2 SHT1x控制命令代码

命令	代码
预留	0000x
温度测量	00011
湿度测量	00101
读内部状态寄存器	00111
写内部状态寄存器	00110
预留	0101x～1110x
软复位,接口复位,状态寄存器复位即恢复为默认状态。在要发送下一个命令前,至少等待11 ms	11110

(3) 温湿度测量

发布一组测量命令(“00000101”表示相对湿度RH,“00000011”表示温度T)后,控制器要等待测量结束。这个过程需要大约20 ms/80 ms/320 ms,分别对应8 bit/12 bit/14 bit测量。准确的时间随内部晶振速度变化,最多可能有−30%的变化。SHT1x通过下拉DATA至低电平并进入空闲模式,表示测量的结束。控制器在再次触发SCK时钟前,必须等待这个“数据备妥”信号来读出数据。检测数据可以先被存储,这样控制器可以继续执行其他任务,不需要时再读出数据。

接着传输两个字节的测量数据和一个字节的CRC奇偶校验(可选择读取)。微处理器需要通过下拉DATA为低电平,以确认每个字节。所有的数据从MSB开始,右值有效(对于12 bit数据,从第5个SCK时钟起算作MSB;而对于8 bit数据,首字节则无意义)。

在收到CRC的确认位之后,表明通信结束。如果不使用CRC-8校验,控制器可以在测量值LSB后,通过保持ACK高电平终止通信。在测量和通信完成后,SHT1x自动转入休眠模式。

(4) 通信复位时序

如果与SHT1x通信中断,可通过下列信号时序复位:当DATA保持高电平时,触发SCK时钟9次或更多,如图9.5所示;接着发送一个“传输启动(Transmission Start)”序列。这些时序只复位串口,状态寄存器内容仍然保留。

(5) CRC-8 Checksum计算

SHT1x的可靠性由CRC-8的校验来保证。它确保可以检测并去除所有错误数据。用户可选择是否使用 CRC 功能。

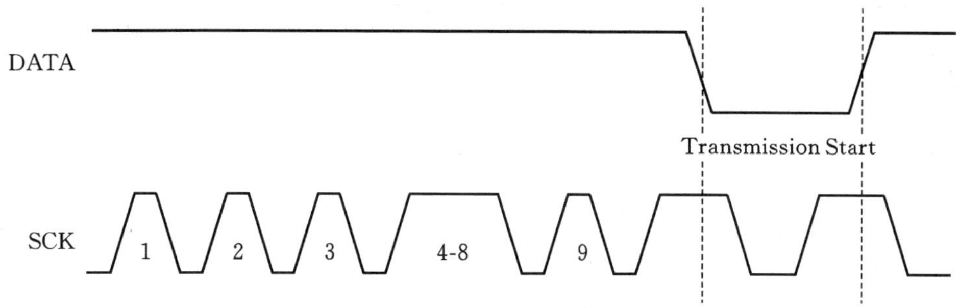

图 9.5 SHT11 **通信复位时序图**

(6) 状态寄存器

SHT1x 的某些高级功能可以通过给状态寄存器发送指令来实现,如选择测量分辨率、电量不足提醒、使用 OTP 加载或启动加热功能等。

测量分辨率:默认分辨率 14 bit(温度)和 12 bit(湿度),可以被降低为 12 bit 和 8 bit,尤其适用于要求测量速度极高或者功耗极低的应用。

电量不足检测功能:在电压不足 2.47 V 时发出警告,精度为 0.05 V。

加热:可通过向状态寄存器内写入命令启动传感器内部加热器。加热器可以使传感器的温度高于周围环境 5～10 ℃,功耗大约为 8 mA×5 V。

注意:此时测出的温度为传感器本身温度而并非周围环境温度。因此,加热器不适于持续使用。

OTP 加载:开启此功能,标定数据将在每次测量前被上传到寄存器。如果不开启此功能,可减少大约 10 ms 的测量时间。

在读状态寄存器或写状态寄存器之后,8 位状态寄存器的内容将被读出或写入,如图 9.6、图 9.7 所示,状态寄存器各位描述如表 9.3 所示。

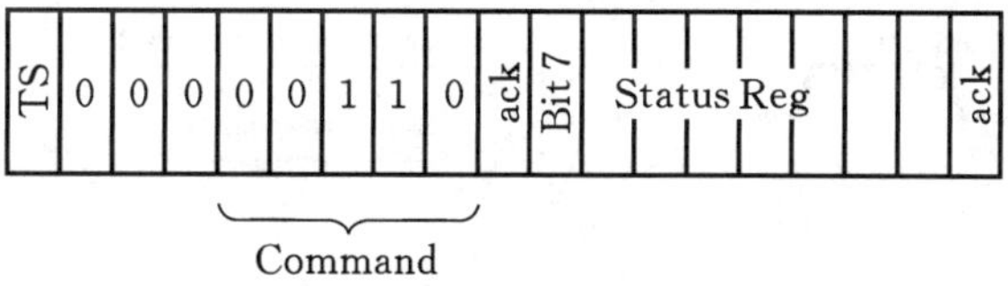

图 9.6 状态寄存器写入

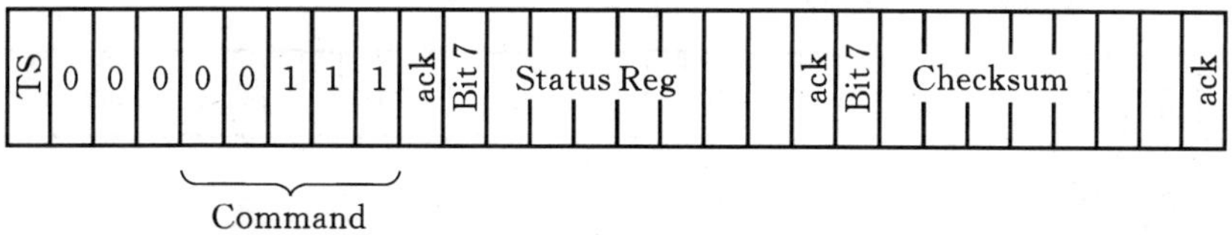

图 9.7 状态寄存器读出

表 9.3　状态寄存器位描述

位	类型	描述	系统设定值	
7		保留	0	
6	R	电量不足(低电压检测) '0' for VDD>2.47 '1' for VDD<2.47	X	无默认值,每次测量后更新
5		预留	0	
4		预留	0	
3		仅供测试,用户不要使用	0	
2	R/W	加热器	0	关
1	R/W	不从 OTP 加载	0	加载
0	R/W	'1'=8 位湿度/12 位温度分辨率 '0'=12 位湿度/14 位温度分辨率	0	12 位湿度 14 位温度

图 9.8 和图 9.9 描述了整个通信过程。

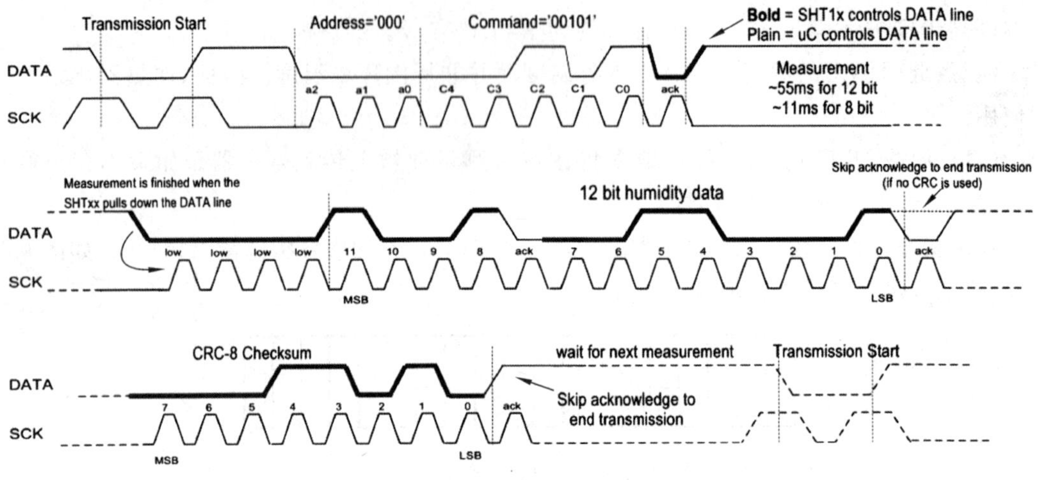

图 9.8　测量值为 0000 1001 0011 0001 的图示

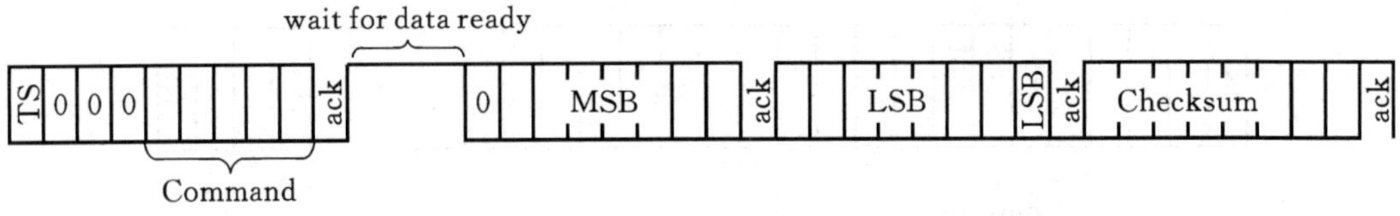

图 9.9　测量时序图

9.1.4.5　信号转换

（1）湿度线性补偿

SHT1x 可通过 DATA 数据总线直接输出数字量湿度值。该湿度值称为“相对湿度”，需要进行线性补偿和温度补偿后才能得到较为准确的湿度值。由于相对湿度数字输出特性呈一定的非线性，如图 9.10 所示，为了补偿湿度传感器的非线性，可按下式修正湿度值：

$$RH_{linear}=C_1+C_2\cdot SO_{RH}+C_3\cdot SO_{RH}^2 \tag{9.1}$$

式中，RH_{linear} 为经过线性补偿后的湿度值；SO_{RH} 为相对湿度测量值；C_1、C_2、C_3 为线性补偿系数，取值如表 9.4 所示。

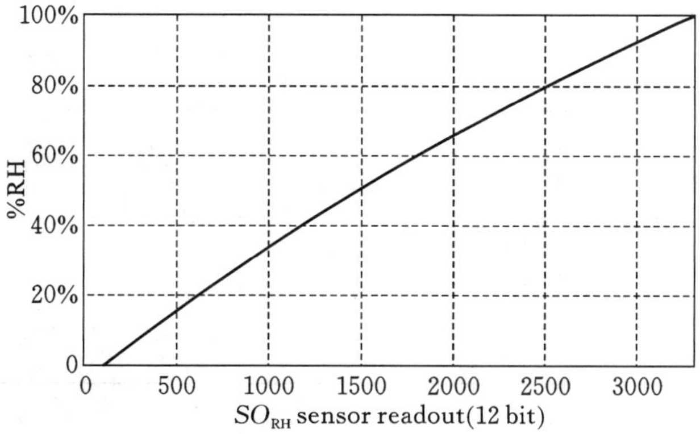

图 9.10　从 SO_{RH} 到相对湿度的转化

表 9.4　湿度线性补偿系数

SO_{RH}	C_1	C_2	C_3
12 bit	-2.0468	0.0367	-1.5955×10^{-6}
8 bit	-2.0468	0.5872	-4.0845×10^{-4}

（2）温度补偿

由于温度对湿度的影响十分明显，而实际温度和测试参考温度 25 ℃有所不同，因此对线性补偿后的湿度值进行温度补偿很有必要。补偿公式如下：

$$RH_{true}=(T-25)(t_1+t_2\cdot SO_{RH})+RH_{linear}$$

式中，RH_{true} 为经过线性补偿和温度补偿后的湿度值；T 为测试湿度值时的温度（℃）；t_1 和 t_2 为温度补偿系数，取值如表 9.5 所示。

表 9.5　温度补偿系数

SO_{RH}	t_1	t_2
12 bit	0.01	0.00008
8 bit	0.01	0.00128

(3) 温度值输出

由能隙材料 PTAT(正比于绝对温度)研发的温度传感器具有极好的线性。可用如下公式将数字输出(SO_T)转换为温度值：

$$T = d_1 + d_2 \cdot SO_T \tag{9.2}$$

式中，d_1 和 d_2 为特定系数，d_1 的取值与 SHT1x 工作电压有关，d_2 的取值则与 SHT1x 内部 A/D 转换器采用的分辨率有关，其对应关系如表 9.6 所示。

表 9.6 温度转换系数

VDD	d_1(℃)	d_1(℉)
5 V	−40.1	−40.2
4 V	−39.8	−39.6
3.5 V	−39.7	−39.5
3 V	−39.6	−39.3
2.5 V	−39.4	−38.9
SO_T	d_2(℃)	d_2(℉)
14 b	0.01	0.018
12 b	0.04	0.072

(4) 露点

露点是一个特殊的温度值，是空气保持某一定湿度必须达到的最低温度。当空气的温度低于露点时，空气容纳不了过多的水分，这些水分会变成雾、露水或霜。SHT1x 并不直接进行露点测量，但露点可以通过温度和湿度读数计算得到。由于温度和湿度在同一块集成电路上测量，SHT1x 可测量露点。

露点的计算方法很多，绝大多数都很复杂。对于 −40～+50 ℃温度范围的测量，通过下面的公式计算可得到较高精度的露点值，露点计算参数如表 9.7 所示。

$$T_d(RHT) = T_n \cdot \frac{\ln\left(\frac{RH}{100\%}\right) + \frac{mT}{T_n + T}}{m - \ln\left(\frac{RH}{100\%}\right) - \frac{mT}{T_n + T}} \tag{9.3}$$

表 9.7 露点(T_d)计算参数

温 度	T_n(℃)	m
0～50 ℃	243.12	17.62
−40～0 ℃	272.62	22.46

9.1.4.6 环境稳定性

如果传感器用于装备或机械中，要确保用于测量的传感器与用于参考的传感器感知的是同一条件的温度和湿度。如果传感器被放置于装备中，反应时间会延长，因此在程序设计中要保证预留足够的测量时间。

9.1.5　项目二十：基于 SHT10 的智能传感器应用系统设计

9.1.5.1　系统设计要求

设计一个温湿度监控系统，温度范围为 20～38 ℃，湿度范围为 40%～70%，超范围报警。要求传感器采用 SHT10 智能传感器，温湿度显示采用 LCD1602，精确到两位小数，超限则发光二极管报警。

9.1.5.2　系统设计分析

单片机的最小系统＋SHT10 智能传感器＋LCD1602＋两个 LED(灯光报警)。

第一步，实现将 SHT10 中的数据读入单片机中然后显示到 LCD1602 上。

第二步，调节 SHT10 的数据。在 SHT10 测量数据的基础上进行温湿度补偿信号转换，包括湿度线性补偿、温度补偿和温度值输出。

第三步，调节后的数据，若温度在 20～38 ℃范围内则正常显示到 LCD1602 上，若超出范围则报警，二极管点亮(红)；同理，若湿度在 40%～70%范围内则正常显示到 LCD1602 上，若超出范围则报警，二极管点亮(绿)。

9.1.5.3　系统原理图设计

系统所需元器件为 AT89C51、CAP 30 pF、CRYSTAL 12 MHz、CAP-ELEC、BUTTON、RES、RESPACK-8、SHT10、LM016L、LED-RED、LED-GREEN。智能传感器应用系统原理图如图 9.11 所示。

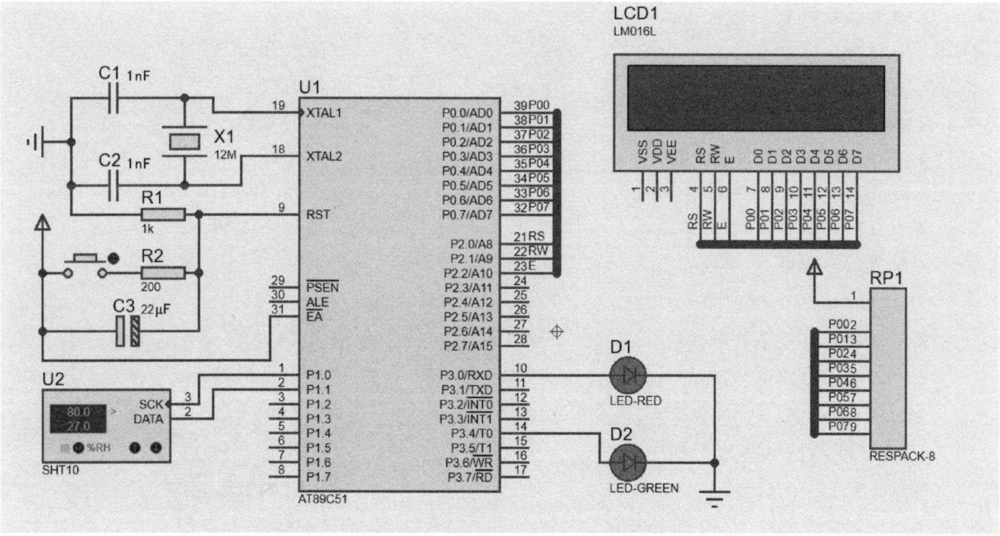

图 9.11　智能传感器应用系统原理图

9.1.5.4　系统程序流程图设计

略。

9.1.5.5 系统源程序设计

程序 22

```
# include <reg52.h>
# include <intrins.h>
# include <stdio.h>
# include <string.h>
# include <absacc.h>
# include <math.h>
# define uchar unsigned char
# define uint unsigned int
# define TEMPUP 38                                    //温度上限
# define TEMPDOWN 20                                  //温度下限
# define HUMUP 70                                     //湿度上限
# define HUMDOWN 40                                   //湿度下限
sbit LcdRs=P2^0;                                      //1602LCD 端口定义
sbit LcdRw=P2^1;
sbit LcdEn=P2^2;
sbit led1=P3^0;                                       //温度报警灯端口定义
sbit led2=P3^4;                                       //湿度报警灯端口定义
uchar str[7];                                         //温湿度值处理
//向 LCD 写入命令或数据
# define LCD_COMMAND              0                   //Command
# define LCD_DATA               1                     //Data
# define LCD_CLEAR_SCREEN         0x01                //清屏
# define LCD_HOMING             0x02                  //光标返回原点
//设置显示模式
# define LCD_SHOW             0x04                    //显示开
# define LCD_HIDE             0x00                    //显示关
# define LCD_CURSOR           0x02                    //显示光标
# define LCD_NO_CURSOR        0x00                    //无光标
# define LCD_FLASH            0x01                    //光标闪动
# define LCD_NO_FLASH         0x00                    //光标不闪动
//设置输入模式
# define LCD_AC_UP            0x02
# define LCD_AC_DOWN           0x00                   //default
# define LCD_MOVE              0x01                   //画面可平移
# define LCD_NO_MOVE           0x00                   //default
//1602 液晶显示部分子程序
void delay(uint z)                                    //延时函数
{
uint x,y;
for(x=z;x>0;x--)
for(y=110;y>0;y--);
}
```

```
void LCD_Write(bit style,uchar input)
{
LcdRs=style;
P0=input;
delay(5);
LcdEn=1;
delay(5);
LcdEn=0;
}
void LCD_SetDisplay(uchar DisplayMode)            //设置输出
{
LCD_Write(LCD_COMMAND,0x08|DisplayMode);
}
void LCD_SetInput(uchar InputMode)                //设置输入
{
LCD_Write(LCD_COMMAND,0x04|InputMode);
}
void LCD_Initial()                                //初始化 LCD 函数
{
LcdEn=0;
LCD_Write(LCD_COMMAND,0x38);                      //8 位数据端口,2 行显示,5×7 点阵
LCD_SetDisplay(LCD_SHOW|LCD_NO_CURSOR);           //开启显示,无光标
LCD_Write(LCD_COMMAND,LCD_CLEAR_SCREEN);          //清屏
LCD_SetInput(LCD_AC_UP|LCD_NO_MOVE);              //AC 递增,画面不动
}
void GotoXY(uchar x,uchar y)                      //液晶字符输入的位置
{
if(y==0)
LCD_Write(LCD_COMMAND,0x80|x);
if(y==1)
LCD_Write(LCD_COMMAND,0x80|(x-0x40));
}
void Print(uchar * str)                           //将字符输出到液晶显示
{
while( *  str! ='\0')
    {
        LCD_Write(LCD_DATA,*  str);
        str++;
    }
}
void welcome()                                    //初始界面函数
{
```

```
    LCD_Initial();
    GotoXY(0,0);
    Print("  Welcome!   ");
    GotoXY(0,1);
    Print(" Code of sht10 ");
    delay(200);
}
void delay_n10us(uint n)                          //延时 n 个 10 μs@ 12 MHz 晶振
{
    uint i;
    for(i=n;i>0;i--)
    {
        _nop_();_nop_();_nop_();
        _nop_();_nop_();_nop_();
    }
}
//第一部分 LCD1602 设置 END
//第二部分 SHT10 设置 START
sbit SCK=P1^0;                                    //定义通信时钟端口
sbit DATA=P1^1;                                   //定义通信数据端口
typedef union                                     //定义了两个共用体
{ uint i;
  float f;
} value;
enum {TEMP,HUMI};                                 //TEMP=0,HUMI=1
# define noACK 0                                  //用于判断是否结束通信
# define ACK   1                                  //结束数据传输
                                                  //adr command r/w
# define STATUS_REG_W 0x06                        //000   0011    0
# define STATUS_REG_R 0x07                        //000   0011    1
# define MEASURE_TEMP 0x03                        //000   0001    1
# define MEASURE_HUMI 0x05                        //000   0010    1
# define RESET        0x1e                        //000   1111    0
/****************定义函数********/
void s_transstart(void);                          //启动传输函数
void s_connectionreset(void);                     //连接复位函数
char s_write_byte(uchar value);                   //SHT10 写函数
char s_read_byte(uchar ack);                      //SHT10 读函数
char s_measure(uchar *p_value,uchar *p_checksum,uchar mode);
                                                  //测量温湿度函数
void calc_dht90(float * p_humidity,float * p_temperature);
                                                  //温湿度补偿
```

```
void s_transstart(void)                          //启动传输函数
{
    DATA=1; SCK=0;                               //Initial state
    _nop_ ();
    SCK=1;
    _nop_();
    DATA=0;
    _nop_ ();
    SCK=0;
    _nop_();__nop_ ();_nop_ ();
    SCK=1;
    _nop_ ();
    DATA=1;
    _nop_ ();
    SCK=0;
}
void s_connectionreset(void)                     //连接复位函数
/*communication reset: DATA-line=1 and at least 9 SCK cycles followed by
transstart*/
{
    uchar i;
    DATA=1; SCK=0;                               //Initial state
    for(i=0;i<9;i++)                             //9 SCK cycles
    {
        SCK=1;
        SCK=0;
    }
    s_transstart();                              //transmission start
}
char s_write_byte(uchar value)                   //SHT10 写字节函数
//writes a byte on the Sensibus and checks the acknowledge
{
    uchar i,error=0;
    for (i=0x80;i>0;i/=2)                        //shift bit for masking
    {
        if (i & value) DATA=1;
        else DATA=0;
        SCK=1;                                   //clk for SENSI-BUS
        _nop_();__nop_ ();_nop_ ();              //puls with approx.3 us
        SCK=0;
    }
```

```
DATA=1;                         //release DATA-line
SCK=1;                          //clk # 9 for ack
error=DATA;                     //check ack (DATA will be pulled down by SHT10)
//DATA在第 9个上升沿将被 SHT10 自动下拉为低电平
_nop_();__nop_();__nop_();
SCK=0;
DATA=1;                         //release DATA-line
return error;       //error=1 in case of no acknowledge //返回:0 成功,1失败
}
//SHT10读函数
//reads a byte from the Sensibus and gives an acknowledge in case of "ack=1"
char s_read_byte(uchar ack)
{
    uchar i,val=0;
    DATA=1;                     //release DATA-line
    for(i=0x80;i>0;i/=2)        //shift bit for masking
    { SCK=1;                    //clk for SENSI-BUS
    if (DATA) val=(val | i);    //read bit
    _nop_();_nop_();_nop_();    //puls with approx.3 μs
    SCK=0;
}
if(ack==1)DATA=0;               //in case of "ack==1" pull down DATA-line
else DATA=1;                    //如果是校验(ack==0),读取完后结束通信
_nop_();_nop_();_nop_();        //puls with approx.3 μs
SCK=1;                          //clk # 9 for ack
_nop_();_nop_();_nop_();        //puls with approx.3 μs
SCK=0;
_nop_();_nop_();_nop_();        //puls with approx.3 μs
DATA=1;                         //release DATA-line
return val;
}
//测量温湿度函数 makes a measurement (humidity/temperature) with checksum
char s_measure(uchar * p_value,uchar * p_checksum,uchar mode)
{
    uchar error=0;
    uint i;
    s_transstart();             //transmission start
    switch(mode){               //send command to sensor
    case TEMP:error +=s_write_byte(MEASURE_TEMP); break;
    case HUMI:error+=s_write_byte(MEASURE_HUMI); break;
    default:break;
```

```
}
for (i=0;i<65535;i++) if(DATA==0) break;
                                    //wait until sensor has finished the measurement
if(DATA) error+=1;                  //or timeout (~2 sec.) is reached
*(p_value)  =s_read_byte(ACK);  //read the first byte (MSB)
*(p_value+1)=s_read_byte(ACK);  //read the second byte (LSB)
*p_checksum=s_read_byte(noACK);
                                    //read checksum
return error;
}
void calc_sht10(float * p_humidity,float * p_temperature) //温湿度补偿函数
//calculates temperature [C] and humidity [%RH]
//input:humi [Ticks] (12 bit) and temp [Ticks] (14 bit)
//output:humi [%RH] and temp [C]
{ const float C1=-2.0468;           //for 12 bit humi
const float C2=+0.0367;             //for 12 bit humi
const float C3=-1.5955E-6;          //for 12 bit humi
const float T1=+0.01;               //for 12 bit humi
const float T2=+0.00008;            //for 12 bit humi
const float d1=-40.1;               //for 14 bit temp @  5 V
const float d2=+0.01;               //for 14 bit temp @ 5 V
float rh=* p_humidity;              //rh:Humidity [Ticks] 12 bit
float t=* p_temperature;            //t:Temperature [Ticks] 14 bit
float rh_lin;                       //rh_lin:Humidity linear
float rh_true;                      //rh_true:Temperature compensated humidity
float t_C;                          //t_C:Temperature [C]
t_C=d1 +t* d2;                      //calc.temperature from ticks to [C]
rh_lin=C1 +C2* rh +C3* rh* rh;      //calc.humidity from ticks to [%RH]
rh_true=(t_C-25) * (T1 +T2×rh) +rh_lin;
                    //calc.temperature compensated humidity[%RH]
if(rh_true>100) rh_true=100;        //cut if the value is outside of
if(rh_true<0.1) rh_true=0.1;        //the physical possible range
* p_temperature=t_C;                //return temperature [C]
* p_humidity=rh_true;               //return humidity[%RH]
}
void zhuanhuan(float a)             //浮点数转换成字符串函数
{
    memset(str,0,sizeof(str));
    sprintf (str,"% f",a);
}
//***第二部分 SHT10 设置 END
//*******主函数
```

```
void main(void)
{
    value humi_val,temp_val;
    uchar error,checksum;
    LcdRw=0;
    led1=0;
    led2=0;
    start=0;
    s_connectionreset();
    welcome();                                    //显示欢迎画面
    delay(2000);
    LCD_Initial();
    while(1)
   { error=0;
    error+=s_measure((uchar* ) &humi_val.i,&checksum,HUMI);
    error+=s_measure((uchar* ) &temp_val.i,&checksum,TEMP);
    if(error!=0)
      s_connectionreset();                        //in case of an error:connection reset
    else
{
    humi_val.f=(float) humi_val.i;                //converts integer to float
    temp_val.f=(float) temp_val.i;                //converts integer to float
    calc_sht10(&humi_val.f,&temp_val.f);          //计算湿度与温度
    GotoXY(0,0);
    Print("Tep:");
    GotoXY(0,1);
    Print("Hum:");
    zhuanhuan(temp_val.f);                        //转换温度为 uchar 方便液晶显示
    GotoXY(5,0);
    str[5]=0xDF;                                  //℃的符号
    str[6]=0x43;
    str[7]='\0';                                  //字符串结束标志
    Print(str);
    if( temp_val.f> TEMPUP || temp_val.f<TEMPDOWN )
       led1=1;
    else
       led1=0;
    zhuanhuan(humi_val.f);                        //转换湿度为 uchar 方便液晶显示
    GotoXY(5,1);
    str[5]='%';                                   //% 的符号
    str[6]='\0';                                  //字符串结束标志
    Print(str);
```

```
        if( humi_val.f >HUMUP || humi_val.f <HUMDOWN )
            led2=1;
        else
            led2=0;
        }
          delay_n10us(80000);    //延时约 0.8 s
        }
    }
```

9.1.5.6　在 Keil 中仿真调试

创建“智能传感器应用”项目，并选择单片机型号，输入 C 语言源程序，保存为“智能传感器应用.C”，将源程序“智能传感器应用.C”添加到项目中，编译源程序，创建“智能传感器应用.HEX”。

9.1.5.7　在 Proteus 中仿真调试

打开“智能传感器应用.DSN”，双击单片机，选择程序“智能传感器应用.HEX”。单击按钮进入程序运行状态。分别按下 SHT10 的各个按钮，可以在 LCD1602 上观察到与智能传感器相对应的温度、湿度变化及湿度随温度的变化而变化(温度补偿)的情况。

9.2　直流电动机系统设计

9.2.1　直流电机介绍

电动机简称电机，是使机械能与电能相互转换的机械，直流电机把直流电能变为机械能。作为机电执行元部件，直流电机内部有一个闭合的主磁路。主磁通在主磁路中流动，同时与两个电路交联，其中一个电路是用以产生磁通的，称为激磁电路；另一个电路是用来传递功率的，称为功率回路或电枢回路。现行的直流电机都是旋转电枢式，也就是说，激磁绕组及其所包围的铁芯组成的磁极为定子，带换向单元的电枢绕组和电枢铁芯结合构成直流电机的转子。电动机是工业控制领域使用非常广泛的执行机构，如机床、电梯、机器人、飞行器、光驱、手机等设备中都有电动机的存在。直流电动机是将直流电能转换为机械能的电动机，因其控制简单、性能优越而被广泛应用于位置和速度控制的应用中。

直流电机有以下四方面的优点：

(1) 调速范围广，且易于平滑调节。

(2) 过载、起动、制动转矩大。

(3) 易于控制，可靠性高。

(4) 调速时的能量损耗较小。

所以，在调速要求高的场所，如轧钢机、轮船推进器、电车、电气铁道牵引、高炉送料、造纸、纺织、拖动、吊车、挖掘机械、卷扬机拖动等方面，直流电机均得到广泛的应用。

9.2.2 直流电机的基本工作原理

直流电机工作原理图如图 9.11 所示，当电刷 A、B 接在电压为 U 的直流电源上时，若电刷 A 是正电位，B 是负电位，在 N 极范围内的导体 ab 中的电流是从 a 流向 b，在 S 极范围内的导体 cd 中的电流是从 c 流向 d。载流导体在磁场中要受到电磁力的作用，因此 ab 和 cd 两导体都受到电磁力的作用。根据磁场方向和导体中的电流方向，利用电机左手定则判断，ab 边受力的方向是向左的，而 cd 边则是向右的。由于磁场是均匀的，导体中流过的又是相同的电流，所以 ab 边和 cd 边所受电磁力的大小相等。这样，线圈上就受到了电磁力的作用而按逆时针方向转动。当线圈转到磁极的中性面上时，线圈中的电流等于零，电磁力等于零，但是由于惯性的作用，线圈继续转动。线圈转过半周之后，虽然 ab 与 cd 的位置调换了，ab 边转到 S 极范围内，cd 边转到 N 极范围内，但是由于换向片和电刷的作用，转到 N 极下的 cd 边中电流方向也变了，是从 d 流向 c，在 S 极下的 ab 边中的电流则是从 b 流向 a。因此电磁力的方向仍然不变，线圈仍然受力按逆时针方向转动。可见，分别处在 N、S 极范围内的导体中的电流方向总是不变的，因此线圈两个边的受力方向也不变，这样线圈就可以按照受力方向不停地旋转，通过齿轮或皮带等机构的传动，便可以带动其他机械工作。

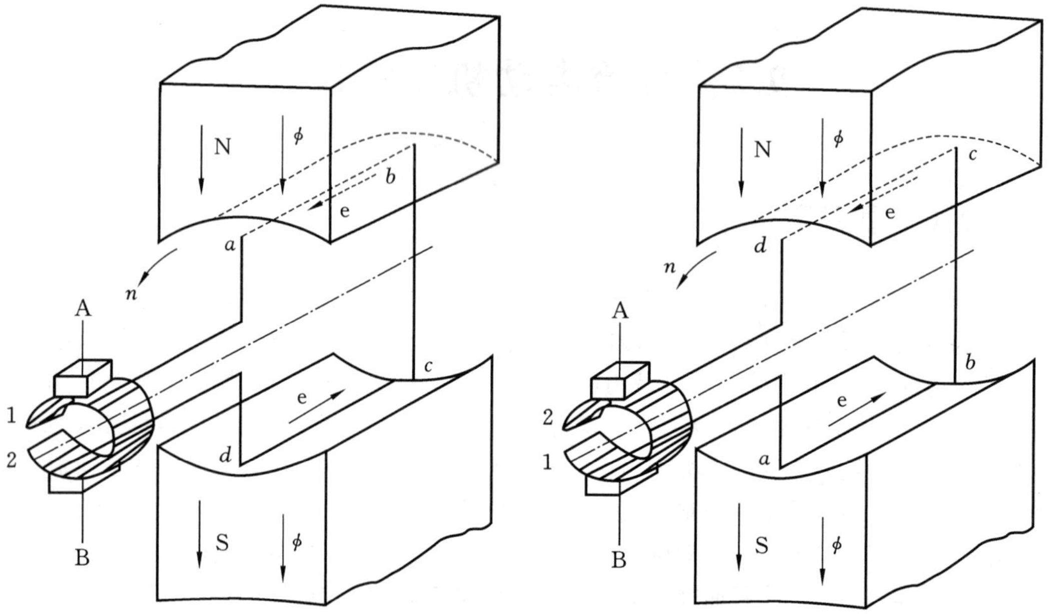

图 9.12 直流电机工作原理图

从以上分析可以看到，要使线圈按照一定的方向旋转，关键问题是当导体从一个磁极范围转到另一个异性磁极范围时（也就是导体经过中性面后），导体中电流的方向也要同时改变，换向器和电刷就是完成这一任务的装置。在直流电机中，换向器和电刷把输入的直流电变为线圈中的交流电。可见，换向器和电刷是直流电机中不可缺少的关键部件。

当然，在实际的直流电机中，不只有一个线圈，而是有许多线圈牢固地嵌在转子铁芯槽中，当导体中通过电流在磁场中因受力而转动时，就带动整个转子旋转，这就是直流电机的基本工作原理。

实际应用中，直流电动机的转动方向是通过全桥(又称为 H 桥)电路实现的，如图 9.13 所示。Q1～Q4 是金属氧化物半导体场效应晶体管 MOSFET(Metal-Oxide-Semiconductor Field-Effect Transistor,)，Q1、Q2 是一个桥臂，Q3、Q4 是另一个桥臂。每个 MOSFET 旁边的二极管是续流二极管。

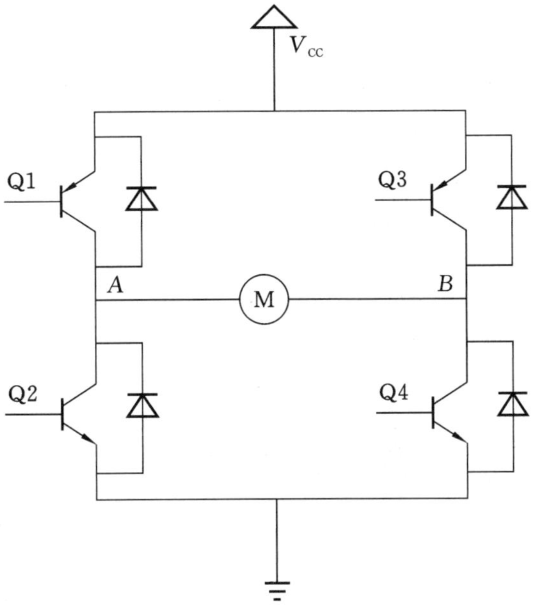

图 9.13　直流电动机的全桥电路

全桥电路改变电动机转向的原理如下：

当打开 Q1 和 Q4 时，电动机的电流从 A 流向 B，此时电动机正转；当打开 Q2 和 Q3 时，电动机的电流从 B 流向 A，此时电动机反转。这样通过控制 Q1～Q4 就可以控制电动机的转向。

对直流电动机调速可以有很多种方法。如可以通过晶闸管电路(在将交流电整流成直流电的过程中)控制晶闸管的导通，将整流的输出电压加在直流电机上进行调速，也可以利用 D/A 转换加驱动的方法通过单片机进行调压调速。目前在实际应用中用得比较多的是通过 PWM(脉冲宽度调制)的方法对直流电动机进行调速。

9.2.3　直流电机的参数

(1) 转矩：电机得以旋转的力矩，单位为 kg·m 或 N·m。

(2) 转矩系数：电机所产生转矩的比例系数，一般表示每安培电枢电流所产生的转矩大小。

(3) 摩擦转矩：电刷、轴承、换向单元等因摩擦而引起的转矩损失。

(4) 启动转矩：电机启动时所产生的旋转力矩。

(5) 转速:电机转速单位工程上常用 r/min,即转每分;在国际单位制中为 rad/s,即弧度每秒。

(6) 电枢电阻:电枢内部的电阻,在有刷电机里一般包括电刷与换向器之间的接触电阻,由于电阻中流过电流时会发热,因此希望电枢电阻尽量小。

(7) 电枢电感:因为电枢绕组由金属线圈构成,必然存在电感,从改善电机运行性能的角度来说,电枢电感越小越好。

(8) 电气时间常数:电枢电流从零开始达到稳定值的 63.2%时所经历的时间。测定电气时间常数时,电机应处于堵转状态并施加阶跃性质的驱动电压。工程上,常常利用电枢绕组的电阻 R_a 和电感 L_a 求出电气时间常数 $T_e=L_a/R_a$。

(9) 机械时间常数:电机从启动到转速达到空载转速的 63.2%时所经历的时间。测定机械时间常数时,电机应处于空载运行状态并施加阶跃性质的阶跃电压。工程上,常常利用电动机转子的转动惯量 J 、电枢电阻 R_a、电机反电动势系数 K_e 和转矩系数 K_t 求出机械时间常数:$T_m=(J*R_a)/(K_e \times K_t)$。

(10) 反电动势系数:电机旋转时,电枢绕组内部切割磁力线所感应的电动势相对于转速的比例系数,也称发电系数或感应电动势系数。

(11) 功率密度:电机每单位质量所能获得的输出功率值。功率密度越大,电机的有效材料的利用率就越高。

9.2.4 常用直流电动机的驱动电路

对于直流电动机的驱动,应根据实际情况选择合适的驱动电路,如电动机是单向或双向转动,是否需要调速。对于单方向的电动机驱动,只要用大功率的三极管、达林顿管、场效应管或者继电器直接驱动即可,必要时加光耦隔离。当电动机需要双向驱动时,可以使用由 4 个功率元件组成的 H 桥电路或一个双刀双掷的继电器。如果不需要调速,只要使用继电器控制通断即可;如果需要调速,可以使用上述大功率半导体开关器件实现 PWM 调速。

9.2.4.1 大功率开关管实现单向驱动

利用大功率场效应管或双极型三极管等半导体开关器件直接驱动直流电动机,其原理图如图 9.14 所示。

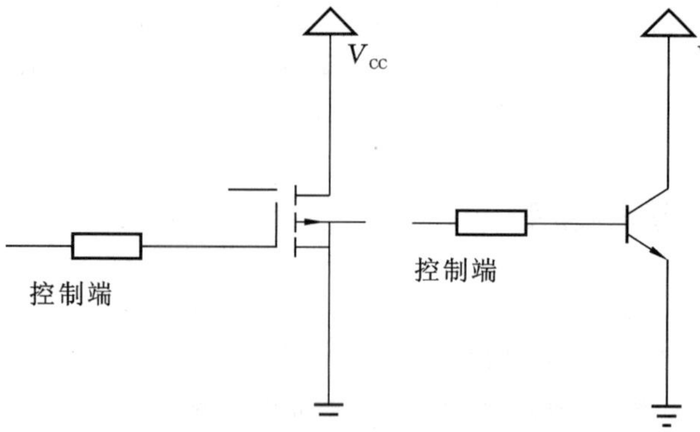

图 9.14 半导体开关驱动直流电动机原理图

9.2.4.2 达林顿阵列 ULN2003 驱动

ULN2003 是高电压大电流达林顿晶体管阵列系列产品，它是双列 16 脚封装，内部包含 7 个共发射极的集电极开路的硅 NPN 达林顿管，每个单元的最大驱动电压 50 V，最大驱动电流可达 350 mA，输入电压 5 V，适用于 TTL、COMS 电路。内部集成了一个消线圈反电动势的二极管，可用来驱动继电器等感性负载。由于采用集电极开路输出，具有电流增益高、工作电压高、温度范围宽、带负载能力强等特点，适应于各类要求高速大功率驱动的系统，可直接驱动继电器或固体继电器，也可直接驱动低压灯泡。通常单片机驱动 ULN2003 时，上拉 2 kΩ 的电阻较为合适，同时 COM 引脚应该悬空或接电源。

9.2.4.3 集成 H 桥 L298N 驱动

实际使用的时候，用分立元件制作 H 桥比较麻烦，很多公司生产封装好的 H 桥集成电路，使用起来非常方便、可靠。常用的有 L293D、L298N、TA7257P、SN754410 等。

L298N 是一种高电压、大电流电机驱动芯片，比较常见的是 15 脚 Multiwatt 封装的 L298N，内部包含 4 通道逻辑驱动电路，其引脚排列如图 9.15 所示。

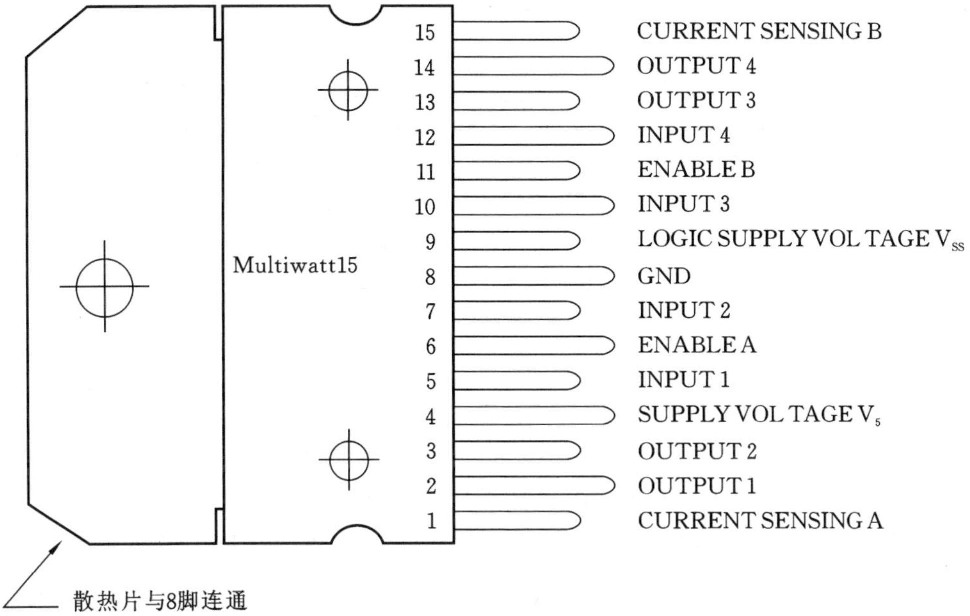

图 9.15 L298N **引脚排列图**

下面对 L298N 各个引脚及其功能进行简要说明。

(1) CURRENT SENSING A(1 脚)、CURRENT SENSING B(15 脚)：电流检测端，分别为两个 H 桥的电流反馈脚，不用时可以直接接地。

(2) OUTPUT1(2 脚)、OUTPUT2(3 脚)：电桥 A 的输出端，与这两脚相连的负载的电流可通过 CURRENT SENSING A 检测。

(3) V_S(4 脚)：驱动工作(功率电源)电压，典型值为 9 V 或 12 V。此引脚与地必须连接 100 nF 电容。

(4) INPUT1(5 脚)、INPUT2(7 脚):电桥 A 的输入控制端,与 TTL 电平兼容。

(5) ENABLE A(6 脚)、ENABLE B(11 脚):电桥 A 和电桥 B 的使能端,高电平使能,低电平禁止输出。

(6) GND(8 脚):GND 地。

(7) V_{SS}(9 脚):逻辑电源电压,可在 4.5～7 V 之间,典型值为 5 V。此引脚与地必须连接 100 nF 电容。

(8) INPUT3(10 脚)、INPUT4(12 脚):电桥 B 的输入控制端,与 TTL 电平兼容。

(9) OUTPUT3(13 脚)、OUTPUT4(14 脚):电桥 B 的输出端,与这两脚相连的负载的电流可通过 CURRENT SENSING B 检测。

L298N 的主要特点是:工作电压高,最高工作电压可达 46 V;输出电流大,瞬间峰值电流可达 3 A,持续工作电流为 2 A;额定功率 25 W。内含两个 H 桥的高电压大电流全桥式驱动器,可以用来驱动直流电动机、步进电动机、继电器线圈等感性负载,如大功率直流电机、步进电机、电磁阀等,特别是其输入端可以与单片机直接相连,从而很方便地受单片机控制。当驱动直流电机时,可以直接控制步进电机,并可以实现电机正转与反转,实现此功能只需改变输入端的逻辑电平。使用 L298N 芯片驱动电机,该芯片可以驱动一台两相步进电机或四相步进电机,也可以驱动两台直流电机。

L298N 的控制信号与电动机运行状态关系如表 9.8 所示。

表 9.8　L298N 的控制信号与电动机运行状态关系

使能端(6、11 引脚)	输入控制端(5、10 引脚)	输入控制端(7、12 引脚)	电动机状态
H	H	L	正转
	L	H	反转
	H	H	停止
	L	L	停止
L	×	×	自然停转

单片机通过 L298N 驱动直流电动机采用不同的组合,可以有 3 种控制方式。

方式一:使能端 ENABLE 输入 PWM 信号,控制端 INPUT1 和 INPUT2 输入方向信号。根据表 9.8,INPUT1 为高电平,INPUT2 为低电平,正转;INPUT1 为低电平,INPUT2 为高电平,反转。

方式二:使能端 ENABLE 接高电平使 L298N 工作,控制端 INPUT1 输入 PWM 信号,控制端 INPUT2 输入方向信号。根据表 9.8,INPUT2 为低电平时,正转;INPUT2 为高电平时,反转。

方式三:使能端 ENABLE 接高电平使 L298N 工作,控制端 INPUT1 输入 PWM 信号,控制端 INPUT2 输入 PWM 的反相信号。INPUT1 和 INPUT2 高低电平时间的不同,可使电动机正转、反转或不转。当 INPUT1 的高电平时间大于 INPUT2 的时(占空比大于 50%),正转;当 INPUT1 的高电平时间小于 INPUT2 的时(占空比小于 50%),反转;当 INPUT1 的高电平时间等于 INPUT2 的时(占空比等于 50%),停转。

单片机控制直流电机时,需要加驱动电路,为直流电机提供足够大的驱动电流。使用不同的直流电机,其驱动电流也不同,我们要根据实际需求选择合适的驱动电路,通常有以下几种驱动电路:三极管电流放大驱动电路、电机专用驱动模块(如 L298)和达林顿驱动器等。如果是驱动单个电机,并且电机的驱动电流不大,我们可用三极管搭建驱动电路,不过这样要稍微麻烦些。如果电机所需要的驱动电流较大,可直接选用市场上现成的电机专用驱动模块,这种模块接口简单,操作方便,并可为电机提供较大的驱动电流,不过它的价格要贵一些。如果是读者自己学习电机原理及电路驱动原理使用,建议选用达林顿驱动器,它实际上是一个集成芯片,单块芯片同时可驱动 8 个电机,每个电机由单片机的一个 I/O 口控制,当需要调节直流电机转速时,使单片机的相应 I/O 口输出不同占空比的 PWM 波形即可。

9.2.5 PWM 信号产生的方法

PWM 是英文 Pulse Width Modulation(脉冲宽度调制)的缩写,它是按一定规律改变脉冲序列的脉冲宽度,以调节输出量和波形的一种调制方式,我们在控制系统中最常用的是矩形波 PWM 信号,在控制时需要调节 PWM 波的占空比。占空比是指高电平持续时间在一个周期时间内的百分比。控制电机的转速时,占空比越大,速度越快,如果全为高电平,占空比为 100%时,速度达到最快。

利用单片机产生 PWM 信号,可以采用延时方法或利用定时器方法。

9.2.5.1 采用延时方法产生 PWM 信号

采用延时方法产生 PWM 信号的程序代码如下:

```
# include<reg51.h>
# define uchar unsigned char;
# define uint unsigned int;
sbit PWM=P1^0;                    //PWM 控制端,假设为 P1^0
uchar cycle=100;                  //定义 PWM 周期,假设为 100
uchar speed=20;                   //用于控制占空比的变量,控制电动机的速度
void delay(uint t)
{
    uchar m;
    while(t--)
    for(m=0;m<10;m++);            //延时 0.1 ms
}
main()
{
    while(1)
    {
        PWM=1;
        delay(speed);
        PWM=0;
        delay(cycle-speed);
    }
}
```

9.2.5.2　利用定时器方法产生 PWM 信号

利用定时器方法产生 PWM 信号的程序代码如下：

```
//晶振采用 11.0592 MHz,产生的 PWM 周期约为 10 ms,频率约为 100 Hz
# include<reg51.h>
# define uchar unsigned char;
# define uint unsigned int;
sbit PWM=P1^0;                    //PWM 控制端,假设为 P1^0
uchar cycle=100;                  //定义 PWM 周期,假设为 100
uchar speed=20;                   //用于控制占空比的变量,控制电动机的速度
uchar t=0;                        //中断计数器
T0_init(void)                     //初始化定时器 T0
{
    TMOD=0x02;                    //设定 T0 工作模式 2(自动重装模式)
    TH0=0xA3;                     //装入定时器初值,定时 0.1 ms
    TL0=0xA3;
    ET0=1;
    EA=1;
    TR0=1;
}
void Timer0(void) interrupt 1
{
    if(t<speed)
        PWM=1;                    //产生 PWM 信号
    else
        PWM=0;
    t++;
    if(t>cycle)                   //一个 PWM 周期为 0.1 ms×100=10 ms
        t=0;
}
void main()
{
    T0_init();                    //初始化定时器 T0
    while(1);
}
```

9.2.5.3　直流电动机的调速

在以上两种产生 PWM 信号的方法中，cycle 定义为 PWM 周期，speed 定义为控制占空比的变量。在 PWM 周期不变的情况下，通过改变 speed 的值的大小，即可改变占空比，即改变电动机的速度。

9.2.6 项目二十一:基于 L298N 的直流电动机控制系统设计

9.2.6.1 系统设计要求

设计一个直流电动机控制系统,要求该系统具有正转、反转、停止、加速和减速控制功能。

9.2.6.2 系统设计分析

单片机的最小系统+直流电动机+L298+5 个按键+五输入与门(可使用中断)。

单片机通过 L298N 驱动直流电动机采用不同的组合,通过方式一可以较好地实现直流电动机的正转、反转、停止、加速和减速控制功能。以单片机为核心,利用波特率发生器通过程序控制产生不同的 PWM 信号,送给电动机驱动芯片 L298N 的使能端口 ENA,并通过 L298N 的输入端口 IN1 和 IN2 来控制直流电动机的启动、速度和方向的变化;可利用五输入与门使用中断 0 检测按键的输入。

9.2.6.3 系统原理图设计

系统所需元器件为 AT89C52、CAP 30 pF、CRYSTAL 12 MHz、CAP-ELEC、BUTTON、RES、MOTOR-DC、L298、DIODE、AND_5。直流电动机控制系统原理图如图 9.16所示。

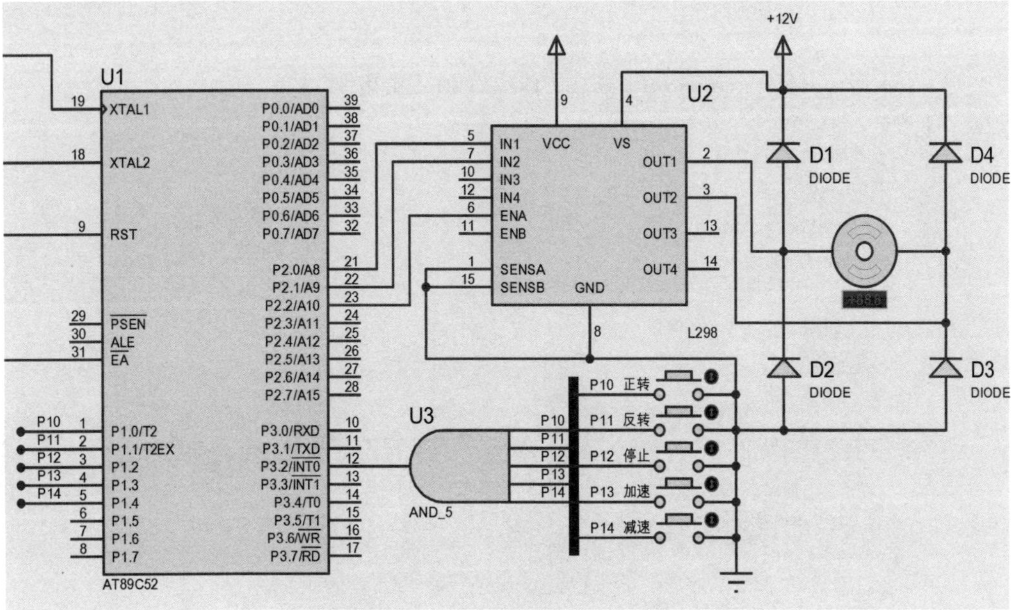

图 9.16 直流电动机控制系统原理图

9.2.6.4 系统程序流程图设计

略。

9.2.6.5 系统源程序设计

```
# include <reg51.h>
# define uchar unsigned char
uchar cycle=100;                          //确定 PWM 的周期
uchar speed=50;                           //用于控制占空比的变量,控制电动机的速度
sbit  IN1=P2^0;
sbit  IN2=P2^1;
sbit  ENA=P2^2;                           //PWM 的输入端
void zz()
{
    IN1=1;
    IN2=0;
}
void fz()
{
    IN1=0;
    IN2=1;
}
void stop()
{
    IN1=0;
    IN2=0;
}
void t0(void) interrupt 1 using 1         //PWM 占空比 50/100
{
    if(cycle >100)
       cycle=0;
    if(cycle >speed)
       ENA=0;
    else
       ENA=1;
    cycle++;
}
void speedup()                            //增大 PWM 占空比
{
    if(speed>99)
    speed=100;
    else
    speed++;
}
void speeddown()                          //减小 PWM 占空比
{
    if(speed<1)
```

```
            speed=0;
        else
            speed--;
    }
    void main(void)
    {
        EA=1;
        EX0=1;
        IT0=1;
        TMOD=0x02;
        TH0=0x06;
        TL0=0x06;
        TR0=1;
        ET0=1;
        PX0=1;
        P1=0xff;
        while(1)
        {
        }
    }
```

9.2.6.6 在 Keil 中仿真调试

创建"直流电动机控制"项目,并选择单片机,输入C语言源程序,保存为"直流电动机控制.C",将源程序"直流电动机控制.C"添加到项目中,编译源程序,创建"直流电动机控制.HEX"。

9.2.6.7 在 Proteus 中仿真调试

打开"直流电动机控制.DSN",双击单片机,选择程序"直流电动机控制.HEX"。单击按钮进入程序运行状态。分别按下正转、反转、停止、加速和减速控制键,可以观察到直流电动机相对应的运行情况。

9.3 步进电动机控制系统设计

9.3.1 步进电动机介绍

步进电动机是将电脉冲信号转变为角位移或线位移的开环控制元件。在非超载情况下,电动机的转速、停止的位置只取决于脉冲信号的频率和脉冲数,而不受负载变化的影响,即给电动机加一个脉冲信号,电动机则转过一个步距角。这一线性关系的存在,加上步进电动机只有周期性的误差而无累积误差等特点,使得步进电动机在速度、位置等控制领域的操作非常简单。虽然步进电动机应用广泛,但它并不像普通的直流和交流电动机那样在常规状态下使用，它必须由双环形脉冲信号、功率驱动电路等组成控制系统方可使用。

步进电动机作为执行元件，是机电一体化的关键产品之一，广泛应用在各种自动化控制系统中。随着微电子技术和计算机技术的发展，步进电动机的需求量与日俱增，在国民经济各个领域都有应用。目前打印机、绘图仪、机器人、数控机床等设备都以步进电动机为动力核心。

步进电动机是一种将电脉冲转化为角位移的执行机构。当步进驱动器接收到一个脉冲信号，它就驱动步进电动机按设定的方向转动一个固定的角度(即步进角)，因此可以通过控制脉冲个数来控制角位移量，从而达到准确定位的目的；同时可以通过控制脉冲频率来控制电动机转动的速度和加速度，从而达到调速的目的。

(1) 步进电动机具有以下优点：

① 可以用数字信号直接进行开环控制；在需要更高控制精度时，可以进行闭环控制。

② 位移与脉冲信号数对应，没有角积累误差，能精确定位。

③ 具有优秀的启停和反转响应，可以瞬间启停和转向。

④ 电动机停转的时候具有最大的转矩。

⑤ 没有电刷，造价较低，可靠性较高。

⑥ 由于速度正比于脉冲频率，因而有比较宽的转速范围。

(2) 步进电动机具有以下缺点：

① 难以运转到较高的转速。

② 难以获得较大的转矩。

③ 在体积质量方面没有优势，能源利用率低。

④ 超过负载时会破坏同步，高速工作时会发出振动和噪声。

9.3.2 步进电动机的种类和主要技术指标

9.3.2.1 步进电动机的种类

步进电动机分为反应式(VR)、永磁式(PM)和混合式(HB)3 种。

(1) 反应式步进电动机一般为三相，可实现大转矩输出，步进角一般为 1.5°，噪声和振动都很大。

(2) 永磁式步进电动机一般为两相，转矩和体积较小，步进角一般为 7.5°或 15°。

(3) 混合式步进电动机是指混合了永磁式电动机和反应式电动机的优点，步进角小，转矩大，动态性能好。目前这种步进电动机的应用最为广泛。

9.3.2.2 步进电动机的主要技术指标(静态指标)

(1) 相数：电动机内部的线圈组数。目前常用的有二相、三相、四相、五相步进电动机。电动机相数不同，其步距角也不同，一般二相电动机的步距角为 0.9/1.8°，三相为 0.75/1.5°，五相为 0.36/0.72°。在没有细分驱动器时，用户主要靠选择不同相数的步进电动机来满足自己步距角的要求。如果使用细分驱动器，则“相数”将变得没有意义，用户只需在驱动器上改变细分数，就可以改变步距角。

(2) 步距角：表示控制系统每发一个步进脉冲信号，电动机所转动的角度。电动机出厂时给出了一个步距角的值，如 86BYG250A 型电动机的值为 0.9/1.8°(表示半步工作时为 0.9°、整步工作时为 1.8°)，这个步距角可称为“电动机固有步距角”，它不一定是电动机实际工作时的真正步距角，真正的步距角和驱动器有关。

(3) 拍数：完成一个磁场周期性变化所需脉冲数或导电状态，或指电动机转过一个步距角所需脉冲数。以四相电动机为例，有四相四拍运行方式，即 AB-BC-CD-DA-AB；四相八拍运行方式，即 A-AB-B-BC-C-CD-D-DA-A。

(4) 定位转矩：电动机在不通电状态下，转子自身的锁定力矩(由磁场齿形的谐波以及机械误差造成)。

(5) 保持转矩：步进电动机通电但没有转动时，定子锁住转子的力矩。它是步进电动机最重要的参数之一，通常步进电动机在低速时的力矩接近保持转矩。由于步进电动机的输出力矩随速度的增大而不断衰减，输出功率也随速度的增大而变化，所以保持转矩就成了衡量步进电动机最重要参数之一。比如，当人们说 2 N·m 的步进电动机时，在没有特殊说明的情况下，是指保持转矩为 2 N·m 的步进电动机。

9.3.2.3 步进电动机的主要技术指标(动态指标)

(1) 步距角精度：步进电动机每转过一个步距角的实际值与理论值的误差，用百分比表示为误差/步距角×100%。不同运行拍数其值不同，四拍运行时应在 5%之内，八拍运行时应在 15%以内。

(2) 失步：电动机运转时运转的步数不等于理论上的步数，称为失步。

(3) 失调角：转子齿轴线偏移定子齿轴线的角度。电动机运转必存在失调角，由失调角产生的误差，采用细分驱动是不能解决的。

(4) 最大空载启动频率：电动机在某种驱动形式、电压及额定电流下，在不加负载的情况下，能够直接启动的最大频率。

(5) 最大空载运行频率：电动机在某种驱动形式、电压及额定电流下，电动机不带负载的最高转速频率。

(6) 运行矩频特性：电动机在某种测试条件下，测得运行中输出力矩与频率关系的曲线称为运行矩频特性。它是电动机诸多动态曲线中最重要的，也是电动机选择的根本依据。

电动机一旦选定，电动机的静力矩确定，而动态力矩取决于电动机运行时的平均电流(而非静态电流)，平均电流越大，电动机输出力矩越大。

(7) 电动机的共振点：步进电动机均有固定的共振区域，其共振区一般为 50～80 r/min，或在 180 r/min 左右。电动机驱动电压越高，电动机电流越大，负载越轻，电动机体积越小，则共振区向上偏移，反之亦然。为使电动机输出转矩大、不失步且整个系统的噪声降低，一般工作点均应偏移共振区较多。因此，在使用步进电动机时应避开此共振区。

9.3.3 步进电动机工作原理

步进电动机是一种将电脉冲转换成相应角位移或线位移的电磁机械装置。它具有快速启、停功能，在电动机的负荷不超过它能提供的动态转矩时，可以通过输入脉冲来控制它在一瞬间的启动或停止。步进电动机的步距角和转速只与输入的脉冲频率有关，与环境温度、气压、振动无关，也不受电网电压的波动和负载变化的影响。因此，步进电动机多应用在需要精确定位的场合。

9.3.3.1 工作原理

步进电动机有三线式、五线式和六线式，但其控制方式均相同，都要以脉冲信号电流来驱动。假设每旋转一圈需要 200 个脉冲信号来励磁，可以计算出每个励磁信号能使步进电动机旋转 1.8°，其旋转角度与脉冲的个数成正比。步进电动机的正、反转由励磁脉冲产生的顺序来控制。六线式四相步进电动机是比较常见的，它的控制等效电路如图 9.17 所示。它有 4 条励磁信号引线 A、$\overline{A}$、B、$\overline{B}$，通过控制这 4 条引线上励磁脉冲产生的时刻，即可控制步进电动机的转动。每出现一个脉冲信号，步进电动机只走一步。因此，只要依序不断送出脉冲信号，步进电动机就能实现连续转动。

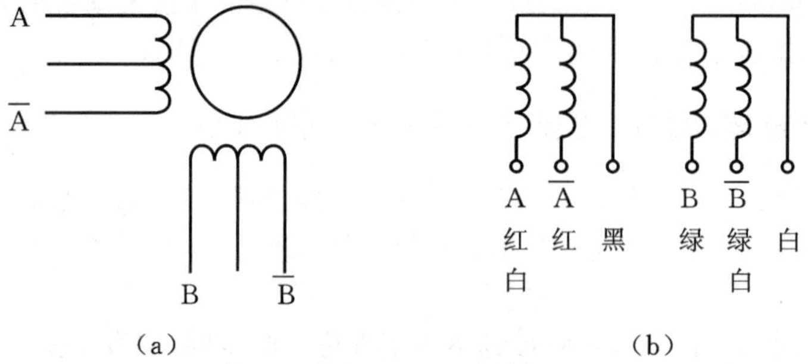

图 9.17 步进电动机的控制等效电路

(a) 等效电路；(b) 绕组说明

9.3.3.2 励磁方式

步进电动机的励磁方式分为全步励磁和半步励磁两种。其中全步励磁又有一相励磁和二相励磁之分；半步励磁又称一-二相励磁。

(1) 一相励磁

在每一瞬间，步进电动机只有一个线圈导通。每送一个励磁信号，步进电动机旋转1.8°，这是三种励磁方式中最简单的一种。其特点是：精确度好、消耗电力小，但输出转矩最小，振动较大。如果以该方式控制步进电动机正转，对应的励磁顺序如表 9.9 所示。若励磁信号反向传送，则步进电动机反转，1 和 0 表示送给电动机的高电平和低电平。

表 9.9 一相励磁顺序表

STEP	A	B	$\overline{A}$	$\overline{B}$
1	1	0	0	0
2	0	1	0	0
3	0	0	1	0
4	0	0	0	1

(2) 二相励磁

在每一瞬间,步进电动机有两个线圈同时导通。每送一个励磁信号,步进电机旋转1.8°。其特点是:输出转矩大,振动小,因而成为目前使用最多的励磁方式。如果以该方式控制步进电机正转,对应的励磁顺序见表 9.10。若励磁信号反向传送,则步进电机反转。

表 9.10　二相励磁顺序表

STEP	A	B	$\overline{A}$	$\overline{B}$
1	1	1	0	0
2	0	1	1	0
3	0	0	1	1
4	1	0	0	1

(3) 一-二相励磁

为一相励磁与二相励磁交替导通的方式。每送一个励磁信号,步进电机旋转 0.9°。其特点是:分辨率高,运转平滑,故应用也很广泛。如果以该方式控制步进电机正转,对应的励磁顺序见表 9.11。若励磁信号反向传送,则步进电机反转。

表 9.11　一-二相励磁顺序表

STEP	A	B	$\overline{A}$	$\overline{B}$
1	1	1	0	0
2	0	1	1	0
3	0	0	1	1
4	1	0	0	1
5	0	0	1	0
6	0	0	1	1
7	0	0	0	1
8	1	0	0	1

9.3.4　四相五线步进电动机 28BYJ-48 的驱动

下面以一种常用的四相五线步进电动机 28BYJ-48 为例介绍步进电动机的驱动方法,其内部原理图如图 9.18 所示。

从图 9.18 中可以发现,在该电动机中,有 4 组线圈,5 根出线,其中 E 为电源端,其他 4 个引出端 A、B、C、D 为励磁用。若以 E 为基准,A、B、C、D 励磁依次接通,使电流按顺序通过线圈,则会使步进电动机产生转动。驱动该步进电动机,可以使用几种励磁方式,包括一相励磁(四相单 4 拍)、二相励磁(四相双 4 拍)和一-二相励磁方式(四相 8 拍),其励磁方式如表 9.12 所示。表中 A、B、C、D 表示电动机的各相,1 表示此时一个脉冲,0 表示没有。

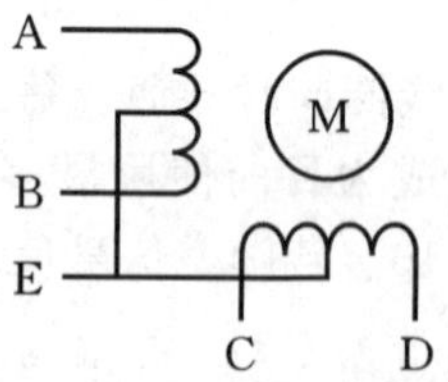

图 9.18　28BYJ-48 内部原理图

表 9.12　四相五线步进电动机的励磁方式

四相单 4 拍						四相双 4 拍						四相 8 拍					
STEP	A	B	C	D	二进制	STEP	A	B	C	D	二进制	STEP	A	B	C	D	二进制
1	1	0	0	0	0001	1	1	1	0	0	0011	1	1	0	0	0	0001
2	0	1	0	0	0010	2	0	1	1	0	0110	2	1	1	0	0	0011
3	0	0	1	0	0100	3	0	0	1	1	1100	3	0	1	0	0	0010
4	0	0	0	1	1000	4	1	0	0	1	1001	4	0	1	1	0	0110
5	1	0	0	0	0001	5	1	1	0	0	0011	5	0	0	1	0	0100
6	0	1	0	0	0010	6	0	1	1	0	0110	6	0	0	1	1	1100
7	0	0	1	0	0100	7	0	0	1	1	1100	7	0	0	0	1	1000
8	0	0	0	1	1000	8	1	0	0	1	1001	8	1	0	0	1	1001

(1) 一相励磁方式(四相单 4 拍)

一相励磁方式按 A、B、C、D 的顺序总是仅有一个励磁相有电流通过,因此对应一个脉冲信号电动机会转动一步,这种电动机只能产生很小的转矩并会产生振动,故很少使用。

(2) 二相励磁方式(四相双 4 拍)

二相励磁方式按 AB、BC、CD、DA 的方式,总是只有二相励磁,通过的电流是一相励磁时通过的两倍,转矩也是一相励磁时通过的两倍。此时电动机的振动较小,且响应频率升高,目前仍广泛使用此种方式。

(3) 一-二相励磁方式(四相 8 拍)

一-二相励磁方式按 A、AB、B、BC、C、CD、D、DA 的顺序交替进行线圈的励磁。与前述的两个线圈励磁方式相比,电动机的转速是原来的 1/2,响应频率范围变为原来的两倍。

9.3.5　项目二十二:基于 ULN2003A 的步进电动机控制系统设计

9.3.5.1　系统设计要求

设计一个步进电动机控制系统,要求该系统具有正转、反转、停止、加速和减速控制功能。

9.3.5.2　系统设计分析

单片机的最小系统＋步进电动机＋达林顿阵列 ULN2003A＋5 个按键＋五输入与门

(使用中断)。单片机通过达林顿阵列 ULN2003 驱动步进电动机,采用一-二相励磁方式(四相 8 拍)在步进电动机的 A、B、C、D 四相按 A、AB、B、BC、C、CD、D、DA 的顺序交替进行线圈的励磁,实现步进电动机的正转;按 AD、D、DC、C、CB、B、BA、A 的顺序交替进行线圈的励磁,实现步进电动机的反转;停止顺序交替实现步进电动机的停止;通过延时时间控制脉冲信号的频率,实现步进电动机的加速和减速控制功能。

9.3.5.3 系统原理图设计

系统所需元器件为 AT89C51、CAP 30 pF、CRYSTAL 12 MHz、CAP-ELEC、BUTTON、RES、MOTOR-STEPPER、ULN2003A、AND_5。步进电动机转速控制原理图如图 9.19 所示。

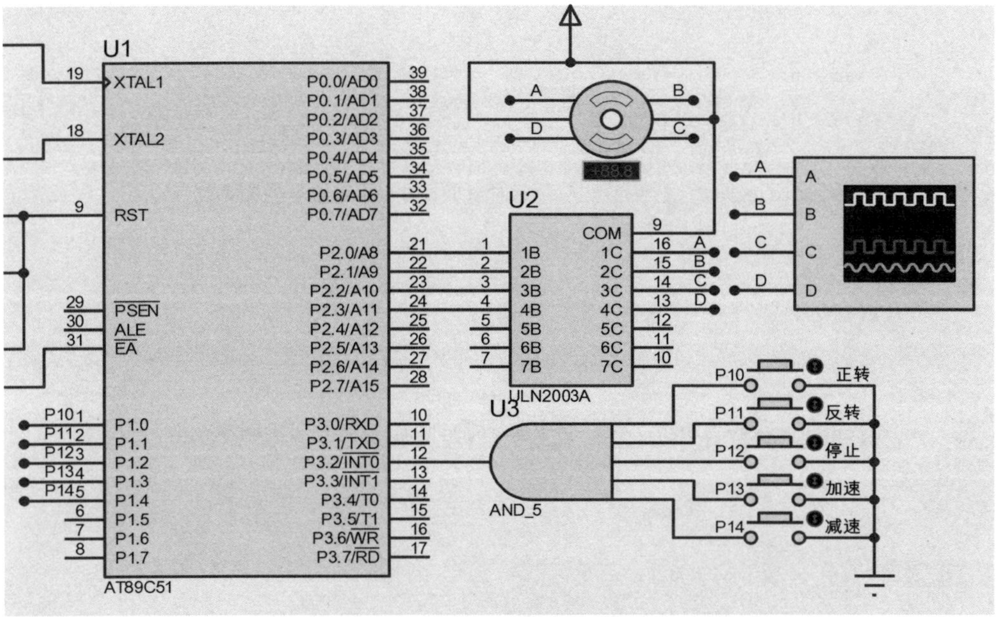

图 9.19 步进电动机转速控制原理图

9.3.5.4 系统程序流程图设计

略。

9.3.5.5 系统源程序设计

```
# include"reg51.h"
# define uint unsigned int
# define uchar unsigned char
uint i=0;
uchar flag0=0,flag1=0;   //正反转控制标记,flag0=1 正转,flag1=1 反转
long t=5000;             //延时时间,改变其大小可控制脉冲信号的频率
code tab[]={0x01,0x03,0x02,0x06,0x04,0x0c,0x08,0x09 };   //正转顺序
code tab1[]={0x09,0x08,0x0c,0x04,0x06,0x02,0x03,0x01};   //反转顺序
```

```
void zz(void)
{
    flag0=1;
    flag1=0;
}
void fz(void)
{
    flag0=0;
    flag1=1;
}
void stop(void)                 //flag1=flag0 停止
{
    flag1=0;
    flag0=0;
}
void speedup(void)              //延时时间减少,脉冲信号的频率增大
{
    t-=100;
    if(t<0)
    t=0;
}
void speeddown(void)            //延时时间增加,脉冲信号的频率减小
{
    t+=100;
    if(t>65535)
    t=65534;
}
void delay(long m)              //延时时间,改变其 m 的大小可控制脉冲信号的频率
{
    long n;
    for(n=0;n<m;n++);
}
void main(void)
{
    EX0=1;
    IT0=1;
    EA=1;
    P1=0xff;
    P2=0x00;
while(1)
```

```
    {
        while(flag1==flag0) //停止
          {
          P2=tab[i];
          delay(t);
        }
        if(flag0==1)                        //正转
        for(i=0;i<8;i++)
        {
          P2=tab[i];
          delay(t);
        }
    if(flag1==1)                            //反转
        for(i=0;i<8;i++)
        {
          P2=tabl[i];
          delay(t);
        }
    }
}
void int0(void) interrupt 0               //按键检测
{
    switch(P1)
    {
        case 0xfe:zz();break;
        case 0xfd:fz();break;
        case 0xfb:stop();break;
        case 0xf7:speedup();break;
        case 0xef:speeddown();break;
        default:P1=0xff;break;
    }
}
```

9.3.5.6 在 Keil 中仿真调试

创建“步进电动机控制”项目，并选择单片机型号，输入 C 语言源程序，保存为“步进电动机控制.C”，将源程序“步进电动机控制.C”添加到项目中，编译源程序，创建“步进电动机控制.HEX”。

9.3.5.7 在 Proteus 中仿真调试

打开“步进电动机控制.DSN”，双击单片机，选择程序“步进电动机控制.HEX”。单击按钮进入程序运行状态，分别按下正转、反转、停止、加速和减速控制键，可以观察到步进电动机相对应的运行情况。

9.4 RS-485 多机远程通信及其应用系统设计

随着单片机系统的广泛应用和计算机网络技术的普及，单片机的通信功能愈来愈显得重要。单片机通信是指单片机与计算机或单片机与单片机之间的信息交换，通常单片机与计算机之间的通信应用得较多。

通信有并行和串行两种方式。在单片机系统以及现代单片机测控系统中，信息的交换多采用串行通信方式。

9.4.1 并行与串行基本通信方式

9.4.1.1 并行通信方式

并行通信通常是将数据字节的各位用多条数据线同时进行传送，每一位数据都需要一条传输线，以 8 位数据总线的通信系统为例，一次传送 8 位数据(1 个字节)，将需要 8 条数据线。此外，还需要一条信号线和若干控制信号线，这种方式仅适合于短距离的数据传输，如比较老式的打印机就是通过并行方式与计算机连接，现在都采用传输速度非常快的 USB 2.0 接口通信了。由于并行通信已经用得较少，在这里也仅进行简单介绍。

并行通信控制简单、相对传输速度快，但由于传输线较多，长距离传送时成本高，且收、发方的各位同时接收存在困难。

9.4.1.2 串行通信方式

串行通信是将数据字节分成一位一位的形式在一条传输线上逐个地传送，此时只需要一条数据线，外加一条公共信号地线和若干控制信号线。以 8 位数据总线的通信系统为例，因为一次只能传送一位，所以对于一个字节的数据，至少要分 8 位才能传送完毕。

串行通信的必要过程是：发送时，要把并行数据变成串行数据发送到线路上去，接收时，要把串行信号再变成并行数据，这样才能被计算机及其他设备处理。

串行通信传输线少，长距离传送时成本低，且可以利用电话网等现成的设备，但数据的传送控制比并行通信复杂。

(1) 串行通信的分类

① 异步串行通信方式

异步串行通信是指通信的发送与接收设备使用各自的时钟控制数据的发送和接收过程。为使双方收、发协调，要求发送和接收设备的时钟尽可能一致。

异步通信是以字符(构成的帧)为单位进行传输，字符与字符之间的间隙(时间间隔)是任意的，但每个字符中的各位是以固定的时间传送的，即字符之间不一定有“位间隔”的整数倍关系，但同一字符内的各位之间的距离均为“位间隔”的整数倍。

异步通信一帧字符信息由 4 部分组成：起始位、数据位、奇偶校验位和停止位。有的字符信息也有带空闲位形式，即在字符之间有空闲字符。

异步通信的特点：不要求收发双方时钟的严格一致，实现容易，设备开销较小，但每个字符要附加 2～3 位，用于起止位、校验位和停止位，各帧之间还有间隔，传输效率不高。

在单片机与单片机之间、单片机与计算机之间通信时，通常采用异步串行通信方式。

② 同步串行通信方式

同步通信时要建立发送方时钟对接收方时钟的直接控制，使双方达到完全同步。此时，传输数据的位之间的距离均为"位间隔"的整数倍，同时传送的字符间不留间隙，既保持位同步关系，也保持字符同步关系。发送方对接收方的同步可以通过外同步和自同步两种方法实现。

（2）串行通信的制式

单工。单工是指数据传输仅能沿一个方向，不能实现反向传输。

半双工。半双工是指数据传输可以沿两个方向，但需要分时进行。

全双工。全双工是指数据可以同时进行双向传输。

（3）串行通信的错误校验

奇偶校验：在发送数据时，数据位尾随的 1 位为奇偶校验位（1 或 0）。奇校验时，数据中 1 的个数与校验位 1 的个数之和应为奇数；偶校验时，数据中 1 的个数与校验位 1 的个数之和应为偶数。接收字符时，对 1 的个数进行校验，若发现不一致，则说明传输数据过程中出现了差错。

代码和校验：代码和校验是发送方将所发数据块求和（或各字节异或），产生一个字节的校验字符（校验和）附加到数据块末尾。接收方接收数据同时对数据块（除校验字节外）求和（或各字节异或），将所得的结果与发送方的"校验和"进行比较，相符则无差错，否则即认为传送过程中出现了差错。

循环冗余校验：循环冗余校验是通过某种数学运算实现有效信息与校验位之间的循环校验，常用于对磁盘信息的传输、存储区的完整性校验等。这种校验方法纠错能力强，广泛应用于同步通信中。

9.4.2　RS-485 接口概述

由于串行通信的简单易用，在工业领域大量使用串行通信作为数据交换的手段。RS-232 接口虽然可以实现点对点的通信方式，但不能实现联网功能，同时这种串行通信进行数据传输时，传输距离短，而且经常会受到外界的电气干扰而使信号发生错误，RS-485 接口较好地解决了上述问题。

RS-485 接口采用差分信号负逻辑，＋2～＋6 V 表示"0"，－6～－2 V 表示"1"，一般采用主从通信方式通信，即一个主机带多个从机。通信网络多采用两线制接线方式，为总线式拓扑结构，在很多情况下，只是简单地用一对双绞线将各个接口的"A""B"端连接起来，在同一总线上最多可以挂接 32 个结点。

在 RS-485 传输信号前，先把信号分解成正、负信号通过两条线路分别传输，到达接收端后，再将信号相减还原成原来的信号，即：

原信号：(DT)＝(D＋)－(D－)

线路干扰：(D＋)＋Noise，(D－)＋Noise

接收合成：(DT)＝[(D＋)＋Noise]－[(D－)＋Noise]＝(D＋)－(D－)＝(DT)

RS-485 采用半双工工作方式，任何时候只能有一点处于发送状态，因此，发送电路须由使能信号加以控制。采用平衡发送和差分接收，因此具有抑制共模干扰的能力。加上总线收发器具有高灵敏度，能检测低至 200 mV 的电压，故传输信号能在千米以外得到恢复。

RS-485 理论上的最大传输速率为 10 Mb/s（可传送 15 m），最大传输距离为 1200 m（传输速率 100 kb/s），但在实际应用中传输的距离要比 1200 m 短，具体能传输多远视周围环境而定。

在传输过程中可以采用增加中继的方法对信号进行放大，最多可以加 8 个中继，最大传输距离可以达到 9.6 km。如果需要更长距离传输，可以在收发两端各加一个光电转换器，采用光纤为传播介质，多模光纤的传输距离为 5～10 km，而采用单模光纤可达 50 km 的传输距离。

9.4.3 RS-485 接口芯片及其使用方法

RS-485 接口芯片已广泛应用于工业控制、仪器、仪表、多媒体网络、机电一体化产品等多领域，可用于 RS-485 接口的芯片种类也越来越多。RS-485 接口在不同的使用场合，芯片的要求和使用方法也有所不同。

9.4.3.1 连接的结点数

连接 32 结点的芯片有 SN75176、SN75276、SN75179、SN75180、MAX485、MAX488、MAX490 等；连接 64 结点的芯片有 SN75LBC184 等；连接 128 结点的芯片有 MAX487、MAX1487 等；连接 256 结点的芯片有 MAX1482、MAX1483、MAX3080～MAX3089 等。

9.4.3.2 通信方式

半双工通信的芯片有 SN75176、SN75276、SN75LBC184、MAX485、MAX487、MAX1487、MAX3082、MAX1483 等；全双工通信的芯片有 SN75179、SN75180、MAX488～MAX491、MAX1482 等。

9.4.3.3 传输速率

MAX481、MAX483、MAX485、MAX487～MAX491 及 MAX1487 是用于 RS-485 与 RS-422 通信的低功耗收发器，每个器件中都具有一个驱动器和一个接收器。MAX483、MAX487、MAX488 及 MAX489 具有限摆率驱动器，可以减小电磁干扰，并降低由不恰当终端匹配电缆引起的反射，实现最高 250 kb/s 的无差错数据传输。MAX481、MAX485、MAX490、MAX491、MAX1487 的驱动器摆率不受限制，可以实现最高 2.5 Mb/s 的传输速率。

9.4.3.4 抗雷击和抗静电冲击

RS-485 接口芯片在使用、焊接或设备的运输途中都有可能受到静电的冲击而损坏。在传输线架设于户外的使用场合，接口芯片乃至整个系统还有可能招致雷电的袭击。选用抗静电或抗雷击的芯片可有效避免此类损失，常见的芯片有 MAX485E、MAX487E、MAX1487E 等。特别值得一提的是 SN75LBC184，它不但能抗雷电的冲击而且能承受高达 8 kV 的静电放电冲击，是目前市场上不可多得的一款产品。

9.4.3.5 限摆率驱动

由于信号在传输过程中会产生电磁干扰和终端反射，使有效信号和无效信号在传输线上相互叠加，严重时会使通信无法正常进行。为解决这一问题，某些芯片的驱动器设计成限摆率方式，使输出信号边沿不要过陡，不至于在传输线上产生过多的高频分量，从而有效地扼制干扰的产生，如 MAX487、SN75LBC184 等都具有此功能。

9.4.3.6 故障保护

故障保护技术是近两年产生的，一些新的 RS-485 芯片都采用了此项技术，如 SN75276、MAX3080～MAX3089。使用带故障保护的芯片，会在总线开路、短路和空闲情况下，使接收器的输出为高电平。确保总线空闲、短路时接收器输出高电平是由改变接收器输入门限来实现的。例如，MAX3080～MAX 3089 输入灵敏度为－50 mV/－200 mV，即差分接收器输入电压$U_A - U_B \geqslant -50$ mV 时，接收器输出逻辑高电平；如果$U_A - U_B \leqslant -200$ mV，则输出逻辑低电平。当接收器输入端总线短路或总线上所有发送器被禁止时接收器差分输入端为 0 V，从而使接收器输出高电平。同理，SN75276 的灵敏度为 0～300 mV，因而达到故障保护的目的。

若使用不带故障保护的芯片（如 SN75176、MAX1487 等）时，可在软件上作一些处理，从而避免通信异常。即在进入正常的数据通信之前，由主机预先将总线驱动设置为＋200 mV，并保持一段时间，使所有结点的接收器产生高电平输出。这样，在发出有效数据时，所有接收器能够正确地接收到起始位信号，进而接收到完整的数据。

9.4.4 MAX487 芯片及其工作原理

MAX487 是 MAXIM 公司生产的一种差分平衡型收发器芯片，是用于 TTL 协议与 485 协议转换的小功率收发器，它含有一个驱动器和一个接收器，5 V 电压供电，工作电流 120～500 μA，最大总线结点数 128，半双工通信方式，数据速率 0.15 Mbps，低电流关机模式，驱动器有过载保护功能。其引脚与工作电路如图 9.20 所示。

MAX487 芯片的结构和引脚都非常简单，内部含有一个驱动器和一个接收器。RO 引脚和 DI 引脚分别为接收器的输出端和驱动器的输入端，与单片机连接时只需分别与单片机的 RXD 和 TXD 相连即可。$\overline{RE}$引脚和 DE 引脚分别为接收器和驱动器的使能端。当 $\overline{RE}$为逻辑 0 时，器件处于接收状态，接收器接收来自总线的信息，并通过 RO 传送至单片机的 XD；当 DE 为逻辑 1 时，器件处于发送状态，驱动器通过 DI 将来自单片机 TXD 的信息传至总线。因为 MAX487 工作在半双工状态，所以只需用单片机的一个管脚控制这两个引脚即可。A 引脚和 B 引脚分别为接收和发送的差分信号端，A 引脚的电平高于 B 引脚的，代表发送的数据为 1；A 引脚的电平低于 B 引脚的，代表发送的数据为 0。MAX487 芯片在与单片机连接时接线非常简单，只需要一个信号控制 MAX487 的接收和发送即可。同时将 A 和 B 之间加匹配电阻，一般可选 100 Ω 的电阻。端口负载电路图如图 9.21 和图 9.22 所示。

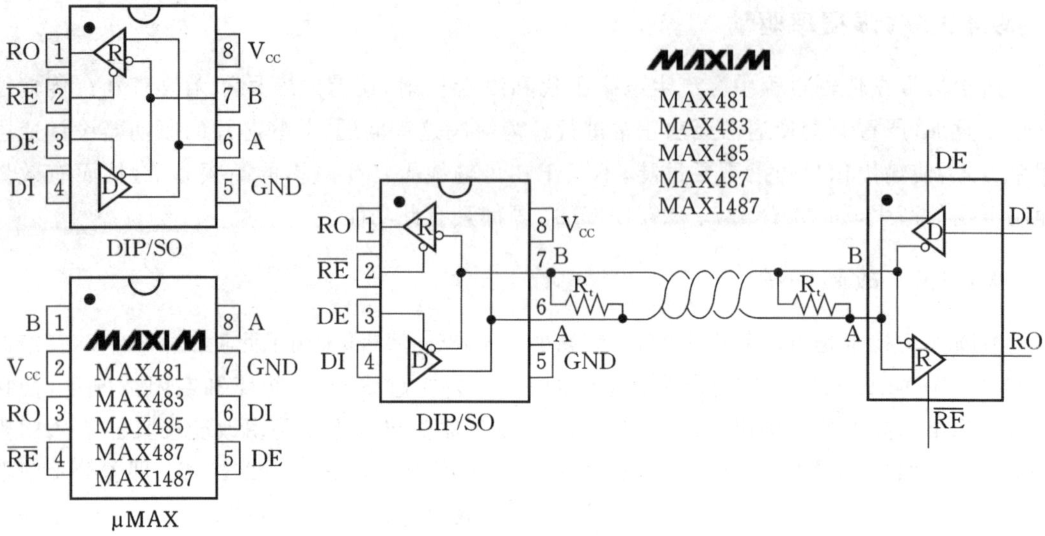

图 9.20　MAX487 引脚与工作电路图

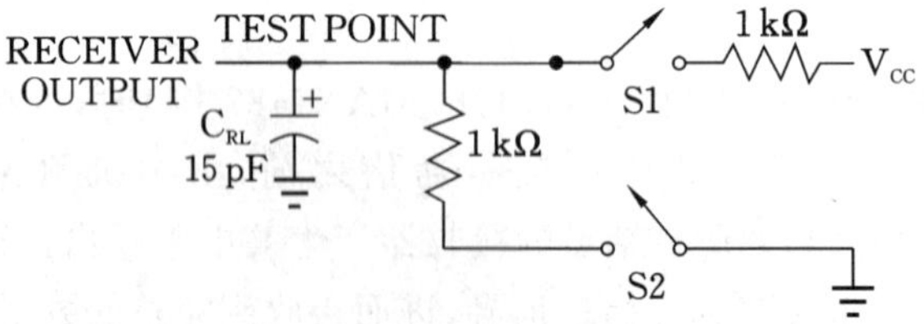

图 9.21　MAX487 端口负载电路图 1

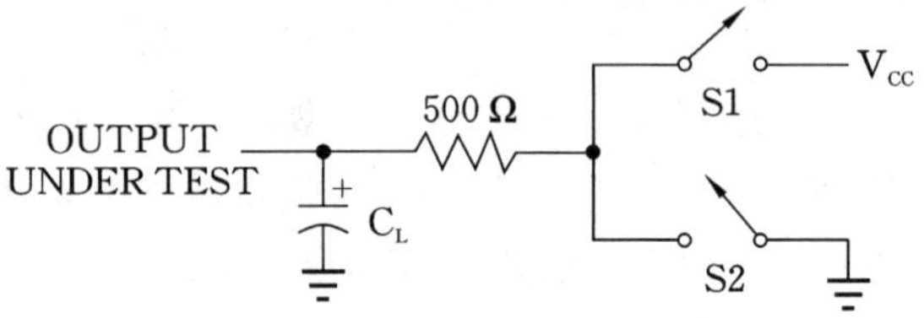

图 9.22　MAX487 端口负载电路图 2

9.4.5　单片机之间的主从式多机通信

在实际应用中，经常需要多个单片机之间协调工作，即多机通信。利用 51 系列单片机串行口可实现多机通信，串行口用于多机通信时必须使用方式 2 或方式 3(是 9 位异步通信口方式)。主从式多机通信是多机通信应用最广，也是最简单的一种通信方式。由 51 系列单片机构成的主从式多机通信系统如图 9.23 所示。

主从式多机通信中主机只有一台，从机则可以有多台。主机发出的信息能传送到所有从机或指定的从机。而从机发送的信息只能被主机接收，各从机之间不可以直接通信，各从机之间的通信必须通过主机进行。

在主从式多机系统中，主机发出的信息有两类，而且各具特征，能够有所区分。一类为地址，用来确定需要和主机通信的从机，特征是串行传送的第 9 位数据为 1；另一类是数据，特征是串行传送的第 9 位数据为 0。对从机来说，要利用 SCON 寄存器中的 SM2 位的控制功能。在接收时，当 RI＝0 时，如果 SM2＝1，则主机发送的第 9 位 TB8 必须为 1，接收才能进行；如果 SM2＝0，接收总能实现。因此，对于从机来说，在接收地址时，应使 SM2＝1，以便接收到主机发来的地址，从而确定主机是否打算和自己通信，一经确认后，从机应使 SM2＝0，以便接收 TB8＝0 的数据。

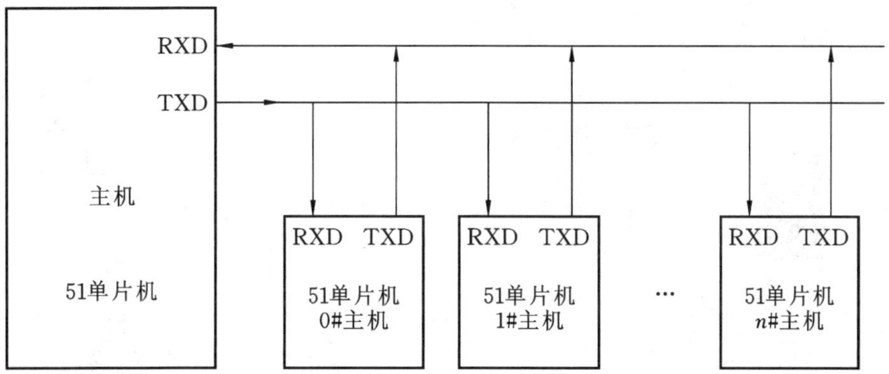

图 9.23　单片机之间的主从式多机通信系统

主从多机通信的过程如下：

（1）使所有从机的 SM2 置 1，以便接收主机发来的地址。

（2）主机发出一帧信息，其中包括 8 位需要与之通信的从机地址，第 9 位为 1。

（3）所有从机接收到地址帧后，各自将所接收到的地址与本机地址相比较，对于地址相同的从机，应使 SM2＝0，以便接收主机随后发来的所有信息；对于地址不符合的从机，仍保持 SM2＝1 的状态，对主机随后发来的数据不予理睬，直至发送新的地址帧。

（4）主机给已被寻址的从机发送控制指令和数据（数据帧的第 9 位为 0）。

9.4.6　项目二十三：基于 MAX487 的多机远程通信系统设计

9.4.6.1　系统设计要求

使用 MAX487 控制 3 个单片机串行通信，要求主机根据按键次数不同，交叉与从机进行通信，其中，主机分别发送从机地址，并在 BCD 数码管上显示从机返回的从机编号；从机 1 接收到主机发送的地址与本机一致时，向主机发送从机 1 的编号，并在 LCD 上显示与主机通信的次数；从机 2 接收到主机发送的地址与本机一致时，向主机发送从机 2 的编号，并用 LED 亮灭交叉显示与主机通信成功。

9.4.6.2　系统设计分析

3 个最小的单片机系统＋3 个 MAX487＋1 个 BCD 数码管＋1 个按键＋LCD 液晶显示

+1 个 LED 指示灯。

该系统采用 3 个单片机通信，因此需要 3 个 MAX487。3 个 MAX487 的 A 引脚和 B 引脚分别相互连接，RE 引脚和 DE 引脚与每个单片机的 P3.5 分别相连，用于发送或接收命令；RO 引脚和 DI 引脚与每个单片机的 RXD、TXD 分别相连，用于发送或接收信息。

9.4.6.3 系统原理图设计

系统所需元器件为 AT89C51、CAP 30 pF、CRYSTAL 12 MHz、CAP-ELEC、BUTTON、RES、MAX487、LM016L、7SEG-BCD、LED_BIBY。基于 MAX487 的 RS-485 多机远程通信系统原理图如图 9.24 所示。

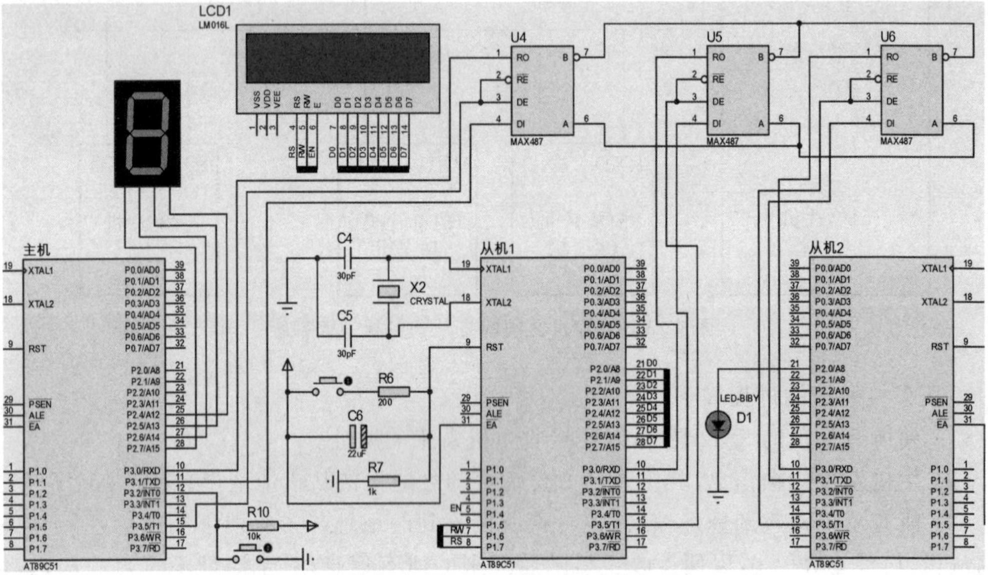

图 9.24 RS-485 多机远程通信系统原理图

9.4.6.4 系统程序流程图设计

RS-485 多机远程通信系统程序流程图如图 9.25 所示。

9.4.6.5 系统源程序设计

① 主机 C 语言源程序如下：

```
# include <reg51.h>
# include <absacc.h>
# include <intrins.h>
unsigned char cort=0;
sbit P3_5=P3^5;                    //控制 MAX487 发送(1)和接收(0)
void master(void)                  //发送子程序
{
    if(cort==1)                    //与 1# 从机通信
```

程序 23

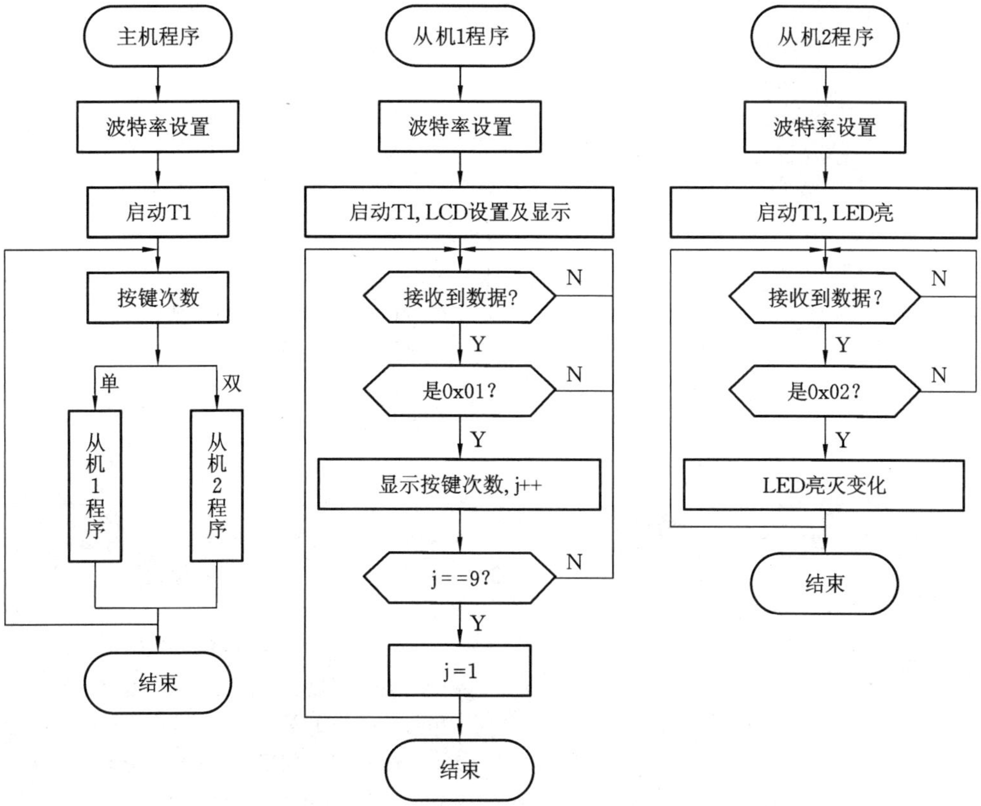

图 9.25 RS-485 多机远程通信系统程序流程图

```
    {
        SBUF=0x01;                          //发送 1# 从机地址
        while(TI!=1);
        TI=0;
        P3_5=0;                             //准备接收 1# 从机发来的数据
        SM2=0;                              //准备接收第 9 位 TB8 为 0 的数据

        while(RI!=1);
        RI=0;
        P2=SBUF;                            //BCD 数码管显示 1# 从机发来的数据的高 4 位
        //add your code here!
}
    if(cort==2)                             //与 2# 从机通信
    {
        SBUF=0x02;                          //发送 2# 从机地址
        while(TI!=1);
        TI=0;
        P3_5=0;                             //准备接收 2# 从机发来的数据
```

```
        SM2=0;                              //准备接收第 9 位 TB8 为 0 的数据 P
        while(RI!=1);
        RI=0;
        P2=SBUF;                            //BCD 数码管显示 2# 从机发来的数据的高 4 位
        //add your code here!
    }
    if(cort==2)
    cort=0;
    SM2=1;                                  //准备向所有从机发送新的地址
    P3_5=1;                                 //准备发送
    }
    key_serial() interrupt 0                //按键扫描子程序
    {
        ++cort ;
        master();                           //发送子程序
    }
    void main(void)
    {
        P2=0xf0;                            //BCD 数码管显示 F(P2 口高 4 位控制)
        SCON=0xf8;                          //串行口工作于方式 3,SM2=1 多机通信
                                            //REN=1 可接收数据,TB8=1 发送地址
        TMOD=0x20;                          //T1 工作于方式 2,作波特率发生器用
        TL1=0xfd;                           //波特率
        TH1=0xfd;
        TR1=1;
        EA=1;
        EX0=1;
        IT0=1;
        P3_5=1;                             //准备发送地址
        while(1)
        {
            _nop_();
        }
    }
```

（2）从机 1 汇编语言源程序如下：

```
ORG  0000H
AJMP  MAIN
ORG  0023H
AJM  PINT
ORG  0100H
RS  BIT    P1.7                   ;LCD 液晶显示指令数据选择控制
RW  BIT    P1.6                   ;LCD 液晶显示读写选择控制
```

```
EN  BIT    P1.5                   ;LCD液晶显示使能控制
LCD  EQU    P2                    ;LCD液晶显示控制  P2口
P3_5  BIT       P3.5              ;控制 MAX487 发送(1)和接收(0)
MAIN: MOV  SP,# 60H
MOV  SCON,# 0F0H                  ;串行口工作于方式 3,SM2=1 多机通信
                                  ;REN=1 可接收数据(也可发送)
MOV  TMOD,# 20H                   ;定时器 1 自动重装载,同主机程序
MOV  TH1,# 0FDH                   ;波特率设置,同主机程序
MOV  TL1,# 0FDH
SETB TR1
SETB ES                           ;串行口中断允许
SETB EA
ACALL  INIT_LCD                   ;调用初始化子程序
MOV    LCD,# 81H                  ;定位第 1 行第 2 个位置
ACALL  WR_COMM                    ;调用写指令子程序
MOV    DPTR,# TAB0                ;送第 1 行文本首地址
ACALL   DISP_LCD                  ;调用查表显示子程序
MOV    LCD,# 0C1H                 ;定位第 2 行第 2 个位置
ACALL  WR_COMM
MOV    DPTR,# TAB1                ;送第 2 行文本首地址
ACALL   DISP_LCD                  ;调用查表显示子程序
MOV     40H,# 00H                 ;存放与主机通信次数,用于对应次数显示
CLR     P3_5                      ;等待接收
SERIAL:NOP
AJMP   SERIAL                     ;等待串行中断
;串行中断子程序
INT:CLR   ES                      ;串行口中断关闭
                                  ;串行口中断关闭后,串行口中断处于查询方式
CLR   RI                          ;串行口中断标志必须人工清零
MOV  A,SBUF                       ;读取主机发来的地址
CJNE  A,# 01,RESERIAL             ;接收数据非 01,转 SERIAL0
SETB  P3_5                        ;准备向主机发送数据
MOV    SBUF,# 10H;                ;向主机发送数据,高 4 位供 BCD 数码管显示
JNB    TI,$                       ;此时,串行口中断处于查询方式
CLR    TI
CLR    SM2                        ;准备接收主机发送的 TB8=0 的数据
;add  your code here!             ;在此可以添加与主机通信信息交换代码
;显示与主机通信次数
MOV    A,40H
MOV    LCD,# 0C9H                 ;每次均定位第 2 行第 10 个位置
ACALL   WR COMM
MOV    DPTR,# TAB2                ;送第 2 行显示次数对应数字表首地址
```

```
MOV    A,40H                          ;显示次数送 A
MOVC     A,@ A+DPTR                   ;表中找到显示次数字符对应地址
MOV    LCD,A                          ;显示该字符
ACALL   WR DATA
INC    40H
MOV    A,40H
CJNE     A,# 10,RESERIAL              ;未达到 10 次,转 SERIAL0
MOV    40H,# 00H                      ;达到 10 次,重新计数
RESERIAL:                             ;重新进入接收主机地址的通信中
CLR  P3_5                             ;准备从主机接收
SETB  SM2                             ;准备从主机接收地址
SETB  ES
RETI
;查表显示子程序
DISP_ LCD:
MOV    A,# 00H
MOVC     A,@ A+DPTR
CJNE     A,# 0FFH,SS              ;是否是最后一个字符
AJMP     EXIT
SS:MOV    LCD,A
ACALL   WR DATA
INC    DPTR
AJMP     DISP LCD
EXIT:    RET
;初始化子程序
INIT_LCD:
MOV     LCD,# 01H                 ;清屏
ACALL   WR COMM
MOV     LCD,# 00000110B           ;数据读写屏幕画面不动,AC 自动加 1
ACALL   WR COMM
MOV   LCD,# 00001100B             ;开显示,无光标,不闪烁
ACALL   WR COMM
MOV     LCD,# 38H                 ;功能设置:8 位数据,双行显示,5×7 点阵字
ACALL   WR COMM
RET
;写命令子程序
WR_ COMM:
CLR     RS                        ;选择指令寄存器
CLR     RW                        ;选择写模式
CLR     EN                        ;禁止写 LCD
ACALL DELAY                       ;调用延时或忙检测
SETB  EN                          ;允许写 LCD
```

```
RET
;写数据子程序
WR DATA:
SETB     RS
CLR     RW
CLR     EN
ACALL DELAY                                    ;调用延时或忙检测
SETB  EN
RET
;忙检测
DELAY:
MOV     LCD,# 0FFH
CLR      RS
SETB    RW
CLR      EN
NOP
SETB     EN
JB        LCD.7,DELAY
RET
TAB0:      DB "Proteus 7.1",0FFH               ;显示字库
TAB1:      DB       "Count:",0FFH
TAB2:      DB      "1234567890"
END
```

(3) 从机 1 C 语言源程序如下：

```
# include <reg51.h>
# include <intrins.h>
# define uchar unsigned char
# define uint unsigned int
# define BOOL bit
sbit RS=P1^7;                                //LCD 指令数据选择
sbit RW=P1^6;                                //LCD 读/写操作选择
sbit EN=P1^5;                                //LCD 使能
sbit P3_5=P3^5;                              //控制 MAX487 发送(1)和接收(0)
BOOL flag;                                   //与主机通信成功标记
uchar code tab0[ ]={"Proteu 7.8"};           //LCD 第 1 行显示
uchar code tab1[]={"Count:"};                //LCD 第 2 行显示
uchar code tab2[ ]={"1234567890"};           //LCD 通信次数 1 位显示
void delay(uint ms)                          //毫秒延时子程序
{
    uint i;
    while(ms--)
    {
```

```
        for(i=0; i<250; i++)
        {
            _nop_  ();
            _nop_  ();
            _nop_  ();
            _nop_  ();
        }
    }
}
BOOL lcd_bz()                                   //测试 LCD 忙状态
{
    BOOL result;
    RS=0;
    RW=1;
    EN=1;
    _nop_();
    _nop_();
    _nop_();
    _nop_();
    result=(BOOL)(P0&0x80);                     //取 BF 值
    EN=0;
    return result;
}
void lcd_wcmd(uchar cmd)                        //写入指令数据到 LCD
{
    while(lcd_bz());
    RS=0;
    RW=0;
    EN=0;
    _nop_();
    _nop_();
    P2=cmd;
    _nop_();
    _nop_();
    _nop_();
    //_nop_();
    EN=1;
    _nop_();
    _nop_();
    _nop_();
    //_nop_();
    EN=0;
```

```
}
void lcd_pos(uchar pos)                    //设定显示位置
{
lcd_wcmd(pos| 0x80);                       //最高位 D7 恒定为高电平 1
}
void lcd_wdat(uchar dat)                   //写入字符显示数据到 LCD
{
    while(lcd_bz());
    RS=1;
    RW=0;
    EN=0;
    P2=dat;
    _nop_();
    _nop_();
    _nop_();
    EN=1;
    _nop_();
    _nop_();
    _nop_();
    EN=0;
}
void lcd_init()                      //LCD 初始化设定
{
    lcd_wcmd(0x38);                  //功能设置:8 位总线(DL=1)、双行显示(N=1)、
    delay(1);                        //5×7 点阵字符(F=0)
    lcd_wcmd(0x0c);                  //显示开/关控制:开显示(D=1)、无光标(C=0)
    delay(1);                        //不闪烁(B=0)
    lcd_wcmd(0x06);                  //光标和显示模式设置:数据读写屏幕画面不动
    delay(1);                        //AC 自动加 1
    lcd_wcmd(0x01);                  //清显示:清除 LCD 的显示内容,AC 置 0
    delay(1);
}
void serial (void) interrupt 4 //串行口中断子程序
{
    ES=0;                            //关闭串口中断,准备处理数据
    RI=0;
    if(SBUF==0x01)                   //判断从主机接收的地址是否与本机一致
    {
        P3_5=1;                      //准备向主机发送数据
        SBUF=0x10;                   //向主机发送数据,高 4 位供 BCD 数码管显示
        while(TI! =1);
        TI=0;
```

```
        flag=1;                          //与主机通信成功标记置 1
        SM2=0;                           //准备接收主机 TB8=0 的数据
        //add your code here!
    }
    ES=1;                                //允许串口中断
    P3_5=0;                              //准备从主机接收
    SM2=1;                               //准备从主机接收 TB8=1 的地址
}
void main(void)
{
    uint i,j;
    SCON=0xf0;                           //串行口工作于方式 3,SM2=1 多机通信
                                         //REN=1 可接收数据(也可发送)
    TMOD=0x20;                           //定时器 1 自动重装载,同主机程序
    TH1=0xfd;                            //波特率设置,同主机程序
    TL1=0xfd;
    TR1=1;
    EA=1;
    ES=1;
    P3_5=0;                              //准备接收主机发来的地址(TB8=1)或数据(TB8=0)
    lcd_init();                          //初始化 LCD
    delay(10);
    lcd_pos(1);                          //设置显示位置为第 1 行的第 2 个字符
    i=0;
    while(tab0[i] ! ='\0')               //显示字符"Proteus 7.8"
    {
        lcd_wdat(tab0[i]);
        i++;
    }
        lcd_pos(0x41);                   //设置显示位置为第 2 行第 2 个字符
        i=0;
    while(tab1[i] ! ='\0')
    {
        lcd_wdat(tab1[i]);               //显示字符" Count:"
        i++;
    }
    j=0;
    flag=0;
    while(1)
    {
        if(flag==1)
        {
```

```
            lcd_pos(0x49);             //设置显示位置为第 2 行第 2 个字符
            lcd_wdat(tab2[j]);         //显示对应字符"1234567890"
            j++;
            if(j==10)
            j=0;
            flag=0;
            }
        }
}
```

(4) 从机 2 C 语言源程序如下:

```
# include <reg51.h>
# include <absacc.h>
# include <intrins.h>
sbit P3_5=P3^5;                        //控制 MAX487 发送(1)和接收(0)
sbit P2_0=P2^0;                        //控制 LED 亮灭,通信成功显示
void serial (void) interrupt 4         //串行口中断子程序
{
    ES=0;                              //关闭串口中断,准备处理数据
    RI=0;
    if(SBUF==0x02)                     //判断从主机接收地址是否与本机一致
    {
        P2_0=~P2_0;                    //通信成功显示
        P3_5=1;                  //准备向主机发送数据
        SBUF=0x20;               //向主机发送数据,高 4 位供 BCD 数码管显示
        while(TI! =1);
        TI=0;
        SM2=0;                   //准备接收主机 TB8=0 的数据
        //add your code here!
        }
        ES=1;                    //允许串口中断
        P3_5=0;                  //准备从主机接收
        SM2=1;                   //准备从主机接收 TB8=1 的地址
    }
void main(void)
    {
        P2_0=0;
        SCON=0xf0;               //串行口工作于方式 3,REN=1 可接收数据(也可发送)
        //SM2=1,从主机接收 TB8=1 的地址,对 TB8=0 的数据不予理睬
        TMOD=0x20;               //定时器 1 自动重装载,同主机程序
        TL1=0xfd;                //波特率设置,同主机程序
        TH1=0xfd;
        TR1=1;
```

```
        EA=1;
        ES=1;
        P3_5=0;             //准备接收主机发来的地址(TB8=1)或数据(TB8=0)
        while(1)
        {
        _nop_();
        }
}
```

9.4.6.6 在 Keil 中仿真调试

在 Keil 中分别创建"RS-485 多机远程通信系统主机""RS-485 多机远程通信系统从机 1"和"RS-485 多机远程通信系统从机 2"三个项目，并分别选择单片机型号为 AT89C51，分别输入源程序，分别保存为"RS-485 多机远程通信系统主机.C""RS-485 多机远程通信系统从机1.ASM""RS-485 多机远程通信系统从机 1.C"和"RS-485 多机远程通信系统从机 2.C"，将各源程序分别添加到对应的项目中，分别编译源程序，创建"RS-485 多机远程通信系统主机.HEX""RS-485 多机远程通信系统从机 1.HEX"和"RS-485 多机远程通信系统从机 2.HEX"。

9.4.6.7 在 Proteus 中仿真调试

打开"RS-485 多机远程通信.DSN"，分别双击系统主机、系统从机 1 和系统从机 2 单片机，选择相对应的程序"RS-485 多机远程通信系统主机.HEX""RS-485 多机远程通信系统从机 1.HEX"和"RS-485 多机远程通信系统从机 2.HEX"。单击按钮进入程序运行状态，分别按下两个按键，可以观察到 3 个单片机相对应的运行情况。

10　单片机实验

10.1　P1 口点亮流水灯实验

一、实验目的

(1) 熟练使用 Keil 软件编写代码，并通过 STC-ISP 下载程序到开发板。

(2) 学习 P1 口的使用方法。

(3) 学习延时子程序的编写和使用。

二、实验内容

用 P1 口作为输出口，接八位逻辑电平显示，程序功能使发光二极管从右到左轮流循环点亮。

三、操作步骤

(1) 选择芯片型号，选 STC89C52。

(2) 打开编译好的 HEX 文件。

(3) 选择对应的 COM 口，驱动安装完成会自动选择。

(4) 先关掉开发板电源(这时开发板上的红色指示灯灭)，点击“下载/编程”稍等片刻，打开电源(这时开发板上的红色指示灯亮)，等待下载完成。

STC-ISP 下载界面如图 10.1 所示。

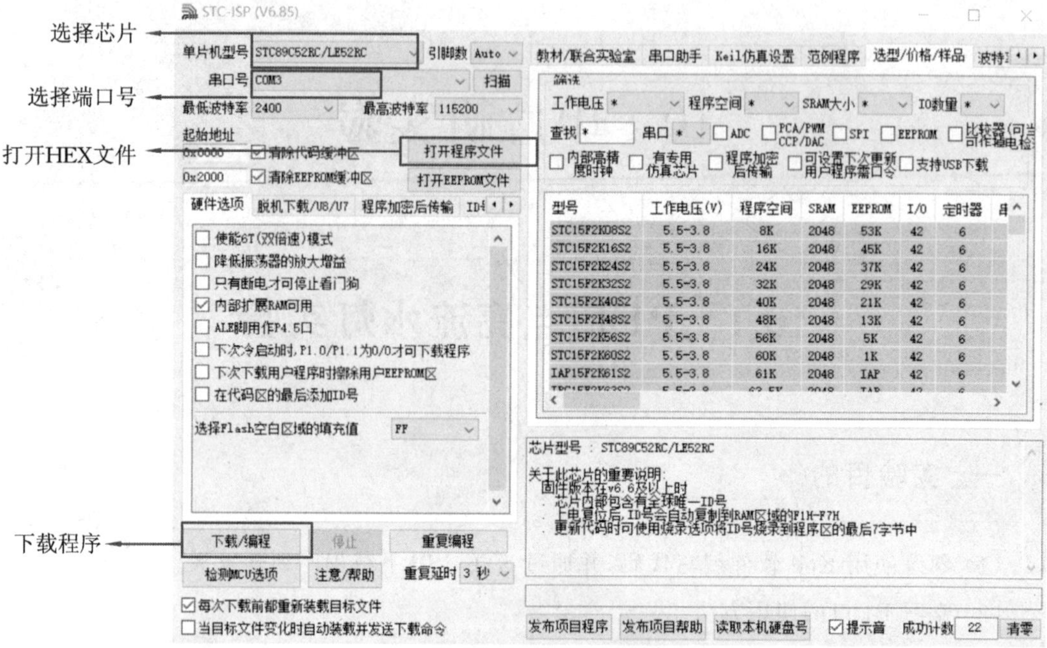

图 10.1　STC-ISP 下载界面

四、程序流程图(见图 10.2)

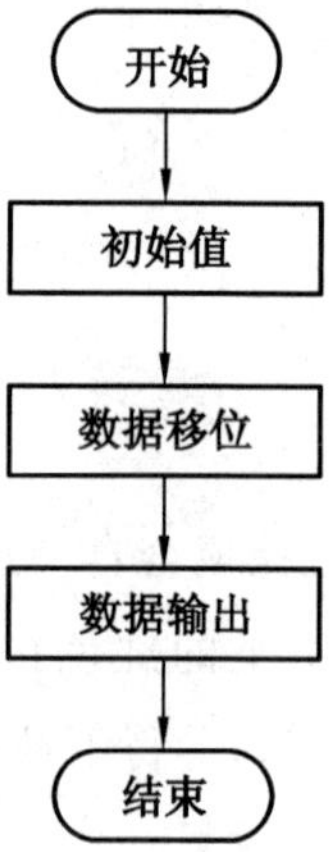

图 10.2　程序流程图

五、参考程序

```
# include <reg51.h> //此文件中定义了 51 单片机的一些特殊功能寄存器
/*************************************************************
*名称:Delayms(unsigned char ms)
*功能:延时
*输入:ms
*输出:无
*************************************************************/
void delayms(unsigned char ms)
{
    unsigned char i;
    while(ms--)
    {
        for(i=0; i <120; i++);
    }
}
/*************************************************************
*名称:Main()
*功能:主函数
*输入:无
*输出:无
*************************************************************/
void main()
{
    unsigned char LED;
    LED=0xfe; //0xfe=1111 1110
    while(1)
    {
        P1=LED;
        delayms(250);
        LED=LED <<1; //循环左移 1 位,点亮下一个 LED "<<"为左移位
        if(LED==0x00 )
        { P1=LED; LED=0xfe;  delayms(250);  } //0xfe=1111 1110
    }
}
```

六、电路图(见图 10.3)

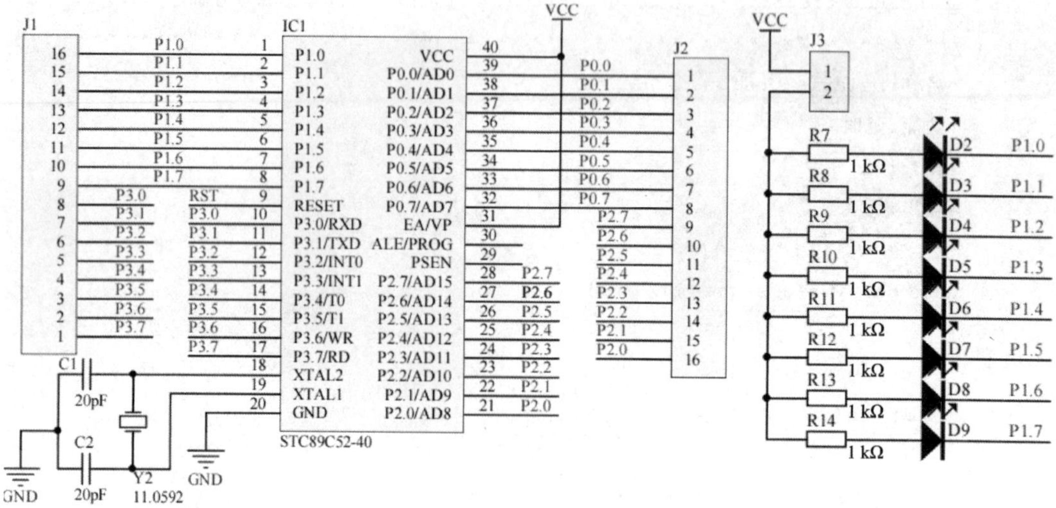

图 10.3　P1 口输出电路图

10.2 定时/计数器实验

一、实验目的

(1) 了解 51 单片机内部定时/计数器的基本结构和工作原理。

(2) 学习定时/计数器各种工作方式的用法。

(3) 掌握在定时和计数两种方式下的编程方法。

二、实验内容

(1) 用定时器 0 计时，开发板 P1.0 接 LED，编写程序，使 LED 灯定时 50 ms 间隔闪烁。

(2) 连续按动单次脉冲的按键，8 位发光二极管通过 8 位二进制数显示按键次数。

三、程序流程图(见图 10.4)

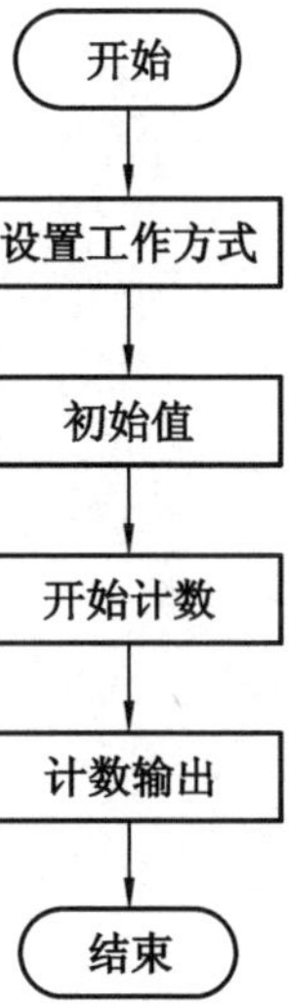

图 10.4　定时/计数过程框图

四、参考程序

(1) 定时程序

```
# include <reg52.h>
sbit LED=P1^0;
void main()
{
    TMOD=0x01;
    TH0=0x3C; //设置初始值
    TL0=0xB0;
    TR0=1;
    P1_0=1 ;
    while(1)
{
    if(TF0==1)
    {
     TF0=0;
     LED=~LED;
    }
  }
}
```

(2) 计数程序

```
# include <reg52.h>
void main()
{
    TMOD=0x05;          //计数器 0,工作方式 1
    TH0=0;
    TL0=0;
    TR0=1;
    while(1)
    {
     P1=TL0;
    }
}
```

五、电路图(见图 10.5)

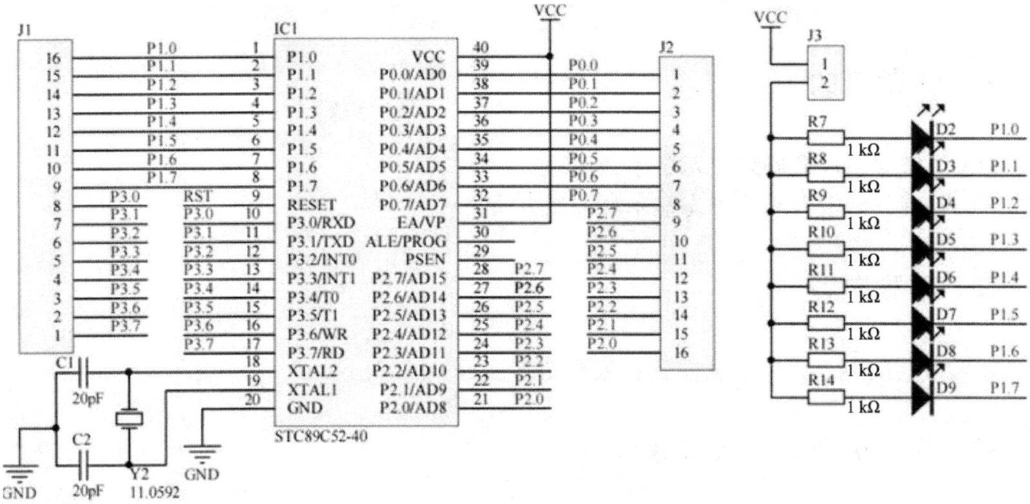

图 10.5 实验电路图

10.3　数码管动态显示实验

一、实验目的

(1) 了解共阳极数码管显示数字的原理。
(2) 掌握共阳极数码管动态显示的控制方法。

二、实验内容

在四位共阳极数码管上从左到右依次动态显示“0123”。

三、共阳极数码管段码表

共阳极数码管显示数字与部分字母如图 10.6 所示。共阳极数码管段码表见表 10.1。

图 10.6　数码管显示示例

表 10.1　共阳极数码管段码表

0xc0,//0	0xf9,//1	0xa4,//2	0xb0,//3
0x99,//4	0x92,//5	0x82,//6	0xf8,//7
0x80,//8	0x90,//9	0x88,//A	0x83,//b
0xc6,//C	0xa1,//d	0x86,//E	0x8e, //F

四、参考程序

```
/*****************************************************************
*功能:数码管显示(动态扫描)                                  *
*硬件连接:在 J4 处插上跳线帽  第一位数码管 位引脚--> P2.0            *
*          第二位数码管 位引脚--> P2.1                     *
*          第三位数码管 位引脚--> P2.2                     *
*          第四位数码管 位引脚--> P2.3                     *
*          所有的数码管 段引脚--> P0                       *
*****************************************************************/
# include<reg52.h>
```

```
# define uchar unsigned char
sbit P2_0=P2^0;
sbit P2_1=P2^1;
sbit P2_2=P2^2;
sbit P2_3=P2^3;

uchar code table[]={0xc0,0xf9,0xa4,0xb0,0x99,0x92,0x82,
                    0xf8,0x80,0x90};      //共阳极数字编码  0,1,2,3,4,…,9
/************************************************************
*名称:Delay()
*功能:延时
*输入:i
*输出:无
************************************************************/
void delay(uchar i) //延时函数
{
    uchar j,k;
    for(j=i;j>0;j--)
        for(k=125;k>0;k--);
}

/************************************************************
*名称:display()
*功能:数码管显示函数
*输入:无
*输出:无
************************************************************/
void display() //显示函数
{

     P0=table[0];
     P2_0=0;
     delay(5);
     P2_0=1;
     P0=table[1];
     P2_1=0;
     delay(5);
     P2_1=1;

     P0=table[2];
     P2_2=0;
     delay(5);
     P2_2=1;
```

```
    P0=table[3];
    P2_3=0;
    delay(5);
    P2_3=1;
}
/************************************************************
*名称:main()
*功能:主函数
*输入:无
*输出:无
************************************************************/
void main(void)
{
   while(1)
   {
      display();
   }
}
```

五、电路图(见图 10.7)

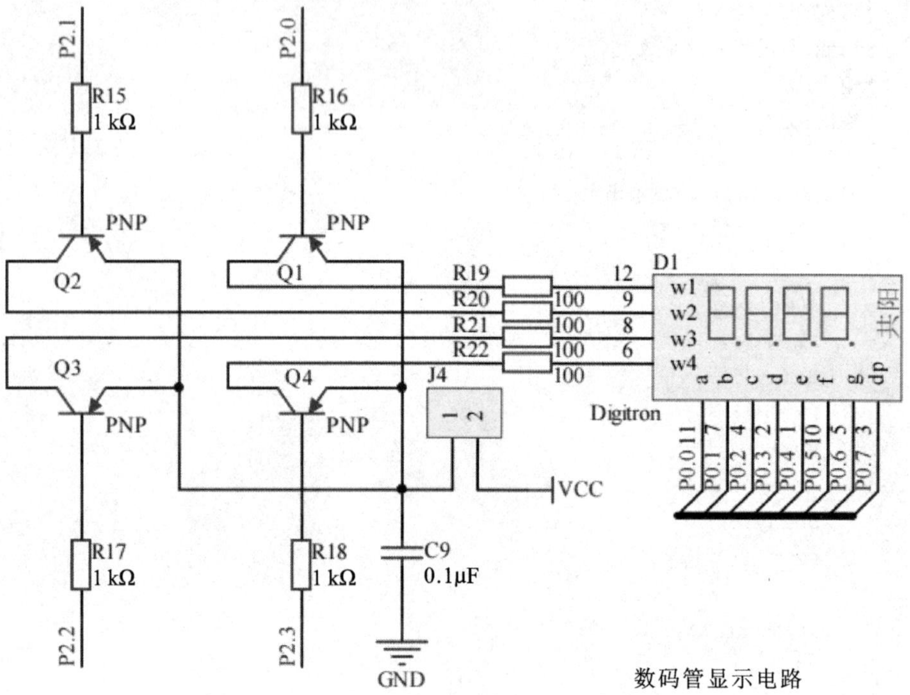

图 10.7　实验电路图

10.4 独立按键实验

一、实验目的

(1) 看懂 51 单片机与按键硬件连接电路,了解按键工作原理。

(2) 掌握按键部分工作过程与编程方式。

二、实验内容

按下独立按键,每按一次,使 8 位 LED 向下移动一位。

三、程序流程图(见图 10.8)

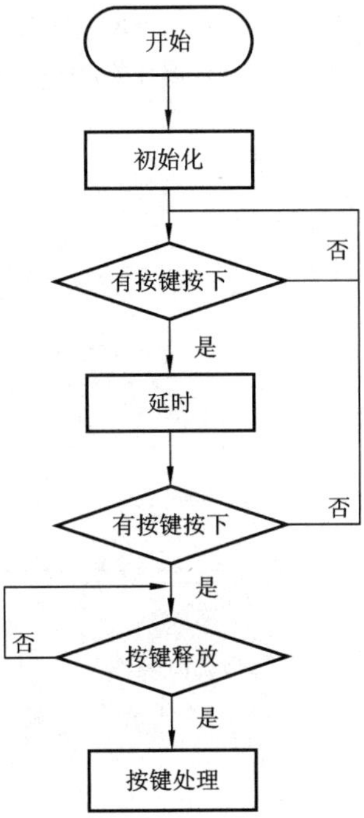

图 10.8 按键程序流程图

四、参考程序

```
/*****************************************************************
********
*功能:独立按键功能测试
*说明:按下 P35  LED 向下移动一位
*硬件连接:LED  在 J3 处插上跳线帽
                          LED1--> P1.0
                          LED2--> P1.1
                          ....--> ....
                          LED8--> P1.7
          独立按键
                          P35  --> P3.5
*****************************************************************
*******/
# include<reg52.h>
sbit BY1=P3^5;                    //定义按键的输入端 S2 键
unsigned char count;              //按键计数,每按一下,count 加 1
unsigned char temp;
unsigned char a,b;

/*****************************************************************
********
*名称:delay10ms()
*功能:延时 10 ms
*输入:无
*输出:无
*****************************************************************
**********/
void delay10ms(void)              //延时程序
{
    unsigned char i,j;
    for(i=20;i>0;i--)
    for(j=248;j>0;j--);
}
/*****************************************************************
********
```

```
*名称:key()
*功能:按键扫描
*输入:无
*输出:无
*************************************************************
**********/
void key()                          //按键判断程序
{
    if(BY1==0)                      //判断是否按下键盘
    {
        delay10ms();                //延时,软件去干扰
        if(BY1==0)                  //确认按键按下
        {
            count++;                //按键计数加 1
            if(count==8)            //计 8 次重新计数
            {
                count=0;            //将 count 清零
            }
        }
        while(BY1==0);              //按键锁定,每按一次 count 只加 1.
    }
}
/************************************************************
********
*名称:move()
*功能:向左移动函数
*输入:无
*输出:无
*************************************************************
**********/
void move()                         //广告灯向左移动函数
{
    a=temp<<count;
    b=temp> > (8-count);
    P1=a|b;
}

/************************************************************
********
```

```
    *名称:Main()
    *功能:主函数
    *输入:无
    *输出:无
    **************************************************************
**********/
    void main()
    {
        count=0; //初始化参数设置
        temp=0xfe;
        P1=0xff;
        P1=temp;
        while(1) //永远循环,扫描判断按键是否按下
        {
            key(); //调用按键识别函数
            move(); //调用广告灯移动函数
        }
    }
```

五、电路图(见图 10.9)

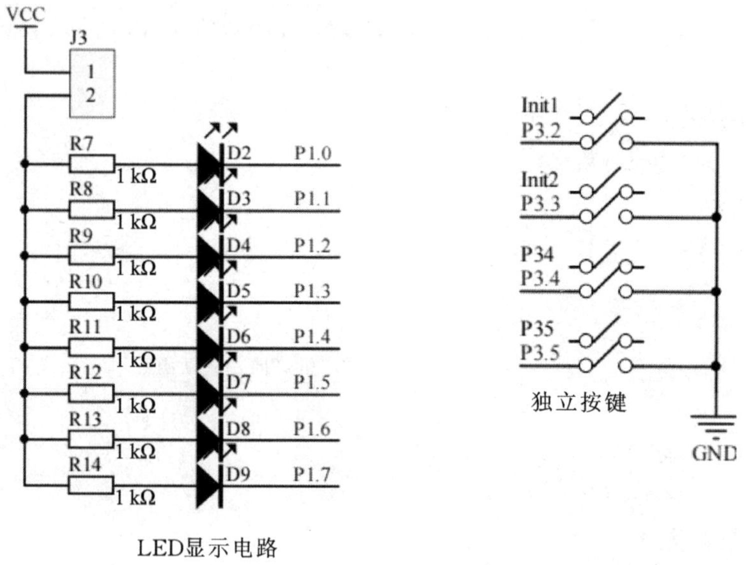

图 10.9　实验电路图

10.5 外部中断实验

一、实验目的

(1) 学习外部中断技术的基本使用方法。
(2) 掌握中断控制寄存器设置。
(3) 学习中断处理程序的编写方法。

二、实验内容

通过外部中断 0 端口 P3.2 连接按键 KEY1,每按下该按键,数码管显示数字加一;通过外部中断 1 端口 P3.3 连接按键 KEY2,每按下该按键,数码管显示数字减一。

三、程序流程图(见图 10.10)

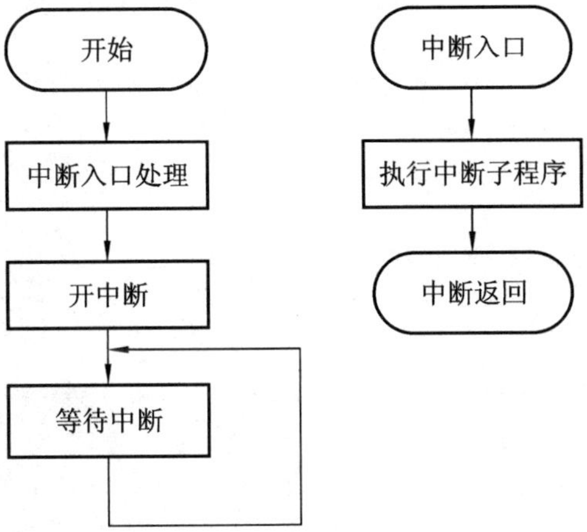

图 10.10 外部中断程序流程图

四、参考程序

```
/*****************************************************************
*******
*功能:外部中断的使用
*描述:外部中断,是单片机最基本也是最重要的功能
外部中断 0 端口 P3.2 按键,数码管加一
```

```
外部中断 1 端口 P3.3 按键,数码管减一
*硬件连接:在 J4 处插上跳线帽   第一位数码管 位引脚--> P2.0
*                              第二位数码管 位引脚--> P2.1
*                              第三位数码管 位引脚--> P2.2
*                              第四位数码管 位引脚--> P2.3
*                              所有的数码管 段引脚--> P0
***********************************************************************
*******/
# include<reg52.h>
# define uchar unsigned char
# define uint   unsigned int

//   0     1     2     3     4     5   6     7     8     9     10
uchar code table[]={0xc0,0xf9,0xa4,0xb0,0x99,0x92,0x82,0xf8,0x80,0x90,0xbf};

sbit KEY1=P3^2;
sbit KEY2=P3^3;

sbit P2_0=P2^0;
sbit P2_1=P2^1;
sbit P2_2=P2^2;
sbit P2_3=P2^3;

uchar Count=0;
/**********************************************************************
********
*名称:Delay()
*功能:延时,延时时间为 10 ms *del
*输入:del
*输出:无
***********************************************************************
*******/
void Delay(uint del)
{
    uint i,j;
    for(i=0; i<del; i++)
        for(j=0; j<1827; j++)
            ;
}
/**********************************************************************
********
*名称:Outside_Init()
*功能:外部中断 0,1 的初始化
*输入:无
```

```
    *输出:无
    **************************************************************
*******/
    void Outside_Init(void)
    {
        EX0=1; //开外部中断 0
        IT0=1; //负边沿触发

        EX1=1; //开外部中断 1
        IT1=1; //负边沿触发

        EA=1; //开总中断
    }
    /*************************************************************
********
    *名称:Outside_Int1()
    *功能:外部中断 0 的中断处理
    *输入:无
    *输出:无
    **************************************************************
******/
    void Outside_Int1(void) interrupt 0 using 1
    {
        Delay(2); //延时消抖
        if(Count>10)
            Count=0;
        Count++;
        Delay(30); //延时消抖
    }
    /*************************************************************
********
    *名称:Outside_Int2()
    *功能:外部中断 1 的中断处理
    *输入:无
    *输出:无
    **************************************************************
*******/
    void Outside_Int2(void) interrupt 2 using 1
    {
        Delay(2); //延时消抖
        if(Count==0)
            Count=10;
        Count--;
        Delay(30); //延时消抖
```

```
    }
    /**********************************************************************
********
    *名称:Main()
    *功能:外部中断试验主程序
    *输入:无
    *输出:无
    **********************************************************************
*******/
    void Main(void)
    {
        Outside_Init();
        P2_0=P2_1=P2_2=P2_3=0;
        while(1)
        {
            P0=table[Count % 10];
            Delay(2);
        }
    }
```

五、电路图(见图 10.11)

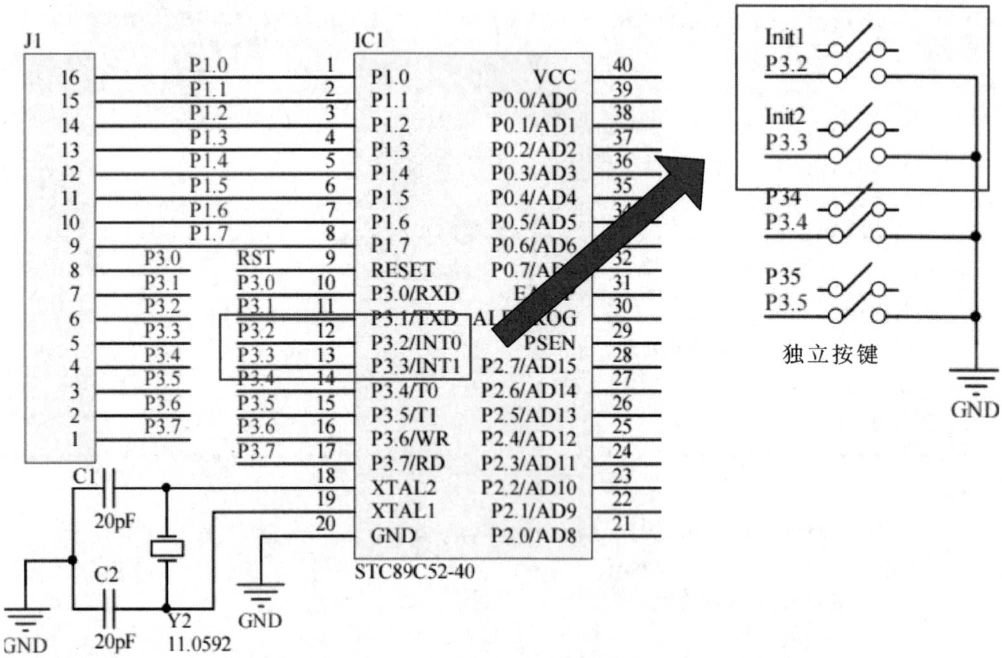

图 10.11　实验电路图

10.6 秒表倒计时实验

一、实验目的

(1) 学习定时中断技术的基本使用方法。

(2) 掌握定时/计数器工作方式、初值设置，中断控制寄存器设置。

(3) 学习定时中断处理程序的编写方法。

二、实验内容

数码管显示 99 s 的倒计时。

三、程序流程图(见图 10.12)

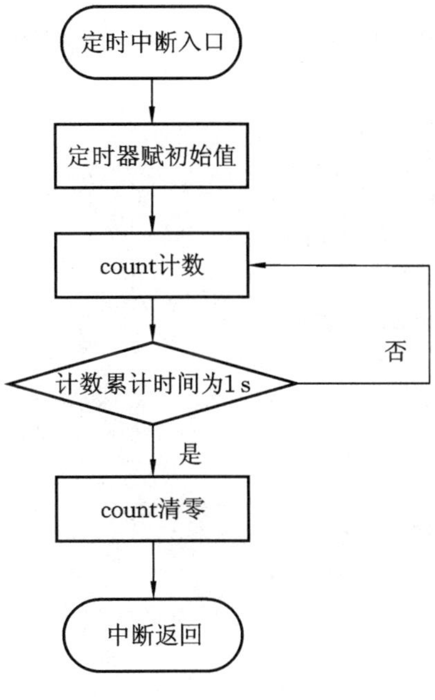

图 10.12　秒表程序流程图

四、参考程序

```
/*****************************************************************
********
*功能:秒表(99 s倒计时)
*说明:数码管显示 99 s的倒计时
*硬件连接:在 J4 处插上跳线帽   第一位数码管 位引脚--> P2.0
*                              第二位数码管 位引脚--> P2.1
*                              第三位数码管 位引脚--> P2.2
*                              第四位数码管 位引脚--> P2.3
*                              所有的数码管 段引脚--> P0
*****************************************************************
*******/
#include <reg52.h>
typedef unsigned int uint;
typedef unsigned char uchar;

uint count,count_ms=100;
//  0    1    2    3    4    5    6    7    8    9    10
uchar code table[]={0xc0,0xf9,0xa4,0xb0,0x99,0x92,0x82,0xf8,0x80,0x90,0xbf};

sbit P2_0=P2^0;
sbit P2_1=P2^1;
sbit P2_2=P2^2;
sbit P2_3=P2^3;
/*
*延时函数  毫秒级
*/
void delay(uint z)
{
    uint x,y;
    for(x=z;z>0;z--)
        for(y=110;y>0;y--)
        ;
}
/*****************************************************************
********
*名称:Timer1Init()
*功能:定时器 1 初始化
*输入:无
```

```
*输出:无
************************************************************************
*******/
void Timer1Init(void)                    //10 ms@ 11.0592 MHz
{
//    AUXR &=0xBF;                        //定时器时钟 12T 模式
      TMOD &=0x0F;                        //设置定时器模式
      TL1=0x00;                           //设置定时初值
      TH1=0xDC;                           //设置定时初值
      TF1=0;                              //清除 TF1 标志
      TR1=1;                              //定时器 1 开始计时
      ET1=1;                              //enable timer1 interrupt
      EA=1;                               //open global interrupt switch
}
/***********************************************************************
********
*名称:display()
*功能:数码管显示函数
*输入:Dis_data1,Dis_data2,Dis_data3,Dis_data4
*输出:无
************************************************************************
*******/
void display(uint Dis_data1,uint Dis_data2,uint Dis_data3,uint Dis_data4)
{
    P0=table[Dis_data1];
    P2_0=0;
    delay(2);
    P2_0=1;

    P0=table[Dis_data2];
    P2_1=0;
    delay(2);
    P2_1=1;

    P0=table[Dis_data3];
    P2_2=0;
    delay(2);
    P2_2=1;

    P0=table[Dis_data4];
    P2_3=0;
    delay(2);
```

```
    P2_3=1;
}
/**********************************************************************
********
*名称:main()
*功能:主函数
*输入:无
*输出:无
**********************************************************************
*******/
void main()
{
    Timer1Init();
    count=100;
    count_ms=1000;
    while(1)
    {
        display(10,count%100/10,count%10,10);

    }
}
/**********************************************************************
********
*名称:void tm1_isr() interrupt 3 using 1
*功能:定时器 1 中断服务函数
*输入:无
*输出:无
**********************************************************************
*******/
void tm1_isr() interrupt 3 using 1
{
    TL1=0x00;                //设置定时初值
    TH1=0xDC;                //设置定时初值
    if (count_ms---==0)      //1 ms *1000-> 1 s
    {
        count_ms=1000;
        if(count==0)
        {
            count=100;
        }
        count--;             //reset counter
    }
}
```

五、电路图(见图 10.13)

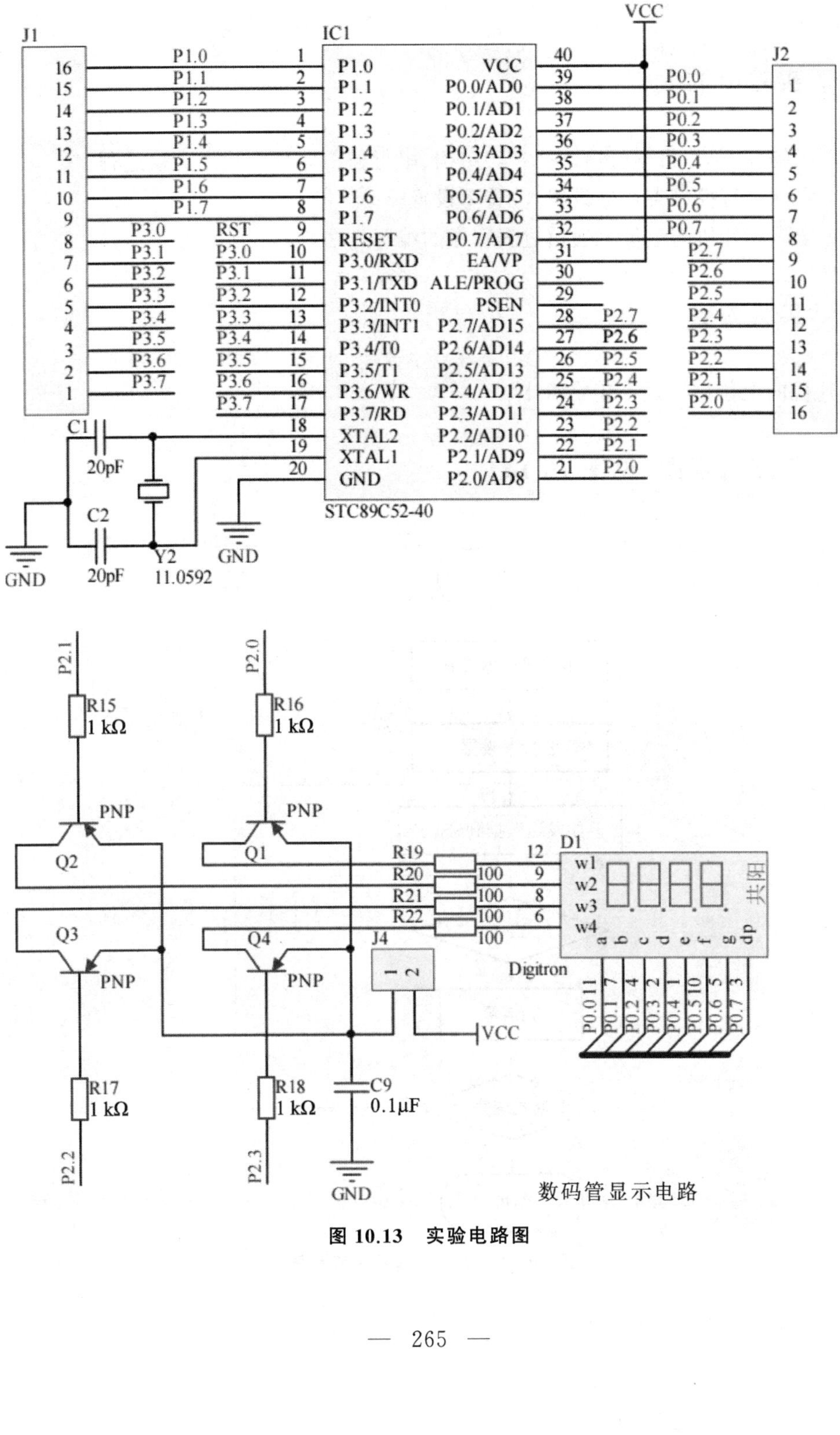

图 10.13　实验电路图

10.7 串口发送实验

一、实验目的

(1) 了解51单片机串行口(UART)结构、串行通信原理与数据交换过程。
(2) 掌握串行控制寄存器设置,波特率设置。
(3) 学习单片机与上位机通信过程程序的编写方法。

二、实验内容

单片机向上位机发送一组字符串。

三、程序流程图(见图10.14)

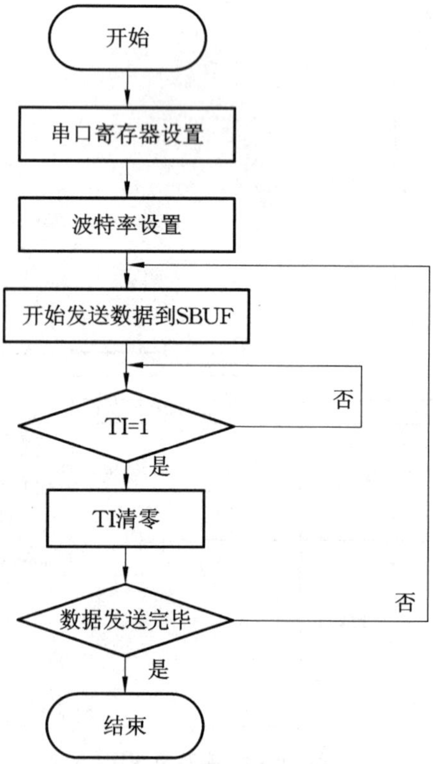

图10.14 串口发送程序流程图

四、参考程序

```
/*****************************************************************
********
*功能:串口发送试验
*****************************************************************
*******/
# include <reg52.h>
# include <intrins.h>

typedef unsigned char uchar ;
typedef unsigned int uint ;
/*****************************************************************
********
*名称:Com_Init()
*功能:初始化串口程序,晶振 11.0592,波特率 9600
*输入:无
*输出:无
*****************************************************************
**********/
void Com_Init(void)
{
    TMOD=0x20;
    PCON=0x00;
    SCON=0x50;
    TH1=0xfd;
    TL1=0xfd;
    TR1=1;
}
/*****************************************************************
********
*名称:Main()
*功能:主函数
*输入:无
*输出:无
*****************************************************************
**********/
void Main()
{
```

```
    uchar i=0;
    uchar code Buffer[]="Welcome To The MCU World."; //所要发送的数据
    uchar *p;
    Com_Init();
    p=Buffer;
    while(1)
    {

        SBUF=*p;
        while(! TI) //如果发送完毕,硬件会置位 TI
        {
            _nop_();
        }
        p++;
        if(*p=='\0') break; //在每个字符串的最后,会有一个'\0'
        TI=0; //TI 清零
    }
    while(1);
}
```

五、电路图(见图 10.15)

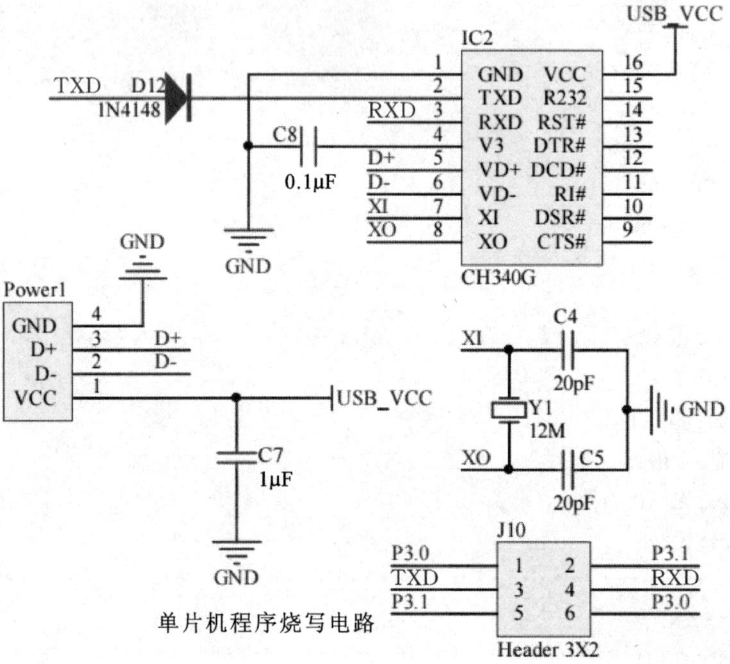

图 10.15 实验电路图

10.8 18b20温度显示实验

一、实验目的

(1) 了解18b20温度采集模块工作原理与单总线数据传输模式。

(2) 掌握18b20采集数据位中符号位、整数位、小数位的数据分配模式。

二、实验内容

数码管显示18b20采集到的环境温度值，保留两位小数。

三、程序流程图（见图10.16）

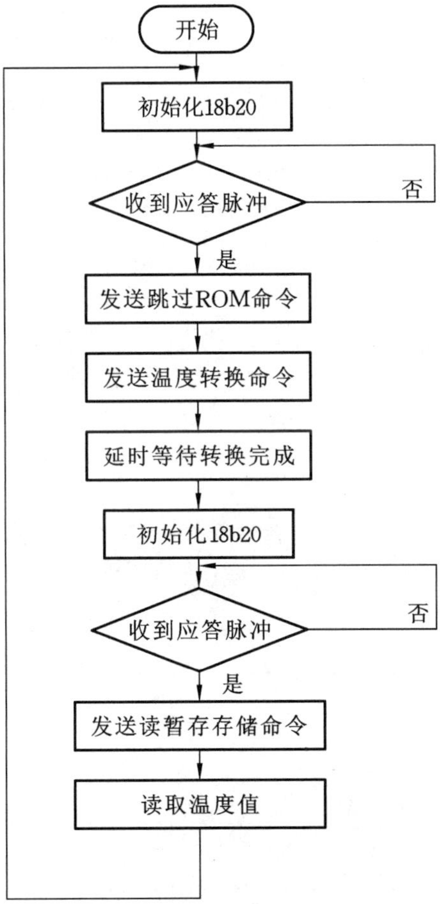

图10.16 温度采集程序流程图

四、参考程序

```
*功能:温度测量
*硬件连接:在 J6 处插上跳线帽  第一位数码管 位引脚--> P2.0
*                             第二位数码管 位引脚--> P2.1
*                             第三位数码管 位引脚--> P2.2
*                             第四位数码管 位引脚--> P2.3
*                             所有的数码管 段引脚--> P0
*                             18b20 温度传感器    -->  P2.6
*****************************************************************
*******/
# include <at89x51.h>
sbit DQ=   P2 ^ 6;                //定义端口 DQ

sbit led1    =P2^0;
sbit led2    =P2^1;
sbit led3    =P2^2;
sbit led4    =P2^3;

unsigned char tx[10]={0,0,0x2E,0,0,0,0,0xDF,0x43,0x0A};

unsigned code table[]={0xc0,0xf9,0xa4,0xb0,0x99,0x92,0x82,
                    0xf8,0x80,0x90};
/****************************************************************
********
*名称:Delay()
*功能:微秒级延时函数
*输入:num
*输出:无
*****************************************************************
******/
void Delay(int num)              //延时函数
{
    while(num--) ;
}
/****************************************************************
********
*名称:Delaynms()
*功能:毫秒级延时函数
*输入:di
*输出:无
*****************************************************************
*******/
```

```
void Delaynms(unsigned int di)        //延时
{
    unsigned int da,db;
    for(da=0;da<di;da++)
        for(db=0;db<100;db++);
}
/***************************************************************
********
*名称:Init_DS18B20()
*功能:初始化 DS18B20
*输入:无
*输出:无
****************************************************************
*******/
void Init_DS18B20(void)               //初始化 ds18B20
{
    unsigned char x=0;
    DQ=1;                             //DQ 复位
    Delay(8);                         //稍作延时
    DQ=0;                             //单片机将 DQ 拉低
    Delay(80);                        //精确延时 大于 480 μs
    DQ=1;                             //拉高总线
    Delay(14);
    x=DQ;                 //稍作延时后,如果 x=0 则初始化成功, x=1 则初始化失败
    Delay(20);
}
/***************************************************************
********
*名称:ReadOneChar()
*功能:从 DS18B20 读取一节数据
*输入:无
*输出:dat
****************************************************************
*******/
unsigned char ReadOneChar(void)       //读一个字节
{
    unsigned char i=0;
    unsigned char dat=0;
    for (i=8;i>0;i--)
    {
        DQ=0;                         //给脉冲信号
        dat>>=1;
        DQ=1;                         //给脉冲信号
        if(DQ)
```

```
            dat|=0x80;
            Delay(4);
        }
        return(dat);
    }

    /*************************************************************
********
    *名称:WriteOneChar()
    *功能:对 DS18B20 写一节数据
    *输入:dat
    *输出:无
    *************************************************************
*******/
    void WriteOneChar(unsigned char dat)       //写一个字节
    {
        unsigned char i=0;
        for (i=8; i>0; i--)
        {
            DQ=0;
            DQ=dat&0x01;
            Delay(2);
            DQ=1;
            dat>>=1;
        }
    }
    /*************************************************************
********
    *名称:ReadTemperature()
    *功能:读取数据  转换温度
    *输入:无
    *输出:无
    *************************************************************
*******/
    void ReadTemperature(void)                     //读取温度
    {
        unsigned char a=0;
        unsigned char b=0;
        unsigned char Data_L=0;
        unsigned char num=0;

        Init_DS18B20();
```

```
    WriteOneChar(0xCC);               //跳过读序列号的操作
    WriteOneChar(0x44);               //启动温度转换
    Init_DS18B20();
    WriteOneChar(0xCC);               //跳过读序列号的操作
    WriteOneChar(0xBE);               //读取温度寄存器

    a=ReadOneChar();                  //读低 8 位
    b=ReadOneChar();                  //读高 8 位

    tx[0]=(a/16+b*16)/10;             //整数部分

    tx[1]=(a/16+b*16)%10;

    Data_L=a&0X0F;
    for(num=3;num<7;num++)            //小数部分
    {
        Data_L=Data_L*10;      //10     //100    //40     //80
        tx[num]=Data_L/16;      //0      //6      //2      //5
        Data_L=Data_L%16;      //10     //4      //8
    }
}
/*************************************************************
********
*名称:Display_SMG()
*功能:数码管显示函数
*输入:无
*输出:无
*************************************************************
*******/
void Display_SMG(void)
{
    unsigned char a;
    for(a=0;a<=50;a++)
      {
        P0=table[tx[0]];
        P2_0=0;
        Delaynms(5);
        P2_0=1;

        P0=(table[tx[1]])&0x7f;
        P2_1=0;
        Delaynms(5);
        P2_1=1;
```

```
        P0=table[tx[3]];
        P2_2=0;
        Delaynms(5);
        P2_2=1;

        P0=table[tx[4]];
        P2_3=0;
        Delaynms(5);
        P2_3=1;
    }
}
/************************************************************
********
*名称:main()
*功能:主函数
*输入:无
*输出:无
*************************************************************
*******/
void main(void)
{
    Init_DS18B20();
    while(1)
    {
        ReadTemperature();      //读取温度
        Display_SMG();          //显示
    }
}
```

五、电路图(见图 10.17)

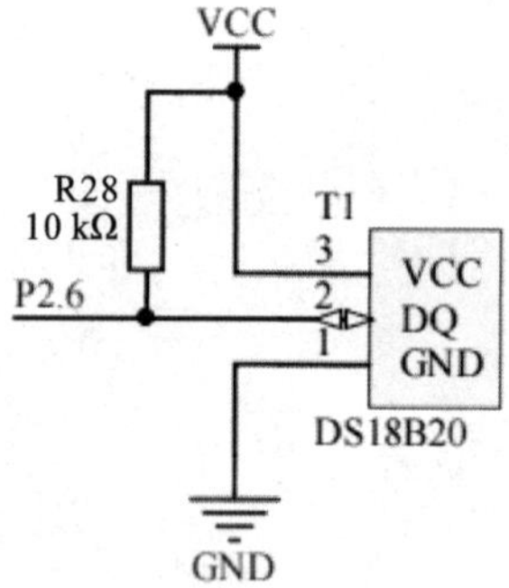

图 10.17　实验电路图

参考文献

[1] 刘霞,李文,王忠东.单片机原理与应用(C51 编程+Proteus 仿真)[M].北京:机械工业出版社,2023.

[2] 张东阳,李洪奎,岳明凯.单片机原理与应用系统设计[M].北京:清华大学出版社,2017.

[3] 马忠梅,李元章,王美刚,等.单片机的 C 语言应用程序设计[M].6 版.北京:北京航空航天大学出版社,2017.

[4] 蔡杏山.51 单片机 C 语言编程从入门到精通[M].北京:化学工业出版社,2020.

[5] 周正鼎.单片机应用与调试项目教程(C 语言版)[M].北京:机械工业出版社,2017.

[6] 彭志刚.单片机原理与接口技术(C 语言版)[M].北京:机械工业出版社,2021.

[7] 高松.单片机应用技术项目化教程[M].北京:机械工业出版社,2021.

[8] 牛军.MCS-51 单片机技术项目驱动教程(C 语言)[M].2 版.北京:清华大学出版社,2023.

[9] 张同光.单片机原理及应用——基于 C51 和 Proteus 仿真(微课版)[M].北京:清华大学出版社,2023.

[10] 周小方,陈育群.STC15 单片机 C 语言项目开发[M].北京:清华大学出版社,2021.

[11] 彭伟.单片机 C 语言程序设计实训 100 例[M].北京:电子工业出版社,2022.

[12] 李刚.单片机 C 语言应用开发技术[M].成都:西南交通大学出版社,2022.

[13] 陈伟,白红霞,刘德友.单片机 C 语言程序设计及仿真[M].重庆:重庆大学出版社,2021.